实战从入门到精通（视频教学版）

Dreamweaver CC+Flash CC+Photoshop CC 网页设计

刘玉红　蒲娟　编著

U0339522

清华大学出版社

北京

内 容 简 介

本书以零基础讲解为宗旨，用实例引导读者深入学习，采取"精通网页设计技法→精通网页设计艺术→精通网页元素设计技法→精通网页动画设计→综合网站开发实战"的讲解模式，深入浅出地讲解网页设计的各项技术及实战技能。

本书第 1 篇"精通网页设计技法"主要讲解认识 Dreamweaver CC、创建网页中的文本、插入图像与多媒体、设计网页超链接、表格的应用、使用网页表单和行为、使用模板和库等；第 2 篇"精通网页设计艺术"主要讲解网站配色与布局、使用 CSS 样式表美化网页、网页布局典型范例等；第 3 篇"精通网页元素设计技法"主要讲解 Photoshop CC 基本操作、制作网页文字特效、制作网页按钮与特效框线、制作网页导航条等；第 4 篇"精通网页动画设计"主要讲解制作简单网页动画、使用时间轴、帧和图层、使用元件和库、制作动态网站 Logo 与 Banner 等；第 5 篇"综合网站开发实战"主要讲解 Photoshop CC 设计网页、Flash CC 设计网页、Dreamweaver CC 开发网站留言系统、设计移动设备类型网页、网站的发布等；在 DVD 光盘中赠送了丰富的资源，诸如本书实例源代码、教学幻灯片、本书精品教学视频、88 个实用类网页模板、精选的 JavaScript 实例、HTML5 标签速查手册、CSS 属性速查表、JavaScript 函数速查手册、CSS+DIV 布局赏析案例、精彩网站配色方案赏析、网页样式与布局案例赏析、Web 前端工程师常见面试题等。

本书适合任何想学习网页设计的人员，无论您是否从事计算机相关行业，是否接触过网页设计，通过学习均可快速掌握网页的设计方法和技巧。

图书在版编目(CIP)数据

Dreamweaver CC+Flash CC+Photoshop CC 网页设计 / 刘玉红，蒲娟编著 .—北京：清华大学出版社，2017
　（实战从入门到精通：视频教学版）
　ISBN 978-7-302-47937-6

Ⅰ . ① D… 　Ⅱ . ①刘… ②蒲… 　Ⅲ . ①网页制作工具 　Ⅳ . ① TP393.092

中国版本图书馆CIP数据核字（2017）第207207号

责任编辑：张彦青
封面设计：李　坤
责任校对：吴春华
责任印制：刘海龙

出版发行：清华大学出版社
　　　　　网　　　址：http://www.tup.com.cn，http://www.wqbook.com
　　　　　地　　　址：北京清华大学学研大厦A座　　　　　邮　　编：100084
　　　　　社 总 机：010-62770175　　　　　　　　　　　　邮　　购：010-62786544
　　　　　投稿与读者服务：010-62776969，c-service@tup.tsinghua.edu.cn
　　　　　质量反馈：010-62772015，zhiliang@tup.tsinghua.edu.cn

印 装 者：三河市铭诚印务有限公司
经　　销：全国新华书店
开　　本：190mm×260mm　　　　印　　张：25.25　　　　字　　数：614千字
　　　　　（附DVD 1张）
版　　次：2017年10月第1版　　　　印　　次：2017年10月第1次印刷
印　　数：1～3000
定　　价：68.00元

产品编号：074352-01

前　言
PREFACE

　　"实战从入门到精通（视频教学版）"系列图书是专门为网站开发和数据库初学者量身定做的一套学习用书，整套书涵盖网站开发、数据库设计等方面。整套书具有以下特点：

前沿科技

　　无论是网站建设、数据库设计还是 HTML5、CSS3，我们都精选较为前沿或者用户群最大的领域推进，帮助大家认识和了解最新动态。

权威的作者团队

　　组织国家重点实验室和资深应用专家联手编著该套图书，融合丰富的教学经验与优秀的管理理念。

学习型案例设计

　　以技术的实际应用过程为主线，全程采用图解和同步多媒体结合的教学方式，生动、直观、全面地剖析使用过程中的各种应用技能，降低难度，提升学习效率。

〰 为什么要写这样一本书

　　随着网络的发展，很多企事业单位和广大网民对于建立网站的需求越来越强烈，另外对于大中专院校，很多学生需要做网站毕业设计，但是这些读者又不懂网页代码程序，不知道从哪里下手。为此，本书针对这样的零基础的读者，全面带领读者学习网页设计和网站建设的全面知识，读者在网页设计和网站建设中遇到的技术，本书中基本上都有详细讲解。通过本书的实训，读者可以很快地上手设计网页和开发网站，提高职业化能力，从而帮助解决公司需求问题。

〰 本书特色

▶ 零基础、入门级的讲解

　　无论您是否从事计算机相关行业，是否接触过 Dreamweaver CC、Photoshop CC 和 Flash CC 网页设计和动态网站开发，都能从本书中找到最佳起点。

▶ 超多、实用、专业的范例和项目

　　本书在编排上紧密结合深入学习 Dreamweaver CC、Photoshop CC 和 Flash CC 网页设计和开发网站技术的先后过程，从 Dreamweaver CC 的基本操作开始，逐步带领大家深入地学习各

种应用技巧，侧重实战技能，使用简单易懂的实际案例进行分析和操作指导，让读者读起来简明轻松，操作起来有章可循。

▶ 随时检测自己的学习成果

每章首页中，均提供了学习目标，以指导读者重点学习及学后检查。

大部分章节最后的"跟我练练手"板块，均根据本章内容精选而成，读者可以随时检测自己的学习成果和实战能力，做到融会贯通。

▶ 细致入微、贴心提示

本书在讲解过程中，各章均使用了"注意""提示""技巧"等小栏目，使读者在学习过程中更清楚地了解相关操作、理解相关概念，并轻松掌握各种操作技巧。

▶ 专业创作团队和技术支持

本书由千谷网络科技实训中心提供技术支持。

您在学习过程中遇到任何问题，可加入 QQ 群（号码为 221376441）进行提问，专家人员会在线答疑。

超值光盘

▶ 全程同步教学录像

涵盖本书所有知识点，详细讲解每个实例及项目的过程及技术关键点。能够比看书更轻松地掌握书中所有的 Dreamweaver CC、Photoshop CC 和 Flash CC 网页设计和开发网站知识，而且扩展的讲解部分能使您得到比书中更多的收获。

▶ 超多容量王牌资源大放送

赠送大量王牌资源，包括本书实例素材文件、教学幻灯片、本书精品教学视频、网页样式与布局案例赏析、Dreamweaver CC 快捷键和技巧、HTML 标签速查表、精彩网站配色方案赏析、CSS+DIV 布局赏析案例、Web 前端工程师常见面试题等。

读者对象

- ▶ 没有任何 Dreamweaver CC、Photoshop CC 和 Flash CC 网页设计基础的初学者。
- ▶ 有一定的 Dreamweaver CC、Photoshop CC 和 Flash CC 网页设计和基础，想精通网页设计的人员。
- ▶ 有一定的网页设计基础，没有项目经验的人员。

▶ 正在进行毕业设计的学生。

▶ 大专院校及培训学校的老师和学生。

📈 创作团队

本书由刘玉红和蒲娟编著，参加编写的人员还有刘玉萍、周佳、付红、李园、郭广新、侯永岗、王攀登、刘海松、孙若淞、王月娇、包慧利、陈伟光、胡同夫、梁云梁和周浩浩。在编写过程中，我们力尽所能地将最好的讲解呈现给读者，但也难免有疏漏和不妥之处，敬请读者不吝指正。若您在学习中遇到困难或疑问，或有何建议，可发电子邮件至电子邮箱（地址为 357975357@qq.com）。

编　者

目录

第1篇　精通网页设计技法

第4章 不在网页中迷路——设计网页超链接

第5章 简单的网页布局——表格的应用

第6章 让网页互动起来——使用网页表单和行为

第7章 批量制作风格统一的网页——使用模板和库

第 2 篇 精通网页设计艺术

第8章 第一视觉最重要——网站配色与布局

第9章　读懂样式表密码——使用CSS 样式表美化网页

第10章　架构师的大比拼——网页布局典型范例

第（3）篇　精通网页元素设计技法

第11章　网页元素设计利器——Photoshop CC

第12章　网页中的文字设计——制作网页文字特效

第13章 网页中迷人的蓝海——制作网页按钮与特效边线

第14章 网站中的路标——制作网页导航条

第 4 篇 精通网页动画设计

第15章 让网页活灵活现——制作简单网页动画

第16章 动画的核心技术——使用时间轴、帧和图层

第17章　利用元件和库组织动画素材

第18章　制作动态网站Logo与Banner

第⑤篇　综合网站开发实战

第19章　综合案例实战1——Photoshop CC设计网页

第20章　综合案例实战2——制作个人Flash网站

第21章　开发网站交互留言板系统

第21章　行业综合案例4——制作移动设备类型网页

第23章　让别人浏览我的成果—网站的发布

第 1 篇

精通网页设计技法

磨刀不误砍柴工
——认识 Dreamweaver CC

第1章

Adobe Dreamweaver CC 是一款集网页制作和网站管理于一身的所见即所得网页编辑器，Dreamweaver CC 是第一套针对专业网页设计师特别发展的视觉化网页开发工具，利用它可以轻而易举地制作出跨平台限制和跨浏览器限制的充满动感的网页。本章重点学习 Dreamweaver CC 的安装、启动、界面、新增功能与特性、站点的基本操作等。

● **本章学习目标（已掌握的在方框中打钩）**

□ 掌握安装和启动 Dreamweaver CC 的方法和技巧

□ 熟悉 Dreamweaver CC 的工作环境

□ 掌握创建站点的方法

□ 掌握管理站点的方法

□ 掌握操作站点文件及文件夹的方法

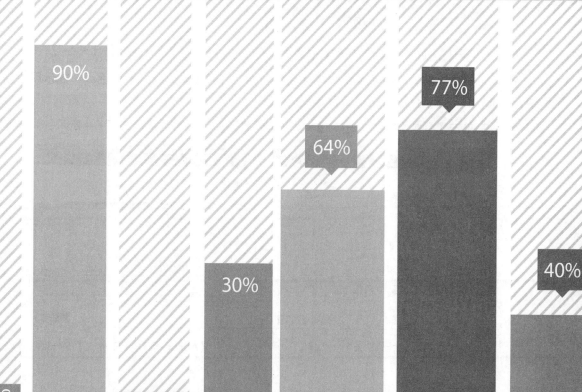

1.1　走进Dreamweaver CC

　　Dreamweaver 是一款专业的网页编辑软件，Dreamweaver CC 在软件的界面和性能上都有了很大的改进。本节主要介绍 Dreamweaver CC 的安装、启动与卸载的方法。

1.1.1　安装 Dreamweaver CC

　　Dreamweaver CC 的安装界面非常简洁、人性化，其安装过程也很简单，具体的操作如下。

　　了解 Dreamweaver CC 以后，首先要对 Dreamweaver CC 软件进行安装，可以使用光盘安装或在 Adobe 官方网站上下载试用版本进行安装。Dreamweaver CC 安装详细的操作步骤如下。

步骤 1 运行 Dreamweaver CC 安装程序，稍等片刻，会自动弹出【Adobe 安装程序】对话框，如图 1-1 所示。

步骤 2 Dreamweaver CC 安装程序初始化后，弹出【欢迎】对话框，如图 1-2 所示。

图 1-1　【Adobe 安装程序】对话框　　　　图 1-2　【欢迎】对话框

步骤 3 在【欢迎】对话框中单击【试用】图标，打开【需要登录】对话框，提示用户需要使用 Adobe ID 进行登录，如图 1-3 所示。

步骤 4 单击【登录】按钮，进入【Adobe 软件许可协议】对话框，如图 1-4 所示。

　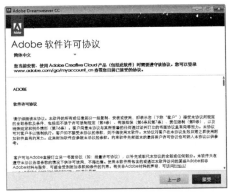

图 1-3　【需要登录】对话框　　　　图 1-4　【Adobe 软件许可协议】对话框

步骤 5 单击【接受】按钮，进入【选项】对话框，在其中可以设置程序安装的位置，如图 1-5 所示。

步骤 6 单击【安装】按钮，开始安装 Dreamweaver CC，并显示安装的进度，如图 1-6 所示。

图 1-5 【选项】对话框

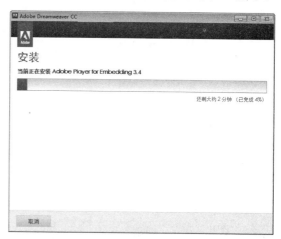

图 1-6 【安装】对话框

步骤 7 安装完毕后，弹出【安装完成】对话框，提示用户 Dreamweaver CC 已经安装完成，可以使用了，如图 1-7 所示。

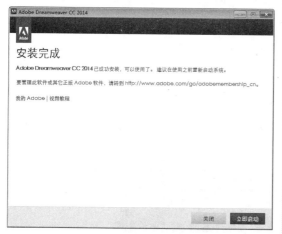

图 1-7 【安装完成】对话框

1.1.2 启动 Dreamweaver CC

在 Dreamweaver CC 安装完成以后，就可以启动 Dreamweaver CC 了，具体的操作如下。

步骤 1 单击【开始】按钮，选择【所有应用】→ Adobe → Dreamweaver.exe 菜单命令，如图 1-8 所示。

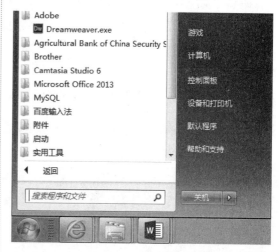

图 1-8 选择 Adobe → Dreamweaver.exe
菜单命令

步骤 2 即可打开 Dreamweaver CC 工作区的开始页面。默认情况下，Dreamweaver CC 的工作区布局是以【设计】视图布局的，如图 1-9 所示。

图 1-9　Dreamweaver CC 工作区的开始页面

步骤 3 在开始页面中，单击【新建】选项组中的 HTML 按钮，即可打开 Dreamweaver

CC 的工作界面，如图 1-10 所示。

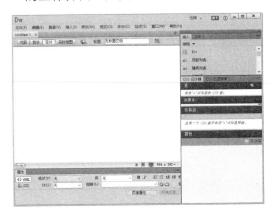

图 1-10　Dreamweaver CC 的工作界面

1.2 Dreamweaver CC的工作环境

利用 Dreamweaver CC 中的可视化编辑功能，可以快速地创建 Web 页面，Dreamweaver CC 是一款专业的 HTML 编辑器，用于对 Web 站点、Web 页和 Web 应用程序进行设计、编码和开发，无论是在 Dreamweaver CC 中直接输入 HTML 代码还是在 Dreamweaver CC 中使用可视化编辑都整合了 CSS 功能，其功能强大而稳定，可帮助设计和开发人员轻松地创建并管理任何网页站点。

1.2.1 认识 Dreamweaver CC 的工作界面

Dreamweaver CC 的工作界面包含菜单栏、文档工具栏、文档窗口、属性面板和面板组，如图 1-11 所示。

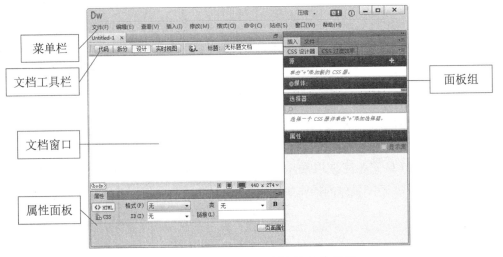

图 1-11　Dreamweaver CC 的工作界面

1. 菜单栏

Dreamweaver CC 菜单栏包含"文件""编辑""查看""插入""修改""格式""命令""站点""窗口"和"帮助"几个功能菜单，如图 1-12 所示。使用这些功能可以便于访问与正在处理的对象或窗口有关的属性，当设计师制作网页时可通过菜单栏执行所需要的功能。

文件(F) 编辑(E) 查看(V) 插入(I) 修改(M) 格式(O) 命令(C) 站点(S) 窗口(W) 帮助(H)

图 1-12 菜单栏

2. 文档工具栏

文档工具栏中包含"代码""拆分""设计""实时视图""标题"和"文件管理"。单击"代码"按钮将进入代码编辑窗口,单击"拆分"按钮将进入代码和设计窗口,单击"设计"按钮将进入可视化编辑窗口,单击"浏览"按钮可以通过 IE 浏览器对编辑好的程序进行浏览，在"标题"文本框中输入的文字是用来显示网页的标题信息（代码中 <title> 和 </title> 中间的内容）。文档工具栏如图 1-13 所示。

代码 拆分 设计 实时视图 标题: 无标题文档

图 1-13 文档工具栏

3. 文档窗口

文档窗口显示当前的文档内容。可以选择"设计""代码""拆分"等 3 种形式查看文档。

(1)"设计"视图。这是一个可视化页面布局、可视化编辑和快速应用程序开发的设计环境，在该视图中，Dreamweaver CC 显示文档的可视化状态，类似于在浏览器查看时看到的内容。

(2)"代码"视图。这是一个用于编写和编辑 HTML、JavaScript、服务器语言代码（如 ASP、PHP 或标记语言）以及任何其他类型的手工编码环境。

(3)"拆分"视图。使用它可以在单个窗口中同时看到同一文档的"代码"视图和"设计"视图。

4. 面板组

Dreamweaver CC 的面板组嵌入到操作界面之中，在面板中进行操作时，对文档有相应改变也会同时显示在窗口之中，使得效果更加明了，使用者可以直接看到文档所做的修改，这样更加有利于编辑，如图 1-14 所示。

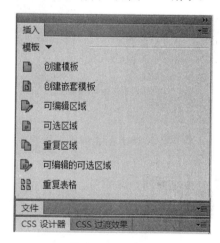

图 1-14 面板组

5. 属性面板

"属性"面板可以显示在文档中选定对象的属性，同样也可以修改它们的属性值，随着选择元素对象的不同，在"属性"面板中显示的属性也不同，如图 1-15 所示。

图 1-15 文本框的属性

1.2.2 熟悉【插入】面板

【插入】面板中包括 8 组子面板（也称选项组或卷展栏），分别是【常用】面板、【结构】面板、【媒体】面板、【表单】面板、【模板】面板、jQuery Mobile 面板、jQuery UI 面板和【收藏夹】面板。本小节将分别加以介绍。

 1. 【常用】面板

在【常用】面板中，用户可以创建和插入最常用的对象，如图像和表格等，如图 1-16 所示。

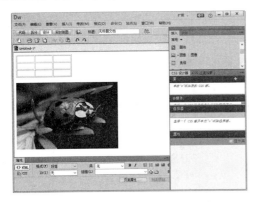

图 1-16 创建表格和插入图片

2. 【结构】面板

在【结构】面板中可以插入"页眉""标题""文章""章节"和"页脚"等，通过这些按钮，可以快速地在网页中插入 HTML5 语义标签，如图 1-17 所示。

图 1-17 【结构】面板

 3. 【媒体】面板

通过【媒体】面板可以在当前页面中快速添加音频、动画和视频等元素，如图 1-18 所示。

图 1-18 【媒体】面板

 4. 【表单】面板

【表单】面板包含一些常用的创建表单和插入表单元素的按钮及一些 Spry 工具按钮，用户可以根据实际需要选择域、表单或按钮等，如图 1-19 所示。

图 1-19 【表单】面板

5. jQuery Mobile 面板

jQuery Mobile 是 jQuery 在手机、平板电脑等移动设备上的 jQuery 核心库。通过该面板可以快速在页面中添加指定效果的可折叠区块、翻转切换开关、搜索等对象，如图 1-20 所示。

图 1-20　jQuery Mobile 面板

6. jQuery UI 面板

jQuery UI 面板提供了特殊效果的对象，通过该面板可以快速在页面中添加具有指定效果的选项卡、日期和对话框等对象，如图 1-21 所示。

图 1-21　jQuery UI 面板

7. 【模板】面板

【模板】面板提供了有关制作模板页面的各种工具，通过该面板可以快速执行创建模板，指定可编辑区等操作，如图 1-22 所示。

图 1-22　【模板】面板

1.3 体验Dreamweaver CC的新增功能

Dreamweaver CC 是 Dreamweaver 的最新版本，它同以前的 Dreamweaver CS6 版本相比增加了一些新的功能，并且还增强了很多原有的功能。下面就对 Dreamweaver CC 的新增功能进行简单的介绍。

1. CSS 设计器

Dreamweaver CC 新增了 CSS 设计器功能，是高度直观的可视化编辑工具，不仅可以帮助用户生成 Web 标准的代码，还可以快速查看和编辑与特定上下文有关的样式，如图 1-23 所示。

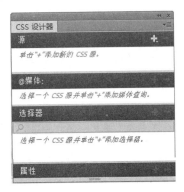

图 1-23　CSS 设计器

2. 云同步

Dreamweaver CC 新增了云同步功能，通过该功能，用户可以在 Creative Cloud 上存储文件、应用程序和站点定义。当用到时只需登录 Creative Cloud 上即可随时随地访问它们。

在 Dreamweaver CC 界面中，选择【编辑】→【首选项】菜单命令，打开【首选项】对话框，在【分类】列表框中选择【同步设置】选项，即可在右侧的窗口中设置云同步，如图 1-24 所示。

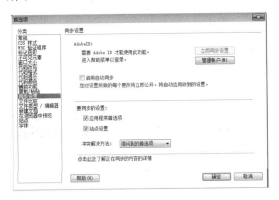

图 1-24　【首选项】对话框

3. 支持新平台

Dreamweaver CC 对 HTML5、CSS3、jQuery 和 jQuery Mobile 的支持更灵活、更完善。

4. 用户界面简化

对工作界面进行了全新的简化，减少了对话框的数量和很多不必要的操作按钮，如对文档工具栏和状态栏都进行了精简，使得整个工作界面显得更加简洁。

5. 插入【画布】功能

在 Dreamweaver CC 的【常用】面板中新增了【画布】插入按钮。选择【插入】选项卡，然后在【常用】面板中单击【画布】按钮，即可快速地在网页中插入 HTML5 画布元素，如图 1-25 所示。

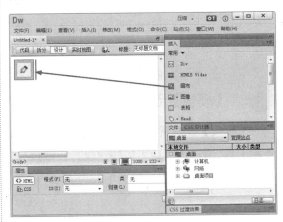

图 1-25　单击【画布】按钮

6. 新增网页结构元素

在 Dreamweaver CC 中新增了 HTML5 结构语义元素的插入操作按钮，它们位于【插入】选项卡中的【结构】面板中，包括"页眉""标题"、Navigation、"侧边""文章""章节"和"页脚"等，如图 1-26 所示。通过这些按钮，可以快速地在网页中插入 HTML5 语义标签。

图 1-26　新增结构元素

 新增 Edge Web Fonts

在 Dreamweaver CC 中 新 增 了 Edge Web Fonts 的功能，在网页中可以加载 Adobe 提供的 EdgeWeb 字体，从而在网页中实现特殊字体效果。依次选择【修改】→【管理字体】菜单命令，从打开的【管理字体】对话框中选择 Adobe Edge Web Fonts 选项卡，即可使用 Adobe 提供的 Edge Web 字体，如图 1-27 所示。

图 1-27　选择 Adobe Edge Web Fonts 选项卡

 在【媒体】面板中新增 HTML5 音频和视频按钮

Dreamweaver CC 提 供 了 对 HTML5 更全面、更便捷的支持，用户可以通过新增的 HTML5 音频和视频插入按钮，如图 1-28 所示，在网页中轻松插入 HTML5 音频和视频，而不需要编写 HTML5 代码。

图 1-28　HTML5 Video 按钮和 HTML5 Audio 按钮

 在【媒体】面板中新增 Adobe Edge Animate 动画

在【媒体】面板中新增了 Adobe Edge Animate 动画，默认情况下，用户在 Dreamweaver 中插入 Adobe Edge Animate 动画后，会自动在当 前 站 点 的 根 目 录 中 生 成 一 个 名 为 edgeanimate_assets 的文件夹，将 Adobe Edge Animate 动画的提取内容放入该文件夹中。如果需要在 Dreamweaver CC 中插入 Adobe Edge Animate 动画，可以单击【插入】选项卡【媒体】面板中的【Edge Animate 作品】按钮，如图 1-29 所示。

图 1-29　单击【Edge Animate 作品】按钮

10. 新增表单输入类型

在 Dreamweaver CC 中新增了许多 HTML 5 表单输入类型，如"数字""范围""颜色""月""周""日期""时间""日期时间"和"日期时间（当地）"按钮，如图 1-30 所示。单击不同的按钮，即可在页面中插入相应的 HTML 5 表单输入类型。

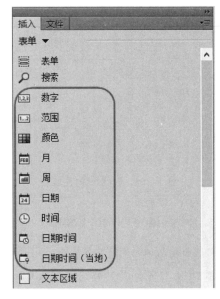

图 1-30　新增表单输入类型

1.4　创建站点

在开始制作网页之前，需要先认识站点。站点其实就是一个文件夹，存放制作网页时用到的所有文件和文件夹，包括主页、子页、用到的图片、声音及视频等。站点分为本地站点和远程站点，本地站点就是存放在自己机器里的那个文件夹，远程站点就是上传后存放在服务器上的那个文件夹。

1.4.1　案例 1——创建本地站点

使用向导创建本地站点的具体操作如下。

步骤 1　启动 Dreamweaver CC，然后依次选择【站点】→【新建站点】菜单命令，即可打开【站点设置对象 我的站点】对话框，从中输入站点的名称，并设置本地站点文件夹的路径和名称，如图 1-31 所示。

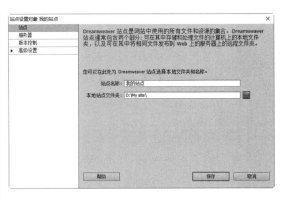

图 1-31　【站点设置对象 我的站点】对话框

步骤 2　单击【保存】按钮，即可完成本地站点的创建，在【文件】选项卡【本地文件】窗格中会显示该站点的根目录，如图 1-32 所示。

图 1-32　【本地文件】窗格

1.4.2　案例 2——创建远程站点

在远程服务器上创建站点，需要在远程服务器上指定远程文件夹的位置，该文件夹将存储站点的相关文件。

创建远程站点的具体操作步骤如下。

步骤 1　选择【站点】→【新建站点】菜单命令，在弹出的【站点设置对象 未命名站点 2】对话框中输入【站点名称】和【本地站点文件夹】，如图 1-33 所示。

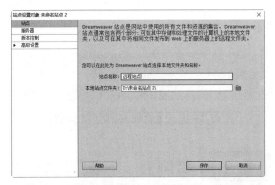

图 1-33　【站点设置对象 未命名站点 2】对话框

步骤 2　选择【服务器】页，单击【添加新服务器】按钮，如图 1-34 所示。

图 1-34　【服务器】页

步骤 3　在打开的对话框中输入【服务器名称】，然后选择"连接方法"，如果网站的空间已经购买完成，可以选择连接方法为 FTP，然后输入【FTP 地址】、【用户名】和【密码】等，如图 1-35 所示。

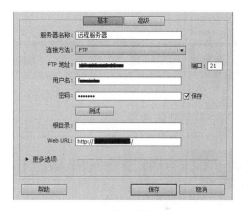

图 1-35　【基本】选项卡

步骤 4　选择【高级】选项卡，根据需要设置远程服务器的高级属性，然后单击【保存】按钮即可，如图 1-36 所示。

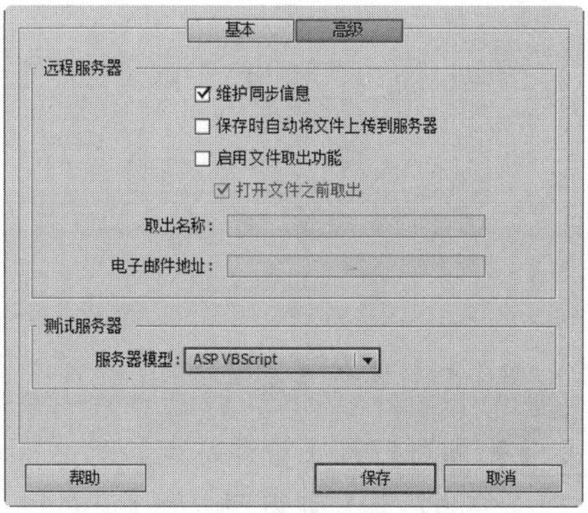

图 1-36　【高级】选项卡

步骤 5 返回【站点设置对象 远程站点】对话框，在其中可以看到新建的远程服务器的相关信息，单击【保存】按钮，如图 1-37 所示。

图 1-37　【站点设置对象 远程站点】对话框

步骤 6 站点创建完成，在【文件】面板的【本地文件】窗格中会显示该站点的根目录。单击【连接到远端主机】按钮，即可连接到远程服务器，如图 1-38 所示。

图 1-38　【文件】面板

1.5 管理站点

在创建完站点以后，还可以对站点进行多方面的管理，如打开站点、编辑站点、删除站点及复制站点等。

1.5.1 案例 3——打开站点

打开站点的具体操作如下。

步骤 1 在 Dreamweaver CC 工作界面中，选择【站点】→【管理站点】菜单命令，如图 1-39 所示。

图 1-39　选择【管理站点】命令

步骤 2 即可打开【管理站点】对话框，然后选择【您的站点】列表框中的【我的站点】

选项，如图 1-40 所示。最后单击【完成】按钮，即可打开站点。

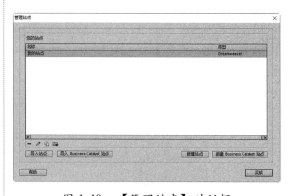

图 1-40　【管理站点】对话框

1.5.2 案例 4——编辑站点

对于创建后的站点，还可以对其属性进行编辑，具体的操作如下。

步骤 1 在 Dreamweaver CC 工作界面的右侧选择【文件】选项卡，然后单击【我的站点】文本框右侧的下拉按钮，从弹出的下拉列表中选择【管理站点】选项，如图 1-41 所示。

图 1-41　新增【管理站点】选项

步骤 2 即可打开【管理站点】对话框，从中选定要编辑的站点名称，然后单击【编辑当前选定的站点】按钮 ✎，如图 1-42 所示。

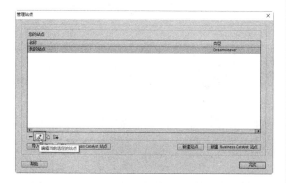

图 1-42　单击【编辑当前选定的站点】按钮

步骤 3 即可打开【站点设置对象 我的站点】对话框，在该对话框中按照创建站点的方法对站点进行编辑，如图 1-43 所示。

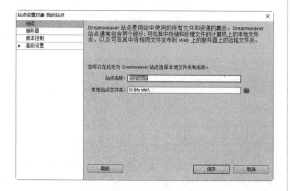

图 1-43　【站点设置对象 我的站点】对话框

步骤 4 单击【保存】按钮，返回到【管理站点】对话框，然后单击【完成】按钮，即可完成编辑操作，如图 1-44 所示。

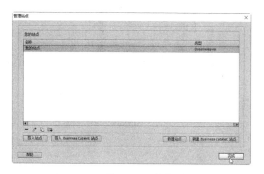

图 1-44　【管理站点】对话框

1.5.3 案例 5——删除站点

如果不再需要创建的站点，可以将其从站点列表中删除。具体的操作如下。

步骤 1 选中要删除的本地站点，然后单击【管理站点】对话框中的【删除当前选定的站点】按钮 ➖，如图 1-45 所示。

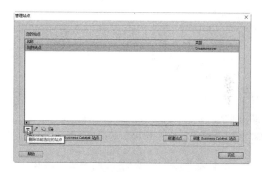

图 1-45　【管理站点】对话框

步骤 2 此时系统会弹出用于警告的对话框，如图 1-46 所示，提示用户不能撤销删除操作，询问是否要删除选中的站点，单击【是】按钮，即可将选中的站点删除。

图 1-46　警告对话框

1.5.4 案例6——复制站点

如果想创建多个结构相同或类似的站点，则可利用站点的可复制性实现。复制站点的具体操作如下。

步骤 1 在【管理站点】对话框中单击【复制当前选定的站点】按钮 🔲，如图 1-47 所示。

步骤 2 即可复制该站点，复制出的站点会出现在【您的站点】列表框中，且该名称在原站点名称的后面会添加"复制"字样，如图 1-48 所示。

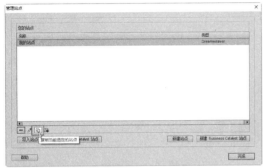

图 1-47 【管理站点】对话框

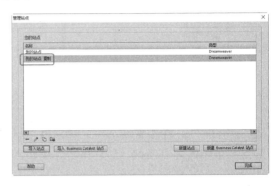

图 1-48 复制站点后的效果

1.6 操作站点文件及文件夹

无论是创建空白文档还是利用已有的文档创建站点，都需要对站点中的文件或文件夹进行操作。在【本地文件】窗格中，可以对本地站点中的文件夹和文件进行创建、删除、移动和复制等操作。

1.6.1 案例7——创建文件夹

在本地站点中创建文件夹的具体操作如下。

步骤 1 在 Dreamweaver CC 工作界面的右侧选择【文件】选项卡，然后选中【本地文件】窗格中创建的站点并右击，从弹出的快捷菜单中选择【新建文件夹】命令，如图 1-49 所示。

图 1-49 选择【新建文件夹】命令

步骤 2 此时新建文件夹的名称处于可编辑状态，可以对其进行重命名，如这里将其重命名为"image"，如图 1-50 所示。

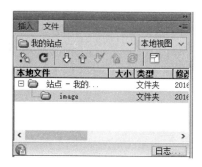

图 1-50 新建文件夹并重命名

1.6.2 案例 8——创建文件

文件夹创建好后，就可以在文件夹中创建相应的文件了。具体的操作如下。

步骤 1 选择【文件】选项卡，然后在准备新建文件的位置右击，从弹出的快捷菜单中选择【新建文件】命令，如图 1-51 所示。

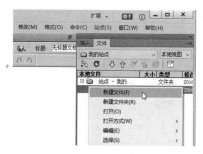

图 1-51 选择【新建文件】命令

步骤 2 此时新建文件的名称处于可编辑状态，如图 1-52 所示。

图 1-52 新建文件

步骤 3 将新建的文件重命名为"index.html"，然后按 Enter 键完成输入，即可完成文件的新建和重命名操作，如图 1-53 所示。

图 1-53 重命名为"index.html"

1.6.3 案例 9——文件或文件夹的移动和复制

站点下的文件或文件夹可以进行移动与复制操作，具体的操作步骤如下。

步骤 1 选择【窗口】→【文件】菜单命令，打开【文件】面板，选中要移动的文件或文件夹，然后拖动到相应的文件夹即可，如图 1-54 所示。

图 1-54 移动文件

步骤 2 也可以利用剪切和粘贴的方法来移动文件或文件夹。在【文件】面板中，选中要移动或复制的文件或文件夹并右击，在弹出的快捷菜单中选择【编辑】→【剪切】或【拷贝】命令，如图 1-55 所示。

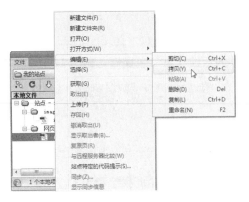

图 1-55　复制文件

> **提示** 进行移动可以选择【剪切】
> 命令，进行复制可以选择【拷贝】命令。

步骤 3 选中目标文件夹并右击，在弹出的快捷菜单中选择【编辑】→【粘贴】命令，这样，文件或文件夹就会被移动或复制到相应的文件夹中。

1.6.4 案例 10——删除文件或文件夹

对于站点下的文件或文件夹，如果不再需要，就可以将其删除，具体的操作步骤如下。

步骤 1 在【文件】面板中，选中要删除的文件或文件夹，然后在文件或文件夹上右击，在弹出的快捷菜单中选择【编辑】→【删除】命令或者按下 Delete 键，如图 1-56 所示。

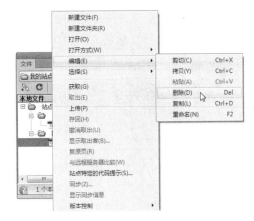

图 1-56　删除文件

步骤 2 弹出信息提示对话框，询问是否要删除所选文件或文件夹，单击【是】按钮，即可将文件或文件夹从本地站点中删除，如图 1-57 所示。

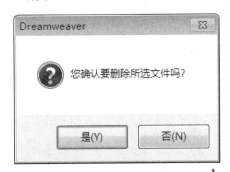

图 1-57　信息提示对话框

> **提示** 和站点的删除操作不同，对文件或文件夹的删除操作会从磁盘上真正地删除相应的文件或文件夹。

1.7 高手解惑

小白：如何快速将文件添加到站点中？

高手：如果站点已经创建完成，对于不在站点中的文件或文件夹，怎样才能快速添加到站点中呢？此时用户只需要选择文件或文件夹，按住鼠标左键不放，直接拖曳到 Dreamweaver CC 的【文件】面板中即可。

小白： 如何重命名文件或文件夹？

高手： 在【文件】面板中，选中需要重命名的文件或文件夹，右击并在弹出的快捷菜单中选择【编辑】→【重命名】命令，即可进行重命名操作，如图 1-58 所示。另外，用户还可以选择文件或者文件夹后，按 F2 键进行重命名操作。

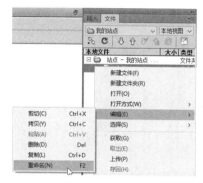

图 1-58　选择【重命名】命令

小白： 如何导出与导入站点？

高手： 如果要在其他计算机上编辑同一个网站，此时可以通过导出站点的方法，将站点导出为"ste"格式的文件，然后导入到其他计算机上即可。具体操作步骤如下。

步骤 1 在【管理站点】对话框中，选中需要导出的站点后，单击【导出当前选定的站点】按钮，如图 1-59 所示。

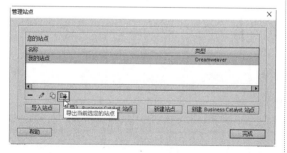

图 1-59　【管理站点】对话框

步骤 2 打开【导出站点】对话框，在【文件名】下拉列表框中输入导出文件的名称，单击【保存】按钮即可，如图 1-60 所示。

图 1-60　【导出站点】对话框

步骤 3 在其他计算机上打开【管理站点】对话框，单击【导入站点】按钮，如图 1-61 所示。

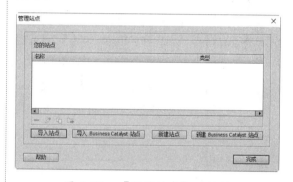

图 1-61　【管理站点】对话框

步骤 4 打开【导入站点】对话框，选中需要导入的文件，单击【打开】按钮，如图 1-62 所示。

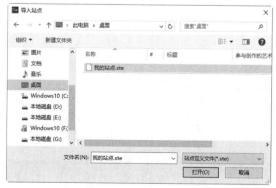

图 1-62　【导入站点】对话框

步骤 5 返回到【管理站点】对话框，即可看到新导入的站点，如图 1-63 所示。

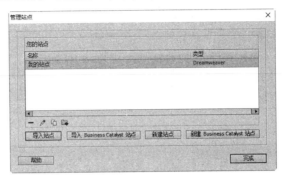

图 1-63　查看新导入的站点

1.8 跟我练练手

上机 1：安装 Dreamweaver CC 软件。

上机 2：熟悉 Dreamweaver CC 的工作界面。

上机 3：创建两个站点，名称分别为实验站点 1 和实验站点 2。

上机 4：编辑实验站点 1，将其复制，并命名为实验站点 3，然后将实验站点 1 删除。

上机 5：选择实验站点 2，并在站点下新建文件夹和文件。

第 2 章

网页内容之美——创建网页中的文本

浏览网页时，通过浏览文本是最直接的获取信息的方式。文本是基本的信息载体，不管网页内容如何丰富，文本自始至终都是网页中最基本的元素。本章重点学习文本的操作方法和技巧。

● **本章学习目标（已掌握的在方框中打钩）**

☐ 掌握网页设计的基本操作

☐ 掌握设置页面属性的方法

☐ 掌握使用文字充实网页的方法

☐ 掌握特殊文本的操作方法

☐ 掌握在主页中添加跟踪图像的方法

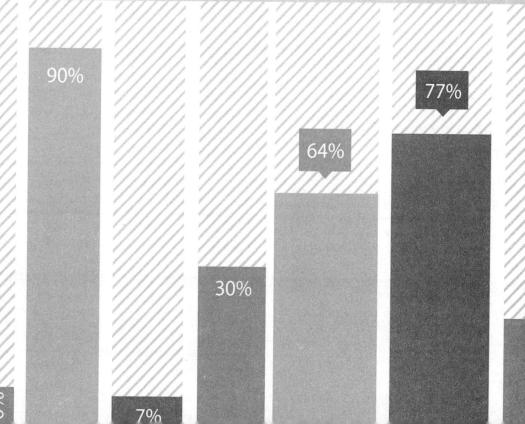

2.1 网页设计的基本操作

使用 Dreamweaver CC 可以编辑网站的网页，该软件为创建 Web 文档提供了灵活的环境。

2.1.1 案例 1——新建网页

制作网页的第一步就是创建空白文档，使用 Dreamweaver CC 创建空白文档的具体操作步骤如下。

步骤 1 选择【文件】→【新建】菜单命令，打开【新建文档】对话框。在【新建文档】对话框的左侧选择【空白页】选项，在【页面类型】列表框中选择 HTML 选项，在【布局】列表框中选择"＜无＞"选项，如图 2-1 所示。

> **提示** 在 Dreamweaver CC 中，用户也可以按 Ctrl+N 组合键快速打开【新建文档】对话框。

图 2-1 【新建文档】对话框

步骤 2 单击【创建】按钮，即可创建一个空白文档，如图 2-2 所示。

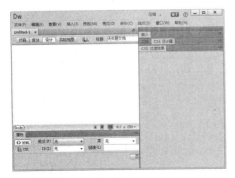

图 2-2 创建空白文档

2.1.2 案例 2——保存网页

网页制作完成后，用户经常会遇到的操作就是保存网页，具体操作步骤如下。

步骤 1 在 Dreamweaver CC 工作界面中选择【文件】→【保存】菜单命令，如图 2-3 所示。

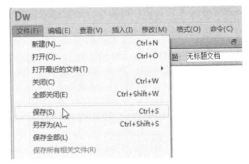

图 2-3 选择【保存】命令

步骤 2 打开【另存为】对话框，设置文件的保存路径和文件名称后，单击【保存】按钮即可，如图 2-4 所示。

图 2-4 【另存为】对话框

> **提示** 为了提高保存网页的效率，用户可以直接按 Ctrl+S 组合键来保存网页文件。另外，用户选择【文件】→【另存为】菜单命令，也可以打开【另存为】对话框。

2.1.3　案例 3——打开网页

网页文件保存完成后，如果还需要编辑，则要将其打开。常见的方法如下。

1. 通过欢迎界面打开网页

在启动 Dreamweaver CC 程序后，在打开的欢迎界面中单击【打开】按钮，即可在指定的位置打开网页文件，如图 2-5 所示。

图 2-5　欢迎界面

2. 通过【文件】菜单打开网页

在 Dreamweaver CC 工作界面中选择【文件】→【打开】菜单命令，即可打开【打开】对话框，从中设置打开的文件，如图 2-6 所示。

图 2-6　选择【打开】命令

3. 通过最近访问的文件打开网页

在 Dreamweaver CC 工作界面中选择【文件】→【打开最近的文件】菜单命令，在弹出的子菜单中选择需要打开的文件即可，如图 2-7 所示。

图 2-7　通过最近访问的文件打开网页

4. 通过打开方式打开网页

在需要打开的网页文件上右击，并在弹出的快捷菜单中选择【打开方式】→ Adobe Dreamweaver CC 命令，即可打开选择的网页文件，如图 2-8 所示。

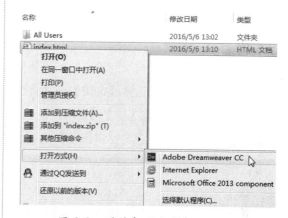

图 2-8　通过打开方式打开网页

> **提示**　用户选择网页文件后，按住鼠标左键不放，直接拖曳到 Dreamweaver CC 软件工作界面上，也可以快速打开该网页文件。

2.1.4　案例 4——预览网页

在设计网页的过程中，如果想查看网页的显示效果，可以通过预览功能查看该网页，具体操作步骤如下。

步骤 1　选择【文件】→【在浏览器中预览】

菜单命令，在弹出的子菜单中选择查看网页的浏览器，这里选择 IEXPLORE 命令，如图 2-9 所示。

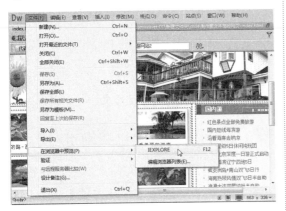

图 2-9　选择 IEXPLORE 命令

步骤 2 浏览器会自动启动，并显示网页的最终效果，如图 2-10 所示。

步骤 3 如果想快速预览网页，按 F12 键可以进入默认的浏览器进行页面预览。如果要修改默认的浏览器，可以选择【编辑】→【首选项】菜单命令，打开【首选项】对话框，在【分类】列表框中选择【在浏览器中预览】选项，

在右侧窗口中选择默认的浏览器后，选中【主浏览器】复选框，单击【确定】按钮即可，如图 2-11 所示。

图 2-10　预览网页效果

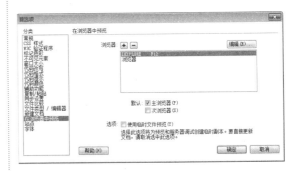

图 2-11　【首选项】对话框

2.2　设置页面属性

创建空白文档后，接下来需要对文件进行页面属性的设置，也就是设置整个网站页面的外观效果。选择【修改】→【页面属性】菜单命令，如图 2-12 所示；或按 Ctrl+J 组合键，打开【页面属性】对话框，从中可以设置外观、链接、标题、标题/编码和跟踪图像等属性，下面分别介绍如何设置页面的外观、链接、标题等。

图 2-12　选择【页面属性】命令

1. 设置外观

在【页面属性】对话框的【分类】列表框中选择【外观（CSS）】选项，可以设置CSS外观和HTML外观，外观的设置可以从页面字体、文字大小、文本颜色等方面进行设置，如图2-13所示。

页面属性
分类
外观（CSS）
外观（HTML）
链接（CSS）
标题（CSS）
标题/编码
跟踪图像
外观（CSS）
页面字体(F)：默认字体
大小(S)：
文本颜色(T)：
背景颜色(B)：
背景图像(I)：
浏览(W)...
重复(E)：
左边距(M)：
右边距(R)：
上边距(P)：
下边距(O)：
帮助(H)
确定
取消
应用(A)

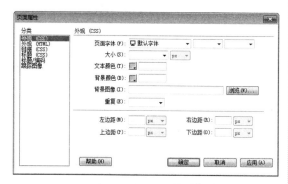

图 2-13　【页面属性】对话框

1）【页面字体】

在【页面字体】下拉列表框中可以设置文本的字体样式，比如这里选择一种字体样式，然后单击【应用】按钮，页面中的字体即可显示为这种字体样式，如图2-14所示。

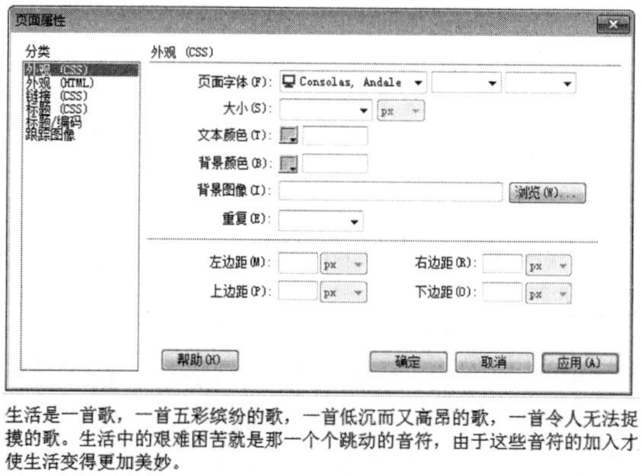

页面属性
页面字体(F)：Consolas, Andale
生活是一首歌，一首五彩缤纷的歌，一首低沉而又高昂的歌，一首令人无法捉摸的歌。生活中的艰难困苦就是那一个个跳动的音符，由于这些音符的加入才使生活变得更加美妙。

图 2-14　设置页面字体

2）【大小】

在【大小】下拉列表框中可以设置文本的大小，这里选择“36”，在右侧的单位下拉列表框中选择px，单击【应用】按钮，页面中的文本即可显示为36px大小，如图2-15所示。

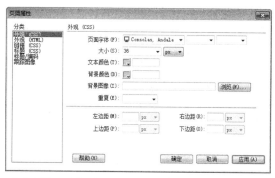

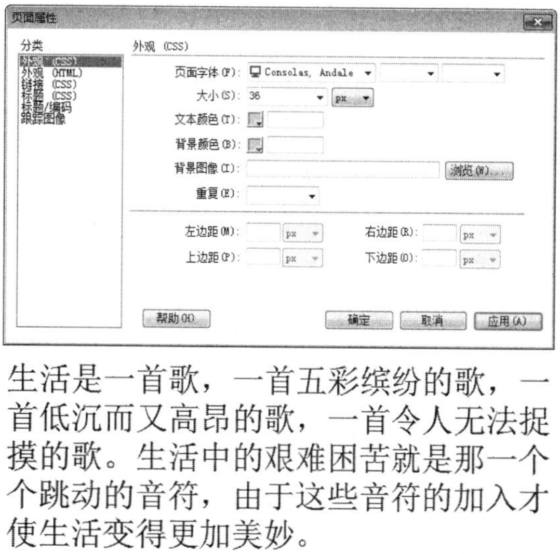

页面属性
页面字体(F)：Consolas, Andale
大小(S)：36 px
生活是一首歌，一首五彩缤纷的歌，一首低沉而又高昂的歌，一首令人无法捉摸的歌。生活中的艰难困苦就是那一个个跳动的音符，由于这些音符的加入才使生活变得更加美妙。

图 2-15　设置页面字体的大小

3）【文本颜色】

在【文本颜色】文本框中输入文本显示颜色的十六进制值，或者单击文本框左侧的【选择颜色】按钮，即可在弹出的颜色选择器中选择文本的颜色。单击【应用】按钮，即可看到页面字体呈现为选中的颜色，如图2-16所示。

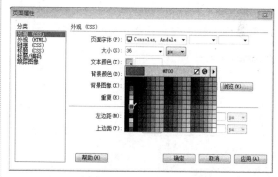

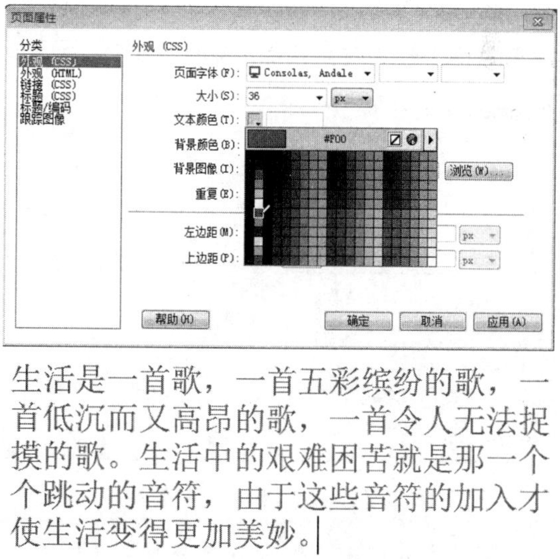

页面属性
页面字体(F)：Consolas, Andale
大小(S)：36 px
#F00
生活是一首歌，一首五彩缤纷的歌，一首低沉而又高昂的歌，一首令人无法捉摸的歌。生活中的艰难困苦就是那一个个跳动的音符，由于这些音符的加入才使生活变得更加美妙。

图 2-16　设置页面字体的颜色

4） 【背景颜色】

在【背景颜色】文本框中设置背景颜色，这里输入墨绿色的十六进制值"#09F"，完成后单击【应用】按钮，即可看到页面背景呈现出所输入的颜色，如图 2-17 所示。

图 2-17　设置页面背景的颜色

5） 【背景图像】

在该文本框中，可直接输入网页背景图像的路径，或者单击文本框右侧的 浏览(W)... 按钮，在弹出的【选择图像源文件】对话框中选择图像作为网页背景图像，如图 2-18 所示。

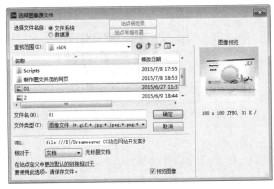

图 2-18　【选择图像源文件】对话框

完成之后单击【确定】按钮返回【页面属性】对话框，然后单击【应用】按钮，即可看到页面显示的背景图像，如图 2-19 所示。

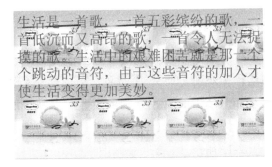

图 2-19　设置页面背景图片

6） 【重复】

可选择背景图像在网页中的排列方式，有不重复、重复、横向重复和纵向重复等 4 个选项。比如选择 repeat-x（横向重复）选项，背景图像就会以横向重复的排列方式显示，如图 2-20 所示。

图 2-20　设置背景图像的排列方式

7） 【左边距】、【上边距】、【右边距】和【下边距】

用于设置页面四周边距的大小，如图 2-21 所示。

图 2-21　设置页面四周边距

图 2-24　设置页面标题

　【背景图像】和【背景颜色】不能同时显示。如果在网页中同时设置这两个选项，在浏览网页时则只显示网页的【背景图像】。

除了通过 CSS 设置页面属性外，还可以通过外观（HTML）分类来设置，包括背景图像、背景、文本、链接和边距大小等，如图2-22 所示。

 4. **设置标题/编码**

在【页面属性】对话框的【分类】列表框中选择【标题/编码】选项，可以设置标题/编码的属性，如网页的标题、文档类型和网页中文本的编码，如图 2-25 所示。

图 2-25　设置页面的标题/编码

图 2-22　【页面属性】对话框

2. **设置链接**

在【页面属性】对话框的【分类】列表框中选择【链接（CSS）】选项，则可设置链接的属性，如图 2-23 所示。

 5. **设置跟踪图像**

在【页面属性】对话框的【分类】列表框中选择【跟踪图像】选项，则可设置跟踪图像的属性，如图 2-26 所示。

图 2-23　设置页面的链接

图 2-26　设置跟踪图像

 3. **设置标题**

在【页面属性】对话框的【分类】列表框中选择【标题（CSS）】选项，则可设置标题的属性，如图 2-24 所示。

1)　【跟踪图像】

设置作为网页跟踪图像的文件路径，也可以单击文本框右侧的 浏览(D)... 按钮，在弹出的对话框中选择图像作为跟踪图像，如图2-27所示。

图 2-27　添加图像文件

跟踪图像是 Dreamweaver 中非常有用的功能。使用这个功能，可以先用平面设计工具设计出页面的平面版式，再以跟踪图像的方式导

入到页面中，这样用户在编辑网页时即可精确地定位页面元素。

2)　【透明度】

拖动滑块，可以调整图像的透明度，透明度越高，图像越明显，如图2-28所示。

图 2-28　设置图像的透明度

> **注意**　使用了跟踪图像后，原来的背景图像则不会显示。但是在 IE 浏览器中预览时，则会显示出页面的真实效果，而不会显示跟踪图像。

2.3 用文字充实网页

设置文本属性，主要是对网页中的文本格式进行编辑和设置，包括文本字体、文本颜色和字体样式等。

2.3.1 案例5——插入文字

文字是基本的信息载体，是网页中最基本的元素之一。在网页中运用丰富的字体、多样的格式以及赏心悦目的文字效果，对于网站设计师来说是必不可少的技能。

在网页中插入文字的具体操作步骤如下。

步骤 1 选择【文件】→【打开】菜单命令，弹出【打开】对话框，在【文件范围】下拉列表框中定义打开文件的位置为"ch02\ 插入文字 .html"，然后单击【打开】按钮，如图2-29所示。

图 2-29　【打开】对话框

步骤 2 随即打开随书光盘中的素材文件，然后将光标放置在文档的编辑区，如图2-30所示。

图 2-30　打开的素材文件

步骤 3 输入文字，如图 2-31 所示。

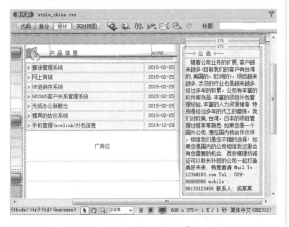

图 2-31　输入文字

步骤 4 选择【文件】→【另存为】菜单命令，将文件保存为"ch02\ 插入文字后 .html"，按 F12 键在浏览器中预览效果，如图 2-32 所示。

图 2-32　预览网页

2.3.2　案例 6——设置字体

插入网页文字后，用户可以根据自己的需要对插入的文字进行设置，包括字体样式、字体大小和字体颜色等。

1. 设置字体

对网页中的文本进行字体设置的具体步骤如下。

步骤 1 打开随书光盘中的"ch02\ 插入文字后 .html"文件。在文档窗口中，选定要设置字体的文本，如图 2-33 所示。

图 2-33　选择文本

步骤 2 在下方的【属性】面板中，在【字体】下拉列表框中选择字体，如图 2-34 所示。

图 2-34　选择字体

步骤 3 选中的文本即可改变为所选字体。

2. 无字体提示的解决方法

如果字体列表中没有所要的字体，可以按照以下的方法编辑字体列表，具体的操作步骤如下。

步骤 1 在【属性】面板的【字体】下拉列表框中选择【编辑字体列表】选项，打开【编辑字体列表】对话框，如图 2-35 所示。

图 2-35 【编辑字体列表】对话框

步骤 2 在【可用字体】列表框中选择要使用的字体，然后单击 按钮，所选字体就会出现在左侧的【选择的字体】列表框中，如图 2-36 所示。

图 2-36 选择需要添加的字体样式

> **提示** 【选择的字体】列表框显示当前选定字体选项中包含的字体名称，【可用字体】列表框显示当前所有可用的字体名称。

步骤 3 如果要创建新的字体列表，可以从列表框中选择【（在以下列表中添加字体）】选项。如果没有出现该选项，可以单击对话框左上角的 （添加）按钮，如图 2-37 所示。

步骤 4 要从字体组合项中删除字体，可以从【字体列表】列表框中选定该字体组合项，然后单击列表框左上角的 （删除）按钮，设

置完成后单击【确定】按钮即可，如图 2-38 所示。

图 2-37 添加选择的字体

图 2-38 删除选择的字体

> **提示** 一般来说，应尽量在网页中使用宋体或黑体，不使用特殊的字体，因为浏览网页的计算机中如果没有安装这些特殊的字体，在浏览时就只能以普通的默认字体来显示。对于中文网页来说，应该尽量使用宋体或黑体，因为大多数的计算机中系统都默认装有这两种字体。

2.3.3 案例 7——设置字号

字号是指字体的大小。在 Dreamweaver CC 中设置文字字号的具体步骤如下。

步骤 1 打开随书光盘中的"ch02\ 插入文字后 .html"文件，选定要设置字号的文本，如图 2-39 所示。

步骤 2 在【属性】面板的【大小】下拉列表框中选择字号，这里选择"18"，如图 2-40 所示。

图 2-39　选择需要设置字号的文本

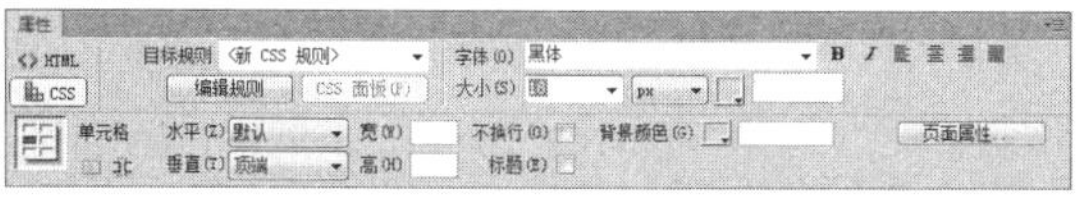

图 2-40　【属性】面板

步骤 3　这样选中的文本字体大小将更改为"18"，如图 2-41 所示。

图 2-41　设置字号后的文本显示效果

> **提示**　如果希望设置字符相对默认字符大小的增减量，可以在同一个下拉列表框中选择 xx-small、xx-large 或 smaller 等选项。如果希望取消对字号的设置，可以选择【无】选项。

2.3.4 案例 8——设置字体颜色

多彩的字体颜色会增强网页的表现力。在 Dreamweaver CC 中，设置字体颜色的具体步骤如下。

步骤 1　打开随书光盘中的"ch02\设置文

本属性 .html"文件，选定要设置字体颜色的文本，如图 2-42 所示。

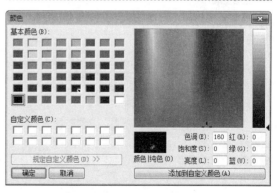

图 2-42　选择文本

步骤 2　在【属性】面板上单击【文本颜色】按钮，打开 Dreamweaver CC 颜色板，从中选择需要的颜色，也可以直接在该按钮右边的文本框中输入颜色的十六进制数值，如图 2-43 所示。

图 2-43　设置文本颜色

> **提示**　设置颜色也可以选择【格式】→【颜色】菜单命令，弹出【颜色】对话框，从中选择需要的颜色，然后单击【确定】按钮即可，如图 2-44 所示。

图 2-44　【颜色】对话框

步骤 3　选定颜色后，选中的文本将更改为选定的颜色，如图 2-45 所示。

图 2-45　设置的文本颜色

2.3.5　案例 9——设置字体样式

字体样式是指字体的外观显示样式，如字体的加粗、倾斜、加下划线等。利用 Dreamweaver CC 可以设置多种字体样式，具体的操作步骤如下。

步骤 1 选定要设置字体样式的文本，如图 2-46 所示。

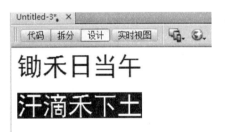

图 2-46　选择文本

步骤 2 选择【格式】→【HTML 样式】菜单命令，在弹出的子菜单选择字体样式，如图 2-47 所示。

图 2-47　设置文本样式

子菜单中各命令含义如下。

1）　粗体

从子菜单中选择【粗体】命令，可以将选定的文字加粗显示，如图 2-48 所示。

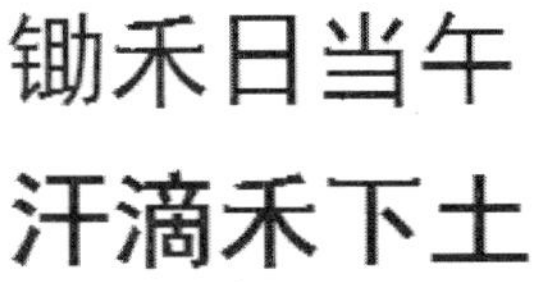

锄禾日当午
汗滴禾下土

图 2-48　设置文字为粗体

2）　斜体

从子菜单中选择【斜体】命令，可以将选定的文字显示为斜体样式，如图 2-49 所示。

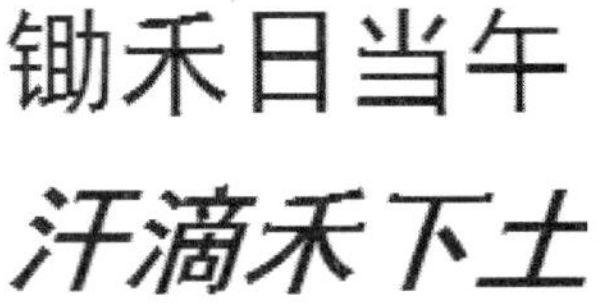

锄禾日当午
汗滴禾下土

图 2-49　设置文字为斜体

3）　下划线

从子菜单中选择【下划线】命令，可以在选定文字的下方显示一条下划线，如图 2-50 所示。

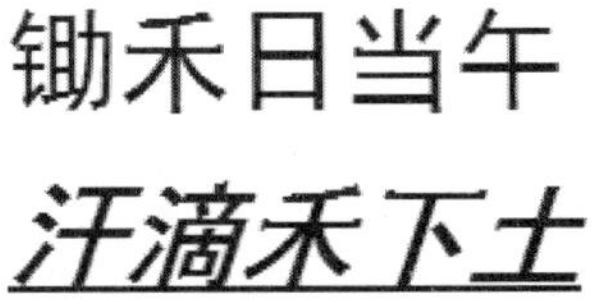

锄禾日当午
汗滴禾下土

图 2-50　添加文字下划线

> **提示** 也可以利用【属性】面板设置字体的样式。选定字体后，单击【属性】面板上的 **B** 按钮为加粗样式，单击 *I* 按钮为斜体样式，如图 2-51 所示。

图 2-51　属性面板

还可以使用快捷键设置或取消字体样式。按 Ctrl+B 组合键，可以使选定的文本加粗；按 Ctrl+I 组合键，可以使选定的文本倾斜。

4）　删除线

如果选择【格式】→【HTML 样式】→【删除线】菜单命令，就会在选定文字的中部横贯一条横线，表明文字被删除，如图 2-52 所示。

锄禾日当午

汗滴禾下土

图 2-52　添加文字删除线

5）　打字型

如果选择【格式】→【HTML 样式】→【打字型】菜单命令，就可以将选定的文本作为等宽度文本来显示，如图 2-53 所示。

锄禾日当午

汗滴禾下土

图 2-53　设置字体的打字效果

所谓等宽度字体，是指每个字符或字母的宽度相同。

6）　强调

如果选择【格式】→【HTML 样式】→【强调】菜单命令，则表明选定的文字需要在文件中被强调。大多数浏览器会把它显示为斜体样式，如图 2-54 所示。

锄禾日当午

汗滴禾下土

图 2-54　添加文字强调效果

7）　加强

如果选择【格式】→【HTML 样式】→【加强】菜单命令，则表明选定的文字需要在文件中以加强的格式显示。大多数浏览器会把它显示为粗体样式，如图 2-55 所示。

锄禾日当午

汗滴禾下土

图 2-55　加强文字效果

2.3.6　案例 10——编辑段落

段落指的是一段格式上统一的文本。在文件窗口中每输入一段文字，按 Enter 键后，就会自动形成一个段落。编辑段落主要是对网页中的一段文本进行设置。

1.　设置段落格式

使用【属性】面板中的【格式】下拉列表，或选择【格式】→【段落格式】菜单命令，都可以设置段落格式。具体的操作步骤如下。

步骤 **1** 将光标放置在段落中任意一个位置，或选择段落中的一些文本，如图 2-56 所示。

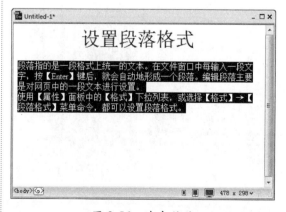

图 2-56　选中段落

步骤 **2** 选择【格式】→【段落格式】子菜单中的命令，如图 2-57 所示。

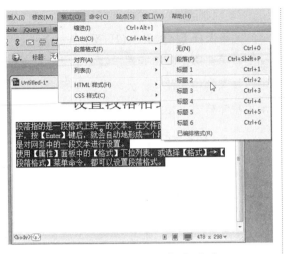

图 2-57　选择段落格式菜单

提示　　也可以在【属性】面板的【格式】下拉列表框中选择一个选项，如图 2-58 所示。

图 2-58　【属性】面板

步骤 3　选择一个段落格式（如【标题 1】），然后单击【拆分】按钮，在代码视图下可以看到与所选格式关联的 HTML 标记（如表示【标题 1】的 h1、表示【预先格式化的】文本的 pre 等）将应用于整个段落，如图 2-59 所示。

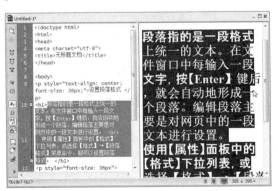

图 2-59　查看段落代码

步骤 4　在段落格式中对段落应用标题标签时，Dreamweaver 会自动添加下一行文本作为标准段落，如图 2-60 所示。

图 2-60　添加段落标记

提示　　若要更改"换行后切换普通段落"功能，可以选择【编辑】→【首选参数】菜单命令，弹出【首选项】对话框，然后在【常规】分类中的【编辑选项】区域中，取消选中【标题后切换到普通段落】复选框，如图 2-61 所示。

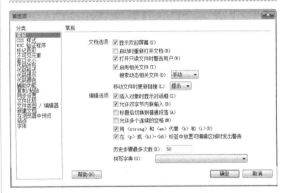

图 2-61　【首选项】对话框

2. 定义预格式化

在 Dreamweaver 中，不能连续地输入多个空格。在显示一些特殊格式的段落文本（如诗歌）时，这一点就会显得非常不方便，如图 2-62 所示。

图 2-62　输入空格后的段落显示效果

在这种情况下，可以使用预格式化标签 `<p>` 和 `</p>` 来解决这个问题。

▶ 提示　预格式化指的是预先对 `<p>` 和 `</p>` 之间的文字进行格式化，这样，浏览器在显示其中的内容时，就会完全按照真正的文本格式来显示，即原封不动地保留文档中的空白，如空格及制表符等，如图 2-63 所示。

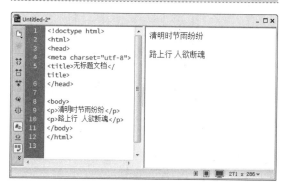

图 2-63　预格式化文字

在 Dreamweaver 中，设置预格式化段落的具体步骤如下。

步骤 **1** 将光标放置在要设置预格式化的段落中，如图 2-64 所示。

▶ 提示　如果要将多个段落设置为预格式化，则可同时选中多个段落的内容，如图 2-65 所示。

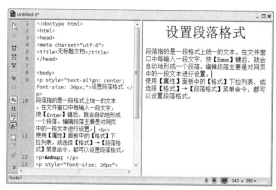

图 2-64　选择需要预格式化的段落

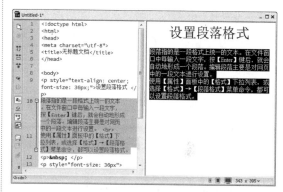

图 2-65　选择多个段落

步骤 **2** 按 Ctrl+F3 组合键打开【属性】面板，在【格式】下拉列表框中选择【预先格式化的】选项，如图 2-66 所示。

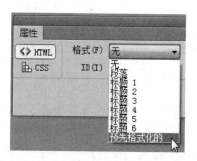

图 2-66　选择【预先格式化的】选项

▶ 提示　也可以选择【格式】→【段落格式】→【已编排格式】菜单命令，如图 2-67 所示。

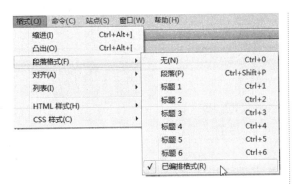

图 2-67　选择段落格式菜单

图 2-69　在代码视图中输入空格代码

注意　该操作会自动地在相应段落的两端添加 <pre> 和 </pre> 标记。如果原来段落的两端有 <p> 和 </p> 标记，则会分别用 <pre> 和 </pre> 标记来替换它们，如图 2-68 所示。

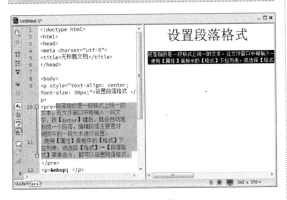

图 2-68　添加段落标记 <pre>

提示　由于预格式化文本不能自动换行，因此除非绝对需要；否则尽量不要使用预格式化功能。

步骤 3　如果要在段落的段首空出两个空格，不能直接在【设计视图】方式下输入空格，而应切换到【代码视图】中，在段首文字之前输入代码 " "，如图 2-69 所示。

步骤 4　该代码只表示一个半角字符，要空出两个汉字的位置，需要添加 4 个代码。这样，在浏览器中就可以看到段首已经空两个格了，如图 2-70 所示。

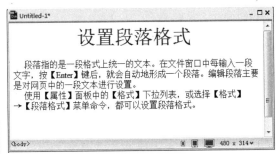

图 2-70　设置段落首行缩进格式

3. **设置段落的对齐方式**

段落的对齐方式指的是段落相对文件窗口（或浏览器窗口）在水平位置的对齐方式，有 4 种对齐方式，即左对齐、居中对齐、右对齐和两端对齐。

对齐段落的具体步骤如下。

步骤 1　将光标放置在要设置对齐方式的段落中。如果要设置多个段落的对齐方式，则选择多个段落，如图 2-71 所示。

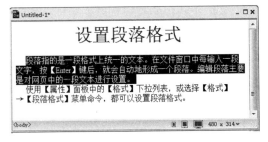

图 2-71　选择多个段落

步骤 2 进行下列操作之一。

(1) 选择【格式】→【对齐】菜单命令，然后从子菜单中选择相应的对齐方式，如图 2-72 所示。

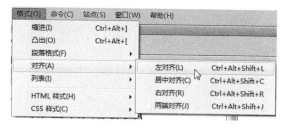

图 2-72　段落的对齐方式

(2) 单击【属性】面板 CSS 选项卡中的对齐按钮，如图 2-73 所示。

图 2-73　【属性】面板

可供选择的按钮有 4 个。

【左对齐】按钮：单击该按钮，可以设置段落相对文档窗口左对齐，如图 2-74 所示。

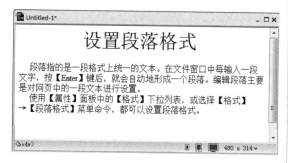

图 2-74　段落左对齐

【居中对齐】按钮：单击该按钮，可以设置段落相对文档窗口居中对齐，如图 2-75 所示。

【右对齐】按钮：单击该按钮，可以设置段落相对文档窗口右对齐，如图 2-76 所示。

【两端对齐】按钮：单击该按钮，可以设置段落相对文档窗口两端对齐，如图 2-77 所示。

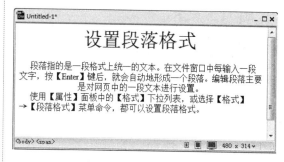

图 2-75　段落居中对齐

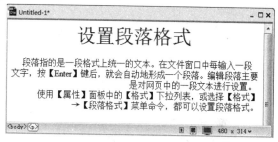

图 2-76　段落右对齐

图 2-77　段落两端对齐

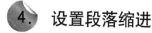
4. 设置段落缩进

在强调一段文字或引用其他来源的文字时，需要对文字进行段落缩进，以表示和普通段落有区别。缩进主要是指内容相对于文档窗口（或浏览器窗口）左端产生的间距。

实现段落缩进的具体步骤如下。

步骤 1 将光标放置在要设置缩进的段落中。如果要缩进多个段落，则选择多个段落，如图 2-78 所示。

图 2-78　选择段落

步骤 2　选择【格式】→【缩进】菜单命令，即可将当前段落往右缩进一段位置，如图2-79所示。

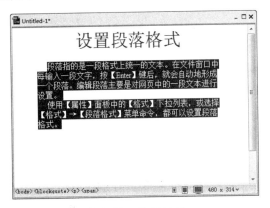

图 2-79　段落缩进

单击【属性】面板中的【删除内缩区块】按钮和【内缩区块】按钮，即可实现当前段落的凸出和缩进。凸出是将当前段落往左恢复一段缩进位置。

> **提示**　也可以使用快捷键来实现缩进。按 Ctrl + Alt +] 组合键可以进行一次右缩进，按 Ctrl + Alt + [组合键可以向左恢复一段缩进位置。

2.3.7 案例 11——检查拼写

如果要对英文材料进行检查更正，可以使用 Dreamweaver CC 中的检查拼写功能。具体的操作步骤如下。

步骤 1　选择【命令】→【检查拼写】菜单命令，可以检查当前文档中的拼写。【检查拼写】命令忽略 HTML 标记和属性值，如图2-80所示。

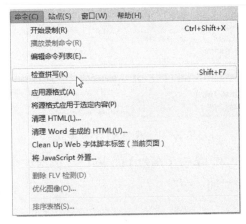

图 2-80　选择【检查拼写】命令

步骤 2　默认情况下，拼写检查器使用美国英语拼写字典。要更改字典，可以选择【编辑】→【首选项】菜单命令。在弹出的【首选项】对话框中选择【常规】分类，在【拼写字典】下拉列表框中选择要使用的字典，然后单击【确定】按钮即可，如图2-81所示。

图 2-81　【首选项】对话框

步骤 3　选择检查拼写菜单命令后，如果文本内容中有错误，就会弹出【检查拼写】对话框，如图2-82所示。

图 2-82　【检查拼写】对话框

步骤 4 在使用【检查拼写】功能时，如果单词的拼写没有错误，则会弹出图 2-83 所示的信息提示对话框。

图 2-83　信息提示对话框

步骤 5 单击【是】按钮，弹出信息提示对话框，然后单击【确定】按钮，关闭该对话框即可，如图 2-84 所示。

图 2-84　信息提示对话框

2.3.8　案例 12——创建项目列表

列表就是那些具有相同属性元素的集合。Dreamweaver CC 常用的列表有无序列表和有序列表两种，无序列表使用项目符号来标记无序的项目，有序列表使用编号来记录项目的顺序。

1. 无序列表

在无序列表中，各个列表项之间没有顺序级别之分，通常使用一个项目符号作为每个列表项的前缀。

设置无序列表的具体步骤如下。

步骤 1 将光标放置在需要设置无序列表的文档中，如图 2-85 所示。

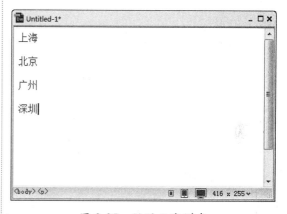

图 2-85　设置无序列表

步骤 2 选择【格式】→【列表】→【项目列表】菜单命令，如图 2-86 所示。

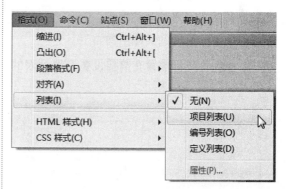

图 2-86　选择【项目列表】命令

步骤 3 光标所在的位置将出现默认的项目符号，如图 2-87 所示。

步骤 4 重复以上步骤，设置其他文本的项目符号，如图 2-88 所示。

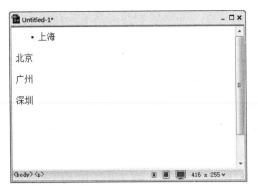

图 2-87　添加默认的项目符号

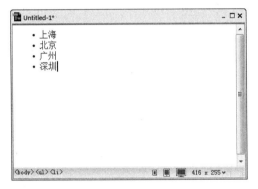

图 2-88　无序列表显示效果

2. 有序列表

对于有序编号，可以指定其编号类型和起始编号。可以采用阿拉伯数字、大写字母或罗马数字等作为有序列表的编号。

设置有序列表的具体步骤如下。

步骤 1 将光标放置在需要设置有序列表的文档中，如图 2-89 所示。

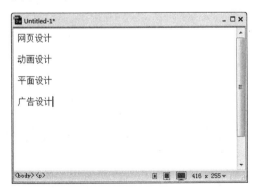

图 2-89　设置有序列表

步骤 2 选择【格式】→【列表】→【编号列表】菜单命令，如图 2-90 所示。

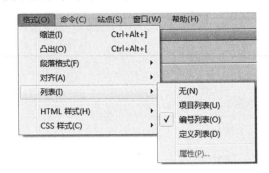

图 2-90　选择【编号列表】命令

步骤 3 光标所在的位置将出现编号列表，如图 2-91 所示。

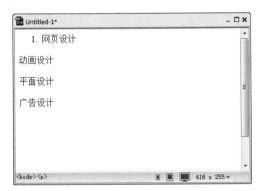

图 2-91　设置有序列表

步骤 4 重复以上步骤，设置其他文本的编号列表，如图 2-92 所示。

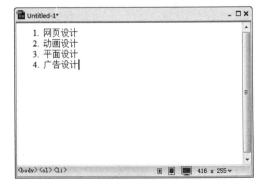

图 2-92　有序列表显示效果

列表还可以嵌套，嵌套列表是包含其他列表的列表。

步骤 5 选定要嵌套的列表项。如果有多行文本需要嵌套，可以选定多行，如图 2-93 所示。

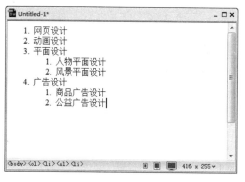

图 2-93　列表嵌套效果

步骤 6 选择【格式】→【缩进】菜单命令，或者单击【属性】面板中的【缩进】按钮，如图 2-94 所示。

图 2-94　【属性】面板

> **提示**　在【属性】面板中直接单击 ≡ 或 ≡ 按钮，可以将选定的文本设置成项目(无序)列表或编号(有序)列表。

2.4　特殊文本的操作

在 Dreamweaver CC 中，用户可以输入一些特殊字符和符号。

2.4.1　案例 13——插入换行符

在输入文本的过程中，换行时如果直接按 Enter 键，行间距会比较大。一般情况下，在网页中换行时按 Shift + Enter 组合键，这样才是正常的行距。

也可以在文档中添加换行符来实现文本换行，有以下两种操作方法。

(1) 选择【窗口】→【插入】菜单命令，打开【插入】面板，然后单击【文本】选项卡中的【字符】按钮，在弹出的列表中选择【换行符】选项，如图 2-95 所示。

(2) 选择【插入】→【字符】→【换行符】菜单命令，如图 2-96 所示。

图 2-95　选择【换行符】选项

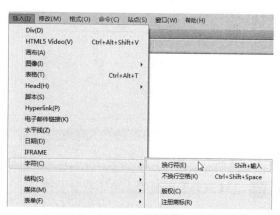

图 2-96　选择【换行符】命令

2.4.2 案例 14——插入水平线

网页文档中的水平线主要用于分隔文档内容，使文档结构清晰明了，便于浏览。在文档中插入水平线的具体步骤如下。

步骤 1 在 Dreamweaver CC 的编辑窗格中，将光标置于要插入水平线的位置，选择【插入】→【水平线】菜单命令，如图 2-97 所示。

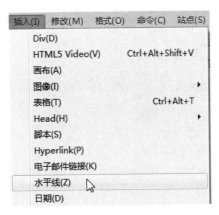

图 2-97 选择【水平线】命令

步骤 2 即可在文档窗口中插入一条水平线，如图 2-98 所示。

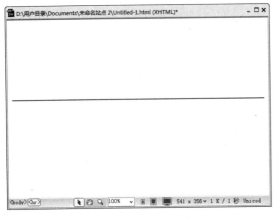

图 2-98 插入的水平线

步骤 3 在【属性】面板中，将【宽】设置为 "710"，【高】设置为 "5"，【对齐】设置为【居中对齐】，并选中【阴影】复选框，如图 2-99 所示。

图 2-99 【属性】面板

步骤 4 保存页面后按 F12 键，即可预览插入的水平线效果，如图 2-100 所示。

图 2-100 预览网页

2.4.3 案例 15——插入日期

上网时，经常会看到有的网页上显示有日期。向网页中插入系统当前日期的具体步骤如下。

步骤 1 在文档窗口中，将插入点放到要插入日期的位置。选择【插入】→【日期】菜单命令，如图 2-101 所示。

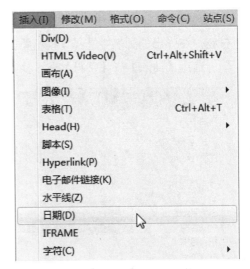

图 2-101 选择【日期】命令

步骤 2 或者单击【插入】面板【常用】选项卡中的【日期】按钮，如图 2-102 所示。

图 2-102　【常用】选项卡

步骤 3 弹出【插入日期】对话框，从中分别设置【星期格式】、【日期格式】和【时间格式】，并选中【储存时自动更新】复选框，如图 2-103 所示。

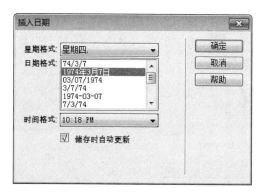

图 2-103　【插入日期】对话框

步骤 4 单击【确定】按钮，即可将日期插入到当前文档中，如图 2-104 所示。

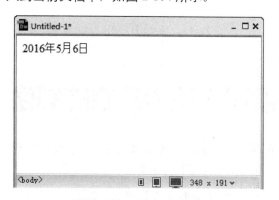

图 2-104　插入的日期

2.4.4　案例 16——插入特殊字符

在 Dreamweaver CC 中，有时需要插入一些特殊字符，如版权符号和注册商标符号等。插入特殊字符的具体步骤如下。

步骤 1 将光标放到文档中需要插入特殊字符（这里输入版权符号）的位置，如图 2-105 所示。

图 2-105　定位插入特殊符号的位置

步骤 2 选择【插入】→【字符】→【版权】菜单命令，即可插入版权符号，如图 2-106 所示。

图 2-106　插入版权符号

步骤 3 如果在【特殊字符】子菜单中没有需要的字符，可以选择【插入】→【字符】→【其他字符】菜单命令，如图 2-107 所示。

图 2-107　选择【其他字符】命令

步骤 4 打开【插入其他字符】对话框。单击需要的字符，该字符就会出现在【插入】文本框中。也可以直接在该文本框中输入字符，如图 2-108 所示。

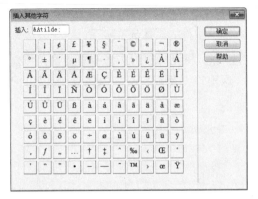

图 2-108 【插入其他字符】对话框

步骤 5 单击【确定】按钮，即可将该字符插入到文档中，如图 2-109 所示。

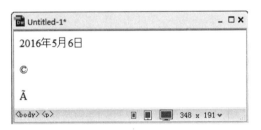

图 2-109 插入特殊字符

2.4.5 案例 17——插入注释

在设计网页的过程中，往往需要添加注释内容，具体操作步骤如下。

步骤 1 切换到代码视图中，在需要添加注

释的位置输入注释内容，然后将注释内容选中，单击左侧工具栏的【应用注释】按钮，在弹出的菜单中选择需要的注释选项即可，这里选择【应用 HTML 注释】菜单命令，如图 2-110 所示。

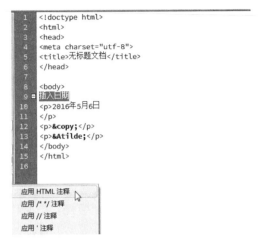

图 2-110 选择【应用 HTML 注释】
菜单命令

步骤 2 选中的注释内容被添加 HTML 注释效果，如图 2-111 所示。

图 2-111 添加 HTML 注释效果

2.5 实战演练——设置主页中的跟踪图像

跟踪图形功能的主要作用是方便于定位文字、图像、表格和层等网页在该页面中的位置。本案例以设置主页中跟踪图像为例进行讲解，具体操作步骤如下。

步骤 1 新建一个 test.html 文件，单击【属性】面板中的【页面属性】按钮，如图 2-112 所示。

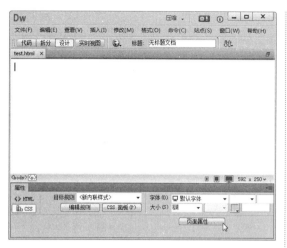

图 2-112　单击【页面属性】按钮

覧器浏览时，跟踪图像是不可见的。

图 2-114　【选择图像源文件】对话框

步骤 2 打开【页面属性】对话框，在【分类】列表框中选择【跟踪图像】选项，在右侧窗口中单击【浏览】按钮，如图 2-113 所示。

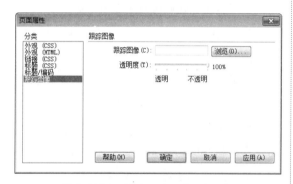

图 2-113　【页面属性】对话框

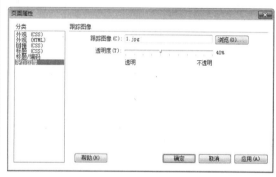

图 2-115　【页面属性】对话框

步骤 3 打开【选择图像源文件】对话框，这里选择随书光盘中"ch02\1.jpg 文件"，单击【确定】按钮，如图 2-114 所示。

步骤 4 返回到【页面属性】对话框，在【透明度】中拖曳滑块，将透明度设置为 40%，单击【确定】按钮，如图 2-115 所示。

步骤 5 在返回的工作界面中即可查看添加跟踪图像的效果，如图 2-116 所示。在编辑页面时，会显示添加的背景图像，但是当使用浏

图 2-116　添加跟踪图像的效果

2.6 高手解惑

小白：如何添加页面标题？

高手：常见添加页面标题的方法有以下两种。

1. 在工作主界面添加标题

在 Dreamweaver CC 工作界面中，在【标题】文本框中输入页面标题即可，这里输入"这是新添加的标题"，如图 2-117 所示。

图 2-117　添加页面标题

2. 使用代码添加页面标题

在代码视图中，使用 <title> 标签可以添加页面的标题，如图 2-118 所示。

图 2-118　代码视图中添加页面标题

小白：如何理解外观（CSS）和外观（HTML）的区别？

高手：如果使用外观（CSS）分类设置页面属性，程序会将设置的相关属性生成 CSS 样式表。如果使用外观（HTML）分类设置页面属性，程序会自动将设置的相关属性代码添加到页面文件的主体 <body> 标签中。

2.7 跟我练练手

练习 1：练习文档基本操作，包括新建网页、保存网页、打开网页和预览网页。

练习 2：使用外观（CSS）分类设置页面的背景颜色为浅蓝色。

练习 3：使用外观（HTML）分类设置页面的背景颜色为浅绿色。

练习 4：在页面中插入换行符、水平线和当前日期。

练习 5：在页面中插入注释、版权和注册商标。

练习 6：在页面中插入文字，设置文字的字号、颜色、样式和段落格式，然后添加项目列表，包含无序列表和有序列表。

第 **3** 章

有图有真相——
使用图像和多媒体

在设计网页的过程中，单纯的文本无法表现出更形象、更具视觉冲击力的效果。图像和多媒体能使网页的内容更加丰富多彩、形象生动，可以为网页增色很多。本章重点学习图像和多媒体的使用方法和技巧。

● **本章学习目标（已掌握的在方框中打钩）**

☐ 了解网页中图像的格式
☐ 掌握用图像美化网页的方法
☐ 掌握在网页中插入多媒体的方法
☐ 掌握制作图文并茂的方法

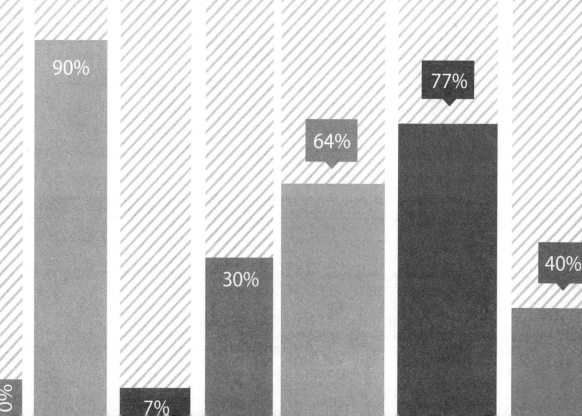

3.1 选择适合网页中图像的格式

网页中通常使用的图像格式有 3 种，即 GIF、JPEG 和 PNG，下面介绍它们各自的特性。

1. GIF 格式

网页中最常用的图像格式是 GIF，它的图像最多可显示 256 种颜色。GIF 格式的特点是图像文件占用磁盘空间小，支持透明背景和动画，多用于图标、按钮、滚动条和背景等。

GIF 格式图像的另外一个特点是可以将图像以交错的形式下载。交错显示就是当图像尚未下载完成时，浏览器显示的图像会由不清晰慢慢变清晰，再到下载完成。图 3-1 所示为 JPEG 格式和 GIF 格式的图像。

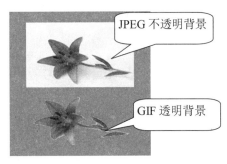

图 3-1　JPEG 格式和 GIF 格式的图像

2. JPEG 格式

JPEG 格式是一种图像压缩格式，支持大约 1670 万种颜色。它主要应用于摄影图片的存储和显示，尤其是色彩丰富的大自然照片，其文件的扩展名为 .jpg 或 .jpeg。和 GIF 格式文件不同，JPEG 格式文件的压缩技术十分先进，它使用有损压缩的方式去除冗余的图像和彩色数据，在获取极高压缩率的同时，能展现十分丰富、生动的图像。它在处理颜色和图形细节方面比 GIF 文件要好，在复杂徽标和图像镜像等方面应用得更为广泛，特别适合在网上发布照片。

GIF 格式文件和 JPEG 格式文件各有优点，应根据实际的图片文件来决定采用哪种格式。这两种文件的特点对比如表 3-1 所列。

表 3-1　GIF 和 JPEG 格式文件的区别

项　　目	GIF	JPEG／JPG
色彩	16 色、256 色	真彩色
特殊功能	透明背景、动画效果	无
压缩是否有损失	无损压缩	有损压缩
适用面	颜色有限，主要以漫画图案或线条为主，一般用于表现建筑结构图或手绘图	颜色丰富，有连续的色调，一般用于表现真实的事物

3. PNG 格式

PNG 格式是近几年开始流行的一种全新的无显示质量损耗的文件格式。它避免了 GIF 格式文件的一些缺点，是一种替代 GIF 格式的无专利权限的格式，支持索引色、灰度、真彩色图像以及 Alpha 透明通道。PNG 格式是 Fireworks 固有的文件格式。

PNG 格式汲取了 GIF 格式和 JPEG 格式的优点，存储形式丰富，兼有 GIF 格式和 JPEG 格式的色彩模式。

PNG 格式能把图像文件大小压缩到极限，以利于网络的传输，却不失真。PNG 采用无损压缩方式来减小文件的大小。PNG 格式的图像显示速度快，只需下载 1/64 的图像信息就可以显示出低分辨率的预览图像。PNG 格式同样支持透明图像的制作。

PNG 格式文件可保留所有原始层、向量、颜色和效果等信息，并且在任何时候所有元素都是可以完全编辑的。

3.2 用图像美化网页

无论是个人网站还是企业网站，图文并茂的网页都能为网站增色不少。用图像美化网页会使网页变得更加美观、生动，从而吸引更多的浏览者。

3.2.1 案例 1——插入图像

在文件中插入漂亮的图像会使网页更加美观，使页面更具吸引力。在网页中插入图像的具体步骤如下。

步骤 1 新建一个空白文档，将光标放置在要插入图像的位置，在【插入】面板的【常用】选项卡中单击【图像】按钮，在打开的下拉列表中选择【图像】选项，如图 3-2 所示。用户也可以选择【插入】→【图像】→【图像】菜单命令，如图 3-3 所示。

图 3-2　【插入】面板

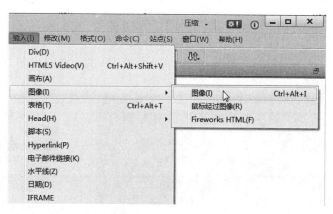

图 3-3　选择【图像】命令

步骤 2 打开【选择图像源文件】对话框，从中选择要插入的图像文件，然后单击【确定】按钮，如图 3-4 所示。

图 3-4 【选择图像源文件】对话框

步骤 3 即可完成向文档中插入图像的操作，如图 3-5 所示。

图 3-5 插入图像

步骤 4 保存文档，按 F12 键在浏览器中预览效果，如图 3-6 所示。

图 3-6 预览网页

3.2.2 案例 2——图像属性设置

在页面中插入图像后单击选定图像，此时图像的周围会出现边框，表示图像正处于选中状态，如图 3-7 所示。

图 3-7 选中图像

可以在【属性】面板中设置该图像的属性，如设置源文件、输入替换文本、设置图片的宽与高等，如图 3-8 所示。

图 3-8 【属性】面板

1) 【地图】

用于创建客户端图像的热区，在右侧的文本框中可以输入地图的名称，如图 3-9 所示。

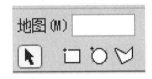

图 3-9 图像地图设置区域

提示 输入的名称中只能包含字母和数字，并且不能以数字开头。

2) 【热点工具】按钮

单击这些按钮，可以创建图像的热区链接。

3） 【宽】和【高】

设置在浏览器中显示图像的宽度和高度，以像素为单位。比如，在【宽】文本框中输入宽度值，页面中的图片即会显示相应的宽度，如图 3-10 所示。

图 3-10　设置图像的宽与高

提示

【宽】和【高】的单位除像素外，还有 pc（十二点活字）、pt（点）、in（英寸）、mm（毫米）、cm（厘米）和 2in+5mm 的单位组合等。

调整后，其文本框的右侧将显示【重设图像大小】按钮，单击该按钮，可恢复图像到原来的大小。

4） 【源文件】

用于指定图像的路径。单击文本框右侧的【浏览文件】按钮，打开【选择原始文件】对话框，可从中选择图像文件，或直接在文本框中输入图像路径，如图 3-11 所示。

图 3-11　【选择原始文件】对话框

5） 【链接】

用于指定图像的链接文件。可拖动【指向文件】图标到【文件】面板中的某个文件上，或直接在文本框中输入 URL 地址，如图 3-12 所示。

图 3-12　【属性】面板

6） 【目标】

用于指定链接页面在框架或窗口中的打开方式，如图 3-13 所示。

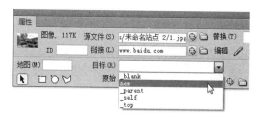

图 3-13　设置图像目标

【目标】下拉列表框中有以下几个选项。

⑴ _blank：在打开的新浏览器窗口中打开链接文件。

⑵ new：始终在同一个新窗口打开链接文件。

⑶ _parent：如果是嵌套的框架，会在父框架或窗口中打开链接文件；如果不是嵌套的框架，则与 _top 相同，在整个浏览器窗口中打开链接文件。

⑷ _self：在当前网页所在的窗口中打开链接。此目标为浏览器默认的设置。

⑸ _top：在完整的浏览器窗口中打开链接文件，因而会删除所有的框架。

7） 【原始】

用于设置图像下载完成前显示的低质量图像，这里一般指 PNG 图像。单击旁边的【浏览文件】按钮，即可在打开的对话框中选择低质量图像，如图 3-14 所示。

图 3-14 【选择图像源文件】对话框

8) 【替换】

图像的说明性文字，用于在浏览器不显示图像时替代图像显示的文本，如图 3-15 所示。

图 3-15 设置图像替换文本

3.2.3 案例 3——图像的对齐方式

图像的对齐方式主要是设置图像与同一行中的文本或另一个图像等元素的对齐方式。对齐图像的具体步骤如下。

步骤 **1** 在文档窗口中选定要对齐的图像，如图 3-16 所示。

图 3-16 选择图像

步骤 **2** 选择【格式】→【对齐】→【左对齐】菜单命令后，效果如图 3-17 所示。

图 3-17 图像左对齐

步骤 **3** 选择【格式】→【对齐】→【居中对齐】菜单命令后，效果如图 3-18 所示。

图 3-18 图像居中对齐

步骤 **4** 选择【格式】→【对齐】→【右对齐】菜单命令后，效果如图 3-19 所示。

图 3-19 图像右对齐

3.2.4 案例 4——插入鼠标经过图像

鼠标经过图像是指在浏览器中查看并在鼠

标指针移过它时发生变化的图像。鼠标经过图像实际上是由两幅图像组成，即初始图像（页面首次加载时显示的图像）和替换图像（鼠标指针经过时显示的图像）。

插入鼠标经过图像的具体步骤如下。

步骤 1 新建一个空白文档，将光标置于要插入鼠标经过图像的位置，选择【插入】→【图像对象】→【鼠标经过图像】菜单命令，如图 3-20 所示。

图 3-20　选择【鼠标经过图像】命令

> **提示**　　也可以在【插入】面板的【常用】选项卡中单击【图像】按钮，然后从打开的下拉列表中选择【鼠标经过图像】选项，如图 3-21 所示。

图 3-21　选择【鼠标经过图像】选项

步骤 2 打开【插入鼠标经过图像】对话框，在【图像名称】文本框中输入一个名称（这里保持默认名称不变），如图 3-22 所示。

步骤 3 单击【原始图像】文本框右侧的【浏览】按钮，在打开的【原始图像】对话框中选

择鼠标经过前的图像文件，设置完成后单击【确定】按钮，如图 3-23 所示。

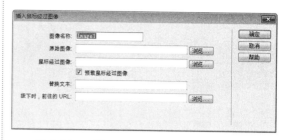

图 3-22　【插入鼠标经过图像】对话框

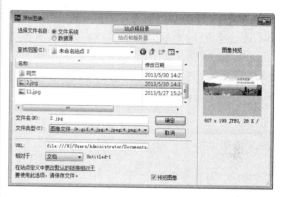

图 3-23　选择原始图像

步骤 4 返回【插入鼠标经过图像】对话框，在【原始图像】文本框中即可看到添加的原始图像文件路径，如图 3-24 所示。

图 3-24　【插入鼠标经过图像】对话框

步骤 5 单击【鼠标经过图像】文本框右侧的【浏览】按钮，在打开的【鼠标经过图像】对话框中选择鼠标经过原始图像时显示的图像文件，然后单击【确定】按钮，返回【插入鼠标经过图像】对话框，如图 3-25 所示。

图 3-25　选择鼠标经过图像

步骤 6 在【替换文本】文本框中输入名称"（这里不再输入）"，并选中【预载鼠标经过图像】复选框。如果要建立链接，可以在【按下时，前往的 URL】文本框中输入 URL 地址，也可以单击右侧的【浏览】按钮，选择链接文件（这里不填），如图 3-26 所示。

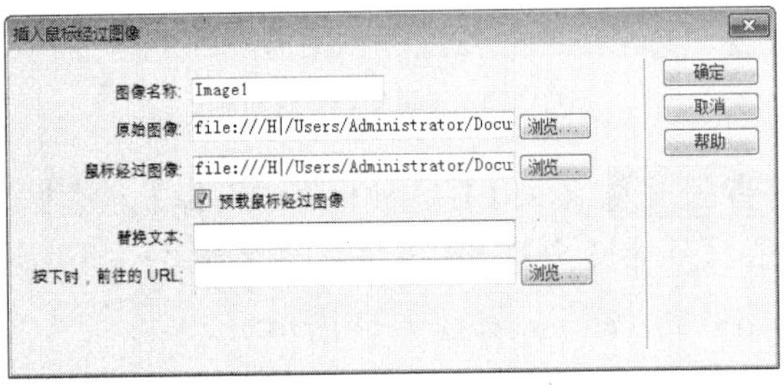

图 3-26　【插入鼠标经过图像】对话框

步骤 7 单击【确定】按钮，关闭对话框，保存文档，按 F12 键在浏览器中预览效果。鼠标指针经过前的图像如图 3-27 所示。

图 3-27　鼠标经过前显示的图像

步骤 8 鼠标指针经过后的图像如图 3-28 所示。

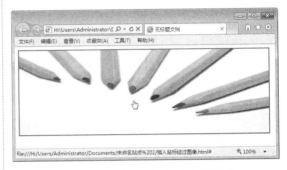

图 3-28　鼠标经过后显示的图像

3.2.5　案例 5——插入图像占位符

在布局页面时，有的时候可能需插入的图像还没有制作好。为了使整体页面效果统一，可以使用图像占位符来替代图片的位置，待网页布局好后，再根据实际情况插入图像。

插入图像占位符的操作步骤如下。

步骤 1 新建一个空白文档，将光标置于要插入图像占位符的位置。切换到代码视图，然后添加以下代码，设置图片的宽度和高度为"550"和"80"，替换文本为"Banner 位置"，如图 3-29 所示。

```
<img src="" width="550" height="80"  alt="Banner位置" />
```

步骤 2 切换到设计视图，即可看到插入的图像占位符，如图 3-30 所示。

图 3-29　代码视图

图 3-30　设计视图

3.3 在网页中插入多媒体

在网页中插入多媒体是美化网页的一种方法，常见的网页多媒体有背景音乐、Flash 动画、FLV 视频、HTML5 音频和 HTML5 视频等。

3.3.1 案例 6——插入背景音乐

通过添加背景音乐，可以使网页一打开就能听到舒缓的音乐。

在网页中插入背景音乐的操作步骤如下。

步骤 1 新建一个空白文档，切换到代码视图，然后在 <head> 和 </head> 标签之间添加以下代码，设置背景音乐的路径，如图 3-31 所示。

图 3-31　代码视图

```
<bgsound src="/ch03/song.mp3">
```

提示 bgsound 标签的属性比较多，包括 src、balance、volume 和 delay。各个属性的含义如下。

（1）src 属性：用于设置音乐的路径。

（2）balance 属性：用于设置声道，取值范围为 −1000 ～ 1000，其中负值代表左声道，正值代表右声道，0 代表立体声。

（3）volume 属性：用于设置音量大小。

(4) delay 属性：用于设置播放的延时。

(5) loop 属性：用于设置循环播放次数，其中 loop=-1，代表音乐一直循环播放。

步骤 2 保存网页后，单击【预览】按钮，在打开的菜单中选择预览方式，启动浏览器即可预览到效果，如图 3-32 所示。

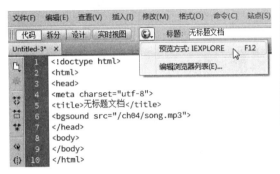

图 3-32　选择预览方式

3.3.2 案例 7——插入 Flash 动画

Flash 与 Shockwave 电影相比，其优势是文件小且网上传输速度快。在网页中插入 Flash 动画的操作步骤如下。

步骤 1 新建一个空白文档，将光标置于要插入 Flash 动画的位置，选择【插入】→【媒体】→ Flash SWF 菜单命令，如图 3-33 所示。

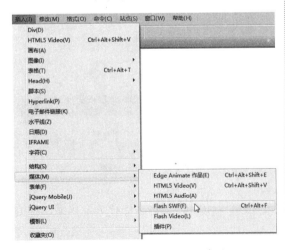

图 3-33　选择 Flash SWF 命令

步骤 2 打开【选择 SWF】对话框，从中选择相应的 Flash 文件，如图 3-34 所示。

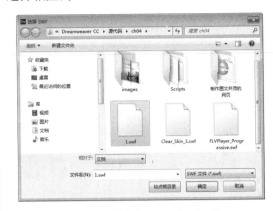

图 3-34　【选择 SWF】对话框

步骤 3 单击【确定】按钮，打开【对象标签辅助功能属性】对话框，输入对象标签辅助的标题，如图 3-35 所示。

图 3-35　【对象标签辅助功能属性】对话框

步骤 4 单击【确定】按钮，插入 Flash 动画，然后调整 Flash 动画的大小，使其适合网页，如图 3-36 所示。

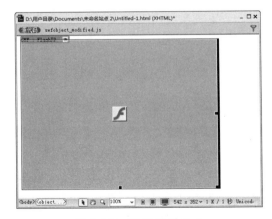

图 3-36　预览网页动画

步骤 5 保存文档，按 F12 键在浏览器中预览效果，如图 3-37 所示。

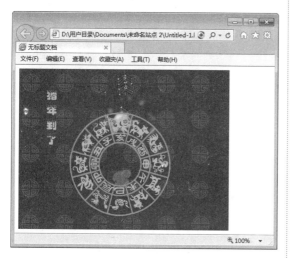

图 3-37　预览网页动画

3.3.3 案例 8——插入 FLV 视频

用户可以向网页中轻松地添加 FLV 视频，而无须使用 Flash 创作工具。在开始操作之前，必须有一个经过编码的 FLV 文件。

步骤 1 新建一个空白文档，将光标置于要插入 Flash 动画的位置，选择【插入】→【媒体】→ Flash Video 菜单命令，如图 3-38 所示。

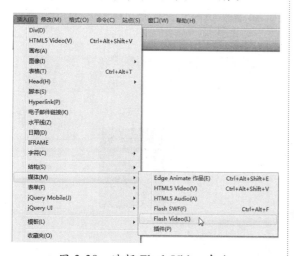

图 3-38　选择 Flash Video 命令

步骤 2 打开【插入 FLV】对话框，从【视频类型】下拉列表框中选择视频类型，这里选择【累进式下载视频】选项，如图 3-39 所示。

图 3-39　【插入 FLV】对话框

提示　　"累进式下载视频"是将 FLV 文件下载到站点访问者的硬盘上，然后播放。但是，与传统的"下载并播放"视频传送方法不同，累进式下载允许在下载完成之前就开始播放视频文件。也可以选择【流视频】选项，选择此选项后下方的选项区域也会随之发生变化，接着可以进行相应的设置，如图 3-40 所示。

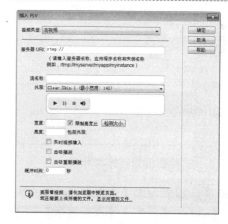

图 3-40　选择【流视频】选项

提示　　"流视频"方式是指对视频内容进行流式处理，并在一段可确保流畅播放的很短的缓冲时间后在网页上播放该内容。

步骤 3 单击 URL 文本框右侧的【浏览】按钮，即可在打开的【选择 FLV】对话框中选择要插入的 FLV 文件，如图 3-41 所示。

图 3-41 【选择 FLV】对话框

步骤 4 返回【插入 FLV】对话框，在【外观】下拉列表框中选择设置显示出来的播放器外观，如图 3-42 所示。

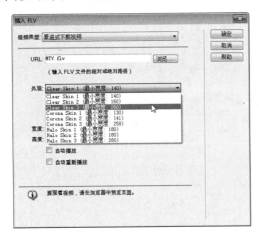

图 3-42 选择外观

步骤 5 接着设置【宽度】和【高度】，并选中【限制高宽比】、【自动播放】和【自动重新播放】3 个复选框，完成后单击【确定】按钮，如图 3-43 所示。

> **提示** "包括外观"是 FLV 文件的宽度和高度与所选外观的宽度和高度相加得出的和。

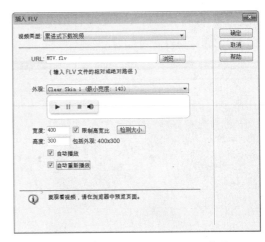

图 3-43 设置 FLV 的高度与宽度

步骤 6 单击【确定】按钮关闭对话框，即可将 FLV 文件添加到网页上，如图 3-44 所示。

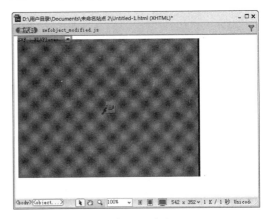

图 3-44 在网页中插入 FLV

步骤 7 保存页面后按 F12 键，即可在浏览器中预览效果，如图 3-45 所示。

图 3-45 预览网页

3.3.4 案例 9——插入 HTML5 音频

Dreamweaver CC 支持插入 HTML5 音频的功能。在网页中插入 HTML5 音频的操作步骤如下。

步骤 1 新建一个空白文档，将光标置于要插入 HTML5 音频的位置，选择【插入】→【媒体】→ HTML5 Audio 菜单命令，如图 3-46 所示。

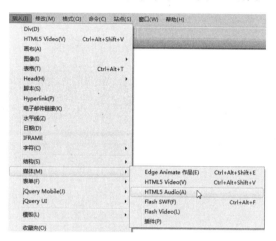

图 3-46 选择 HTML5 Audio 命令

步骤 2 即可看到插入一个音频图标，在【属性】面板中单击【源】文本框右侧的【浏览】按钮，如图 3-47 所示。

图 3-47 【属性】面板

步骤 3 打开【选择音频】对话框，选择随书光盘中的 "\ch03\song.mp3 文件"，单击【确定】按钮，如图 3-48 所示。

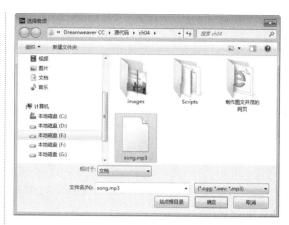

图 3-48 【选择音频】对话框

步骤 4 返回到设计视图中，保存网页后，单击【预览】按钮，在打开的菜单中选择预览方式，如图 3-49 所示。

图 3-49 选择预览方式

步骤 5 启动浏览器即可预览到效果，用户可以控制播放属性和声音大小，如图 3-50 所示。

图 3-50 查看预览效果

3.3.5 案例 10——插入 HTML5 视频

Dreamweaver CC 支持插入 HTML5 视频的

功能。在网页中插入 HTML5 视频的操作步骤如下。

步骤 1 新建一个空白文档，将光标置于要插 HTML5 视频的位置，选择【插入】→【媒体】→ HTML5 Video 菜单命令，如图 3-51 所示。

图 3-51　选择 HTML5 Video 命令

步骤 2 即可看到插入一个视频图标，在【属性】面板中单击【源】右侧的【浏览】按钮，如图 3-52 所示。

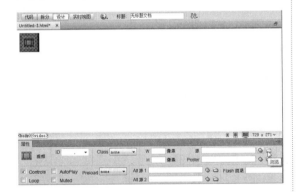

图 3-52　【属性】面板

步骤 3 打开【选择视频】对话框，选择随书光盘中的"\ch03\123.mp4"文件，单击【确定】按钮，如图 3-53 所示。

步骤 4 返回到设计视图中，保存网页后，单击【预览】按钮，在打开的菜单中选择预览

方式，如图 3-54 所示。

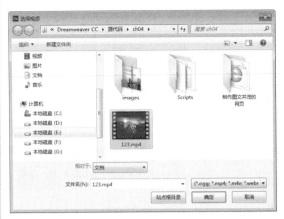

图 3-53　【选择视频】对话框

图 3-54　选择预览方式

步骤 5 启动浏览器即可预览到效果，用户可以控制播放属性和声音大小，如图 3-55 所示。

图 3-55　查看预览效果

3.4　实战演练——制作图文并茂的网页

本实例讲述如何在网页中插入文本和图像，并对网页中的文本和图像进行相应的排版，以形成图文并茂的网页。

具体的操作步骤如下。

步骤 1　打开随书光盘中的 "ch03\index.htm" 文件，如图 3-56 所示。

图 3-56　打开素材文件

步骤 2　将光标放置在要输入文本的位置，然后输入文本，如图 3-57 所示。

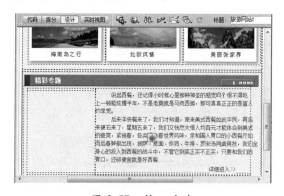

图 3-57　输入文本

步骤 3　将光标放置在文本的适当位置，选择【插入】→【图像】菜单命令，打开【选择图像源文件】对话框，从中选择图像文件，如图 3-58 所示。

步骤 4　单击【确定】按钮，插入图像，如图 3-59 所示。

图 3-58　【选择图像源文件】对话框

图 3-59　插入图像

步骤 5　选择【窗口】→【属性】菜单命令，打开【属性】面板，在【属性】面板的【替换】下拉列表框中输入 "欢迎您的光临！"，如图 3-60 所示。

图 3-60　输入替换文字

步骤 6　选定所输入的文字，在【属性】面板中设置【字体】为 "宋体"，【大小】为 "12"，并在中文输入法的全角状态下，设置每个段落的段首空两个汉字的空格，如图 3-61 所示。

步骤 **7** 保存文档，按 F12 键在浏览器中预览效果，如图 3-62 所示。

图 3-61　设置字体大小

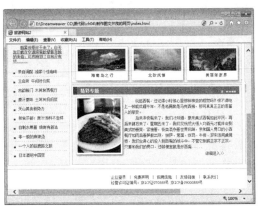

图 3-62　预览效果

3.5　高手解惑

小白：如何查看 FLV 文件？

高手：若要查看 FLV 文件，用户的计算机上必须安装 Flash Player 8 或更高版本。如果没有安装所需的 Flash Player 版本，但安装了 Flash Player 6.0、6.5 或更高版本，则浏览器将显示 Flash Player 快速安装程序，而非替代内容。如果用户拒绝快速安装，那么页面就会显示替代内容。

小白：如何正常显示插入的 Active 控件？

高手：使用 Dreamweaver 在网页中插入 Active 控件后，如果浏览器不能正常地显示 Active 控件，则可能是因为浏览器禁用了 Active 控件所致，此时可以通过下面的方法启用 Active 控件。

步骤 **1** 打开 IE 浏览器窗口，选择【工具】→【Internet 选项】菜单命令。打开【Internet 选项】对话框，选择【安全】选项卡，单击【自定义级别】按钮，如图 3-63 所示。

步骤 **2** 打开【安全设置】对话框，在【设置】列表框中启用有关的 Active 选项，然后单击【确定】按钮即可，如图 3-64 所示。

图 3-63　【Internet 选项】对话框

图 3-64　【安全设置-Internet 区域】对话框

3.6 跟我练练手

练习 1：新建一个网页文档，插入两张图片，然后设置一个图片为左对齐，一个图片为居中对齐。

练习 2：新建一个网页文档，插入一个图片，然后设置鼠标经过时的图像。

练习 3：新建一个网页文档，插入一个背景音乐，并设置背景音乐无限循环播放。

练习 4：新建一个网页文档，插入一个 HTML5 音频和视频，并查看效果。

练习 5：用其他网页元素美化网页。

第 **4** 章

不在网页中迷路
——设计网页超链接

链接是网页中比较重要的部分，是各个网页相互跳转的依据。网页中常用的链接形式包括文本链接、图像链接、锚记链接、电子邮件链接、空链接及脚本链接等。本章就来介绍如何创建网站链接。

● **本章学习目标（已掌握的在方框中打钩）**

☐ 熟悉什么是链接与路径

☐ 掌握添加网页超链接的方法

☐ 掌握检查网页连接的方法

☐ 掌握为企业网站添加友情链接的方法

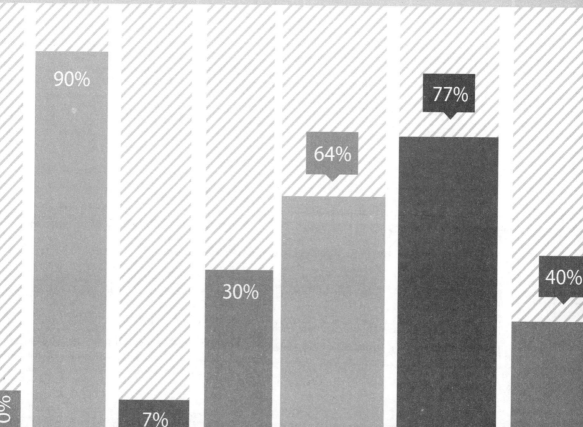

4.1 链接与路径

链接是网页中极为重要的部分，单击文档中的链接，即可跳转至相应位置。正是因为有了链接，才可以在网站中相互跳转而方便地查阅各种各样的知识，享受网络带来的无穷乐趣。

4.1.1 链接的概念

链接也叫超级链接。超级链接根据链接源端点的不同，分为超文本和超链接两种。超文本就是利用文本创建的超级链接。在浏览器中，超文本一般显示为下方带蓝色下划线的文字。超链接是利用除了文本之外的其他对象所构建的链接，如图 4-1 所示。

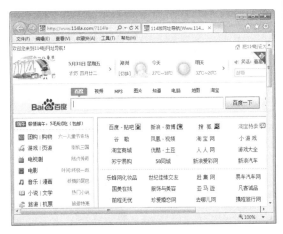

图 4-1 网站首页

通俗地讲，链接由两个端点（也称锚）和一个方向构成，通常将开始位置的端点称为源端点（或源锚），而将目标位置的端点称为目标端点（或目标锚），链接就是由源端点到目标端点的一种跳转。目标端点可以是任意的网络资源，如它可以是一个页面、一幅图像、一段声音、一段程序，甚至可以是页面中的某个位置。

利用链接可以实现在文档间或文档中的跳转。可以说，浏览网页就是从一个文档跳转到另一个文档，从一个位置跳转到另一个位置，从一个网站跳转到另一个网站的过程，而这些过程都是通过链接来实现的，如图 4-2 所示。

图 4-2 通过链接进行跳转

4.1.2 链接路径

一般来说，Dreamweaver 允许使用的链接路径有 3 种，即绝对路径、文档相对路径和根相对路径。

1. 绝对路径

如果在链接中使用完整的 URL 地址，这种链接路径就称为绝对路径。绝对路径的特点是路径同链接的源端点无关。

例如，要创建"白雪皑皑"文件夹中的 index.html 文档的链接，则可使用绝对路径"D:\ 我的站点 \index.html"，如图 4-3 所示。

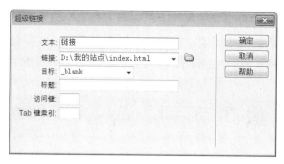

图 4-3　绝对路径

图 4-5　相对路径二

> **提示**　采用绝对路径有两个缺点：一是不利于测试；二是不利于移动站点。

2. 文档相对路径

文档相对路径是指以当前文档所在的位置为起点到被链接文档经由的路径。文档相对路径可以表述源端点同目标端点之间的相互位置，它同源端点的位置密切相关。

使用文档相对路径有以下 3 种情况。

(1) 如果链接中源端点和目标端点在同一目录下，那么在链接路径中只需提供目标端点的文件名即可，如图 4-4 所示。

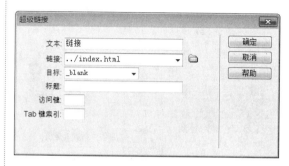

图 4-6　相对路径三

采用相对路径的特点：只要站点的结构和文档的位置不变，那么链接就不会出错；否则链接就会失效。在把当前文档与处在同一文件夹中的另一文档链接，或把同一网站下不同文件夹中的文档相互链接时，就可以使用相对路径。

3. 根相对路径

可以将根相对路径看作是绝对路径和相对路径之间的一种折中，是指从站点根文件夹到被链接文档经由的路径。在这种路径表达式中，所有的路径都是从站点的根目录开始的，同源端点的位置无关，通常用一个反斜杠"/"来表示根目录。

图 4-4　相对路径一

(2) 如果链接中源端点和目标端点不在同一目录下，则需要提供目录名、反斜杠和文件名，如图 4-5 所示。

(3) 如果链接指向的文档没有位于当前目录的子级目录中，则可利用"../"符号来表示当前位置的上级目录，如图 4-6 所示。

> **提示**　根相对路径同绝对路径非常相似，只是它省去了绝对路径中带有协议地址的部分。

4.1.3 链接的类型

根据链接的范围，链接可分为内部链接和

外部链接两种。内部链接是指同一个文档之间的链接，外部链接是指不同网站文档之间的链接。

　　根据建立链接的不同对象，链接又可分为文本链接和图像链接两种。浏览网页时，会看到一些带下划线的文字，将鼠标移到文字上时，鼠标指针将变成手形，单击鼠标会打开一个网页，这样的链接就是文本链接，如图 4-7 所示。

　　在网页中浏览内容时，若将鼠标移到图像上，鼠标指针将变成手形，单击鼠标会打开一个网页，这样的链接就是图像链接，如图 4-8 所示。

图 4-7　文本链接

图 4-8　图像链接

4.2　添加网页超链接

Internet 之所以越来越受欢迎，很大程度上是因为在网页中使用了链接。

4.2.1　案例 1——添加文本链接

　　通过 Dreamweaver，可以使用多种方法来创建内部链接。使用【属性】面板创建网站内文本链接的具体步骤如下。

步骤 1　启动 Dreamweaver CC，打开随书光盘中的"ch04\index.htm"文件，选定"关于我们"这几个字，将其作为建立链接的文本。如图 4-9 所示。

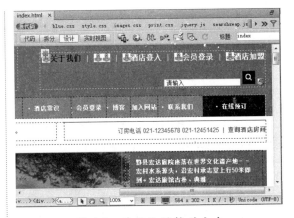

图 4-9　选定要链接的文本

步骤 2 单击【属性】面板中的【浏览文件】按钮，打开【选择文件】对话框，选择网页文件"关于我们 .html"，单击【确定】按钮，如图 4-10 所示。

后，选择【窗口】→【属性】菜单命令，打开【属性】面板，然后在【链接】文本框中直接输入链接文件名"关于我们 .html"即可。

步骤 3 保存文档，按 F12 键在浏览器中预览效果，如图 4-11 所示。

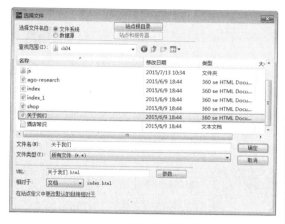

图 4-10　【选择文件】对话框

> **提示** 在【属性】面板中直接输入链接地址也可以创建链接。选定文本

图 4-11　预览网页

4.2.2　案例 2——添加图像链接

使用【属性】面板创建图像链接的具体步骤如下。

步骤 1 打开随书光盘中的"ch04\index.html"文件，选定要创建链接的图像，然后单击【属性】面板中的【浏览文件】按钮，如图 4-12 所示。

步骤 2 打开【选择文件】对话框，浏览并选择一个文件，在【相对于】下拉列表框中选择【文档】选项，然后单击【确定】按钮，如图 4-13 所示。

图 4-12　选定图像

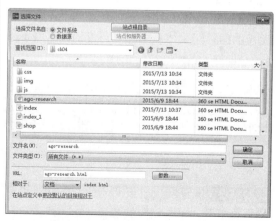

图 4-13　【选择文件】对话框

步骤 3 在【属性】面板的【目标】下拉列表框中，选择链接文档打开的方式，然后在【替换】下拉列表框中输入图像的替换文本"美丽风光"，如图 4-14 所示。

图 4-14 【属性】面板

> **提示** 与文本链接一样，也可以通过直接输入链接地址的方法来创建图像链接。

4.2.3 案例 3——创建外部链接

创建外部链接是指将网页中的文字或图像与站点外的文档相连，也可以是 Internet 上的网站。

> **提示** 创建外部链接（从一个网站的网页链接到另一个网站的网页）时，必须使用绝对路径，即被链接文档的完整 URL 包括所使用的传输协议（对于网页通常是 http://）。

例如，在主页上添加网易、搜狐等网站的图标，将它们与相应的网站链接起来。

步骤 1 打开随书光盘中的"ch04\index_1.html"文件，选定百度网站图标，在【属性】面板的【链接】文本框中输入百度的网址"http://www.baidu.com"，如图 4-15 所示。

图 4-15 【属性】面板

步骤 2 保存网页后按 F12 键，在浏览器中将网页打开。单击创建的图像链接，即可打开百度网站首页，如图 4-16 所示。

图 4-16 预览网页

4.2.4 案例 4——创建锚记链接

创建命名锚记（简称锚点）就是在文档的指定位置设置标记，给该标记一个名称以便引用。通过创建锚点，可以使链接指向当前文档或不同文档中的指定位置。

步骤 1 打开随书光盘中的"ch04\index.html"文件，切换到代码视图中，如图 4-17 所示。

图 4-17 代码视图

步骤 2 将光标放置到要命名锚记的位置，或选中要为其命名锚记的文本，这里定位在 `<body>` 标签后，输入 "`<a name="top"></a>`" 代码，其中锚记名称为 "top"，如图 4-18 所示。

步骤 3 返回到设计视图，此时即可在文档窗口中看到锚记标记，如图 4-19 所示。

图 4-18 添加命名锚记

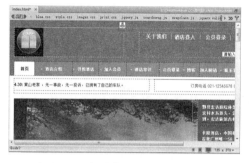

图 4-19 查看新添加的锚记标记

提示 在一篇文档中，锚记名称是唯一的，不允许在同一篇文档中出现相同的锚记名称。锚记名称中不能含有空格，而且不应置于层内。锚记名称区分大小写。

在文档中定义了锚记后，只做好了链接的一半任务，要链接到文档中锚记所在的位置，还必须创建锚记链接。

具体的操作步骤如下。

步骤 1 在文档的底部输入文本"返回顶部"并将其选定，作为链接的文字，如图 4-20 所示。

图 4-20 选定链接的文字

步骤 2 在【属性】面板的【链接】文本框中输入一个字符符号"#"和锚记名称。例如，要链接到当前文档中名为"Top"的锚记，则输入"#Top"，如图 4-21 所示。

图 4-21 【属性】面板

提示 若要链接到同一文件夹内其他文档（如 main.html）中名为"top"的锚记，则应输入"main.html#top"。同样，也可以使用【属性】面板中的【指向文件】图标来创建锚记链接。单击【属性】面板中的【指向文件】图标，然后将其拖至要链接到的锚记（可以是同一文档中的锚记，也可以是其他打开文档中的锚记）上即可。

步骤 3 保存文档，按 F12 键在浏览器中将网页打开，然后单击网页底部的"返回顶部"4 个字，如图 4-22 所示。

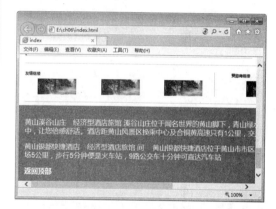

图 4-22 预览网页

步骤 4 在浏览器的网页中，正文的第 1 行就会出现在页面顶部，如图 4-23 所示。

图 4-23 返回页面顶部

4.2.5 案例 5——创建图像热点链接

在网页中，不但可以单击整幅图像跳转到链接文档，也可以单击图像中的不同区域而跳转到不同的链接文档。通常将处于一幅图像上的多个链接区域称为热点。热点工具有 3 种，即矩形热点工具、椭圆形热点工具和多边形热点工具。

下面用一个实例介绍创建图像热点链接的方法。

步骤 1 打开随书光盘中的 "ch04\index.html" 文件；选中其中的图像，如图 4-24 所示。

图 4-24　选定图像

步骤 2 单击【属性】面板中相应的热点工具，这里选择矩形热点工具，然后在图像上需要创建热点的位置拖动鼠标，创建热点，如图 4-25 所示。

图 4-25　绘制图像热点

步骤 3 在【属性】面板的【链接】文本框中输入链接的文件，即可创建一个图像热点链接，如图 4-26 所示。

图 4-26　【属性】面板

步骤 4 再用步骤 1～步骤 3 的方法创建其他的热点链接，单击【属性】面板上的指针热点工具，将鼠标指针恢复为标准箭头状态，在图像上选取热点。

> **提示**
>
> 被选中的热点边框上会出现控点，拖动控点可以改变热点的形状。选中热点后，按 Delete 键可以删除热点。也可以在【属性】面板中设置与热点相对应的 URL 链接地址。

4.2.6 案例 6——创建电子邮件链接

电子邮件链接是一种特殊的链接，单击这种链接，会启动计算机中相应的 E-mail 程序，允许书写电子邮件，然后发往链接中指定的邮箱地址。

步骤 1 打开需要创建电子邮件链接的文档。将光标置于文档窗口中要显示电子邮件链接的地方（这里选择页面底部），选定即将显示为电子邮件链接的文本或图像，然后选择【插入】→【电子邮件链接】菜单命令，如图 4-27 所示。

图 4-27　选择【电子邮件链接】命令

提示　也可以在【插入】面板的【常用】选项卡中单击【电子邮件链接】按钮，如图 4-28 所示。

图 4-28　【常用】选项卡

步骤 2　在打开的【电子邮件链接】对话框的【文本】文本框中，输入或编辑作为电子邮件链接显示在文档中的文本，在【电子邮件】文本框中输入邮件送达的 E-mail 地址，然后单击【确定】按钮，如图 4-29 所示。

图 4-29　【电子邮件链接】对话框

提示　同样，也可以利用【属性】面板创建电子邮件链接。选定即将显示为电子邮件链接的文本或图像，在【属性】面板的【链接】下拉列表框中输入"mailto:liule2012@163.com"，如图 4-30 所示。

图 4-30　【属性】面板

提示　电子邮件地址的格式为：用户名 @ 主机名（服务器提供商）。在【属性】面板的【链接】下拉列表框中，mailto: 与电子邮件地址之间不能有空格（如 mailto:liule2012@163.com）。

步骤 3　保存文档，按 F12 键在浏览器中预览，可以看到电子邮件链接的效果，如图 4-31 所示。

图 4-31　预览效果

4.2.7　案例 7——创建下载文件的链接

下载文件的链接在软件下载网站或源代码下载网站中应用得较多。其创建方法与一般链接的创建方法相同，只是所链接的内容不是文字或网页，而是一个软件。

步骤 1　打开需要创建下载文件的文档文件，选中要设置为下载文件的链接文本，然后单击【属性】面板中【链接】文本框右边的【浏览文件】按钮，如图 4-32 所示。

步骤 2　打开【选择文件】对话框，选择要链接的下载文件，如"酒店常识 .txt"文件，然后单击【确定】按钮，即可创建下载文件的链接，如图 4-33 所示。

图 4-32　选择文本

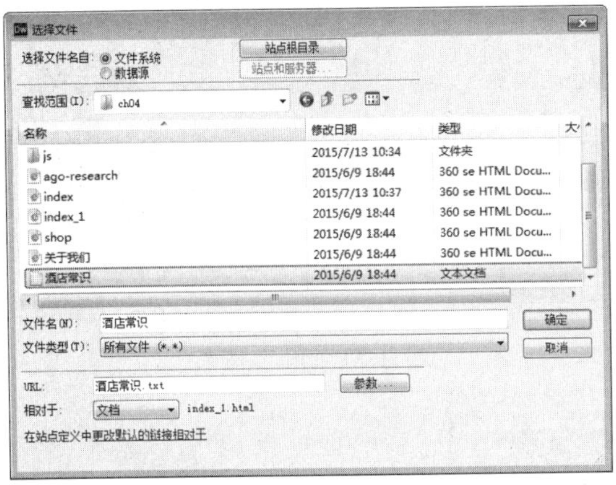

图 4-34　选择图像

图 4-35　【属性】面板

4.2.9　案例 9——创建脚本链接

脚本链接是另一种特殊类型的链接，通过单击带有脚本链接的文本或对象，可以运行相应的脚本及函数（JavaScript 和 VBScript 等），从而为浏览者提供许多附加的信息。脚本链接还可以被用来确认表单。创建脚本链接的具体步骤如下。

步骤 1 打开需要创建脚本链接的文档，选择要创建脚本链接的文本、图像或其他对象，这里选中文本"酒店加盟"，如图 4-36 所示。

图 4-33　【选择文件】对话框

4.2.8　案例 8——创建空链接

空链接就是没有目标端点的链接。利用空链接可以激活文档中链接对应的对象和文本。一旦对象或文本被激活，就可以为之添加一个行为，以实现当光标移动到链接上时，进行切换图像或显示分层等动作。创建空链接的具体步骤如下。

步骤 1 在文档窗口中，选中要设置为空链接的文本或图像，如图 4-34 所示。

步骤 2 打开【属性】面板，然后在【链接】文本框中输入一个"#"号，即可创建空链接，如图 4-35 所示。

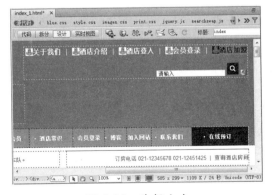

图 4-36　选择文本

步骤 2 在【属性】面板的【链接】文本框中输入"JavaScript:",接着输入相应的 JavaScript 代码或函数,如输入"window.close()",表示关闭当前窗口,如图 4-37 所示。

图 4-37 输入脚本代码

> **提示** 在代码"javascript:window.close()"中,括号内不能有空格。

步骤 3 保存网页,按 F12 键在浏览器中将网页打开,如图 4-38 所示。单击创建的脚本链接文本,会打开一个对话框,单击【是】按钮,将关闭当前窗口,如图 4-39 所示。

> **提示** JPG 格式的图片不支持脚本链接,如要为图像添加脚本链接,则应将图像转换为 GIF 格式。

图 4-38 预览网页

图 4-39 提示信息框

4.3 案例10——链接的检查

当创建好一个站点之后,由于一个网站中的链接数量很多,因此在上传服务器之前,必须先检查站点中所有的链接。在 Dreamweaver CC 中,可以快速检查站点中网页的链接,以免出现链接错误。

检查网页链接的具体步骤如下。

步骤 1 在 Dreamweaver 中,选择【站点】→【检查站点范围的链接】菜单命令,此时会激活链接检查器,如图 4-40 所示。

图 4-40 检查站点范围的链接

步骤 2 从【属性】面板左上角的【显示】下拉列表框中可以选择【断掉的链接】、【外部链接】或【孤立的文件】等选项。例如，选取【孤立的文件】选项，Dreamweaver CC 将对当前链接情况进行检查，并且将孤立的文件列表显示出来，如图 4-41 所示。

步骤 3 对于有问题的文件，直接双击鼠标，即可将其打开进行修改。

图 4-41　链接检查器

为网页建立链接时要经常检查，因为一个网站都是由多个页面组成的，一旦出现空链接或链接错误的情况，就会对网站的形象造成不好的影响。

4.4　实战演练——为企业网站添加友情链接

使用链接功能可以为企业网站添加友情链接，具体的操作步骤如下。

步骤 1 打开随书光盘中的 "ch04\index.html" 文件，在页面底部输入需要添加的友情链接名称，如图 4-42 所示。

图 4-43　添加链接地址

步骤 3 重复步骤 2 的操作，选中其他文字，并为这些文件添加链接，如图 4-44 所示。

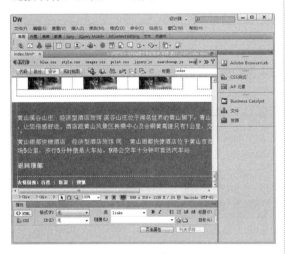

图 4-42　输入友情链接文本

步骤 2 选中"百度"文件，在下方的属性框中的【链接】下拉列表框中输入"www.baidu.com"，如图 4-43 所示。

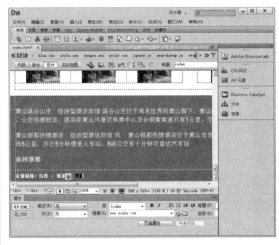

图 4-44　添加其他文本的链接地址

步骤 4 保存文档，按 F12 快捷键在浏览器中预览效果，单击其中的链接，即可打开相应的网页，如图 4-45 所示。

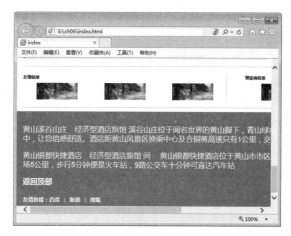

图 4-45　预览网页

4.5　高手解惑

小白：如何在 Dreamweaver 中去除掉网页中链接文字下面的下划线？

高手：在完成网页中的链接制作之后，链接文字内容往往会自动在下面添加一条下划线，用来标示该内容包含超级链接。当一个网页中链接比较多时，就显得杂乱了，其实可以很方便地将其去除掉。具体操作方法是：在设置页面属性中"链接"选项卡下的"水平线样式"下拉列表框中，选择"始终无下划线"选项，即可去除掉网页中链接文字下面的下划线。

小白：在为图像设置热点链接时，为什么之前为图像设置的普通链接无法使用呢？

高手：一张图像只能创建普通链接或热点链接之一，如果同一张图像在创建了普通链接后又创建热点链接，则普通链接无效，只有热点链接有效。

小白：锚点链接不起作用怎么办？

高手：如果在其他页面设置了一个锚点位置，在当前页面中添加链接后，在浏览器中单击链接不会起作用。主要是因为设置的锚点链接的位置错误，如果设置的锚点位置在其他页面，则在设置锚点链接时，必须输入该锚点位置所在网页的 URL 地址和名称，然后输入"#"符号和锚点名称。

4.6　跟我练练手

练习 1：在网页添加超链接。

练习2：在网页中添加图片链接和外部链接。

练习3：在网页中添加锚点链接和图像热点链接。

练习4：在网页中添加电子邮件链接和脚本链接。

练习5：检查网站的链接是否有问题。

练习6：为企业网站添加友情链接。

第 **5** 章

简单的网页布局
——表格的应用

表格是页面布局极为有用的设计工具，通过使用表格布局网页可实现对页面元素的准确定位，使得页面在形式上丰富多彩、条理清晰，在组织上井然有序而又不显单调。合理地利用表格来布局页面有助于协调页面结构的均衡。

● **本章学习目标（已掌握的在方框中打钩）**
- ☐ 掌握插入表格的方法
- ☐ 掌握选择表格的方法
- ☐ 掌握设置表格属性的方法
- ☐ 掌握操作表格的方法
- ☐ 掌握操作表格数据的方法

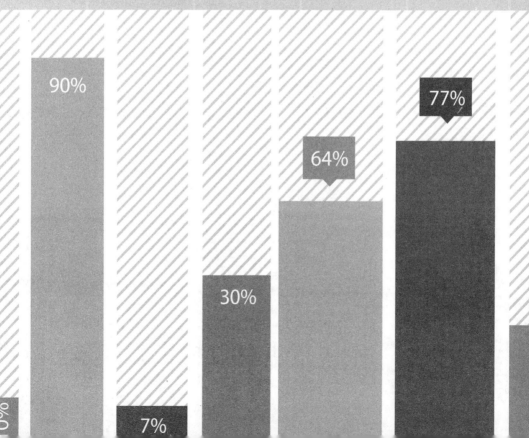

5.1 插入表格

表格由行、列和单元格 3 部分组成。使用表格可以排列网页中的文本、图像等各种网页元素，可以在表格中自由地进行移动、复制和粘贴等操作，还可以在表格中嵌套表格，使页面的设计更灵活、方便。

使用【插入】面板或【插入】菜单都可以创建新表格，插入表格的具体步骤如下。

步骤 1 新建一个空白网页文档，将光标定位在需要插入表格的位置，如图 5-1 所示。

图 5-1　空白网页文档

步骤 2 选择【插入】→【表格】菜单命令，或单击【插入】面板【常用】选项卡中的【表格】按钮，如图 5-2 所示。

图 5-2　【表格】命令与【常用】选项卡

步骤 3 打开【表格】对话框，在其中可以对表格的行数、列数以及表格宽度等信息进行设置，如图 5-3 所示。

图 5-3　【表格】对话框

【表格】对话框中各个参数的含义如下。

(1)　【行数】：在该文本框中输入新建表格的行数。

(2)　【列】：在该文本框中输入新建表格的列数。

(3)　【表格宽度】：用于设置表格的宽度，单位可以是像素或百分比。

(4)　【边框粗细】：用于设置表格边框的宽度（以像素为单位）。若设置为 0，在浏览时则不显示表格边框。

(5)　【单元格边距】：用于设置单元格边框和单元格内容之间的像素数。

(6)　【单元格间距】：用于设置相邻单元格之间的像素数。

(7)　【标题】：用于设置表头样式，有 4 种样式可供选择，分别如下。

☆　【无】：不将表格的首列或首行设置为标题。

☆　【左】：将表格的第一列作为标题列，表格中的每一行可以输入一个标题。

☆　【顶部】：将表格的第一行作为标题行，表格中的每一列可以输入一个标题。

☆　【两者】：可以在表格中同时输入列标题和行标题。

(8)　【标题】：在该文本框中输入表格的标题，标题将显示在表格的外部。

(9)　【摘要】：对表格进行说明或注释，内容不会在浏览器中显示，仅在源代码中显示，可提高源代码的可读性。

步骤　4　单击【确定】按钮，即可在文档中插入表格，如图 5-4 所示。

图 5-4　在文档中插入表格

5.2　选择表格

插入表格后，可以对表格进行选定操作。如选择整个表格、表格中的行与列、表格中的单元格等。

5.2.1　案例 1——选择完整的表格

选择完成表格的方法主要有以下 4 种，分别如下。

(1)　将鼠标指针移动到表格上面，当鼠标指针呈网格图标田时单击，如图 5-5 所示。

图 5-5　第一种选择表格的方法

（2） 单击表格四周的任意一条边框线，如图 5-6 所示。

图 5-6　第二种选择表格的方法

（3） 将光标置于任意一个单元格中，选择【修改】→【表格】→【选择表格】菜单命令，如图 5-7 所示。

图 5-7　第三种选择表格的方法

（4） 将光标置于任意一个单元格中，在文档窗口状态栏的标签选择器中单击 <table> 标签，如图 5-8 所示。

图 5-8　第四种选择表格的方法

5.2.2　案例 2——选择行和列

选择表格中的行和列主要有以下两种方法，分别如下。

（1） 将光标定位于行首或列首，鼠标指针变成箭头形状➡或⬇时单击，即可选定表格的行或列，如图 5-9 所示。

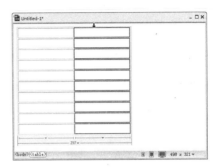

图 5-9　选择表格中的行

（2） 按住鼠标左键不放，从左至右或从上至下拖动，即可选择表格的行或列，如图 5-10 所示。

图 5-10　选择表格中的列

5.2.3　案例 3——选择单元格

要想选择表格中的单个单元格，可以进行下列操作之一。

（1） 按住 Ctrl 键不放单击单元格，可以选定一个单元格。

（2） 按住鼠标左键不放并拖动，可以选定单个单元格。

（3） 将光标放置在要选定的单元格中，单击文档窗口状态栏上的 <td> 标签，即可选定该单元格，如图 5-11 所示。

图 5-11　选择单元格

图 5-12　选择相邻单元格

想要选择表格中多个单元格，可以进行下列操作之一。

⑴　选择相邻的单元格、行或列。先选择一个单元格、行或列，按住 Shift 键的同时单击另一个单元格、行或列，矩形区域内的所有单元格、行或列均被选中，如图 5-12 所示。

⑵　选择不相邻的单元格、行或列。按住 Ctrl 键的同时单击需要选择的单元格、行或列即可，如图 5-13 所示。

图 5-13　选择不相邻单元格

💿 提示　在选择单元格、行或列时，两次单击则可取消选择。

5.3 表格属性

为了使创建的表格更加美观，需要对表格的属性进行设置，表格属性主要包括完成表格的属性和表格中单元格的属性两种。

5.3.1 案例 4——设置单元格属性

在 Dreamweaver CC 中，可以单独设置单元格的属性。设置单元格属性的具体步骤如下。

步骤 1　按住 Ctrl 键的同时单击单元格的边框，选中单元格，如图 5-14 所示。

步骤 2　选择【窗口】→【属性】菜单命令，打开显示单元格属性的面板，从中对单元格、行和列等的属性进行设置，如将选定的单元格背景颜色设置为蓝色（#0000FF），如图 5-15所示。

图 5-14　选中单元格

图 5-15　为单元格添加背景颜色

也可以在选定单元格后按Ctrl+F3组合键，打开【属性】面板，如图5-16所示。

图5-16 【属性】面板

在单元格的【属性】面板中，可以设置以下参数。

1) 【合并单元格】按钮

用于把所选的多个单元格合并为一个单元格。

2) 【拆分单元格为行或列】按钮

用于将一个单元格分成两个或更多个单元格。

> **提示** 一次只能对一个单元格进行拆分，如果选择的单元格多于一个，此按钮将禁用。

3) 【水平】

用于设置单元格中对象的水平对齐方式，【水平】下拉列表框中包括默认、左对齐、居中对齐和右对齐等4个选项。

4) 【垂直】

用于设置单元格中对象的垂直对齐方式，【垂直】下拉列表框中包括默认、顶端、居中、底部和基线等5个选项。

5) 【宽】和【高】

用于设置单元格的宽度和高度，单位是像素或百分比。

> **提示** 如果选择的单位是像素，则表示表格、行或列当前的宽度或高度的值以像素为单位；如果选择的单位是百分比，则表示表格、行或列占当前文档窗口宽度或高度的百分比。

6) 【不换行】

用于设置单元格文本是否换行。如果选中【不换行】复选框，表示单元格的宽度随文字长度的增加而变宽。当输入的表格数据超出单元格宽度时，单元格会调整宽度来容纳数据。

7) 【标题】

将当前单元格设置为标题行。

8) 【背景颜色】

设置单元格的背景颜色，可使用颜色选择器选择单元格的背景颜色。

5.3.2 案例5——设置整个表格属性

选定整个表格后，选择【窗口】→【属性】菜单命令或按Ctrl+F3组合键，即可打开表格的【属性】面板，如图5-17所示。

图5-17 表格属性面板

在表格的【属性】面板中，可以对表格的行、宽、对齐方式等参数进行设置。不过，对表格的高度一般不需要进行设置，它会根据单元格中所输入的内容自动调整。

5.4 操作表格

表格创建完成后，还可以对表格进行操作，如调整表格的大小、增加或删除表格中的行与列、合并与拆分单元等。

5.4.1　案例 6——调整大小

创建表格后，可以根据需要调整表格或表格的行、列的宽度或高度。整个表格的大小被调整时，表格中所有的单元格将成比例地改变大小。

调整行和列大小的方法如下。

要改变行的高度，将光标置于表格两行之间的界线上，光标变成⇕形状时上下拖动即可，如图 5-18 所示。

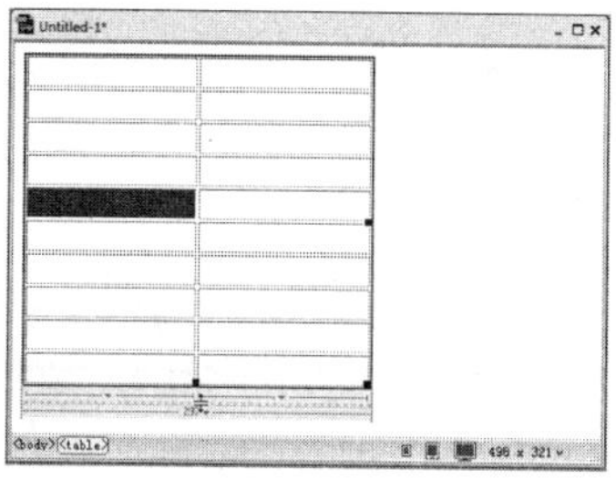

图 5-18　改变行的高度

要改变列的宽度，将光标置于表格两列之间的界线上，光标变成⇔形状时左右拖动即可，如图 5-19 所示。

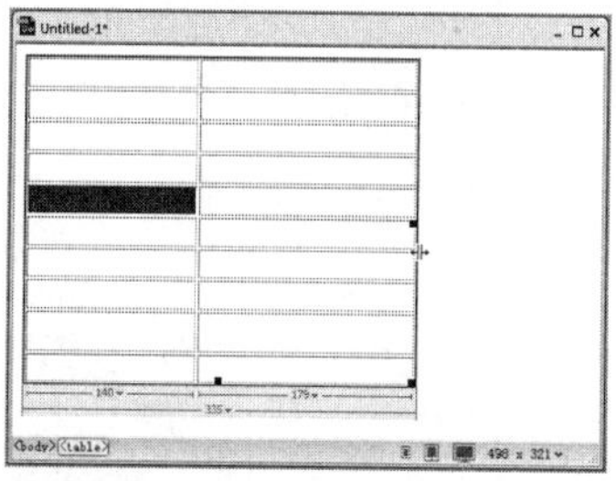

图 5-19　改变列的宽度

调整表格大小的方法如下。

选择表格后拖动选择手柄，沿相应方向调整大小。拖动右下角的手柄，可在两个方向上调整表格的大小（宽度和高度），如图 5-20 所示。

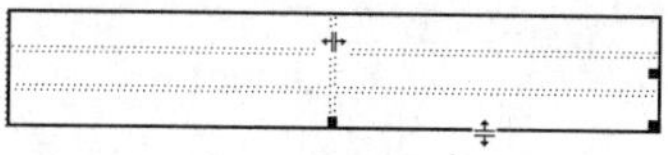

图 5-20　调整表格的大小

5.4.2　案例 7——增加行、列

要在当前表格中增加行，可以进行以下操作之一。

(1)　将光标移动到要插入行的下一行并右击鼠标，在打开的快捷菜单中选择【表格】→【插入行】命令，如图 5-21 所示。

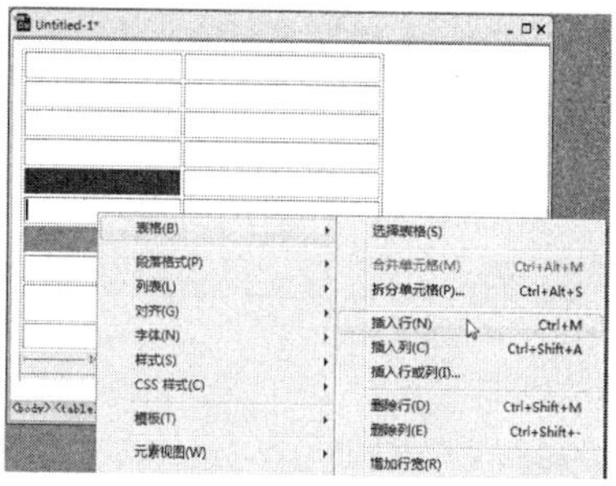

图 5-21　选择【插入行】命令

(2)　将光标移动到要插入行的下一行，选择【修改】→【表格】→【插入行】菜单命令，如图 5-22 所示。

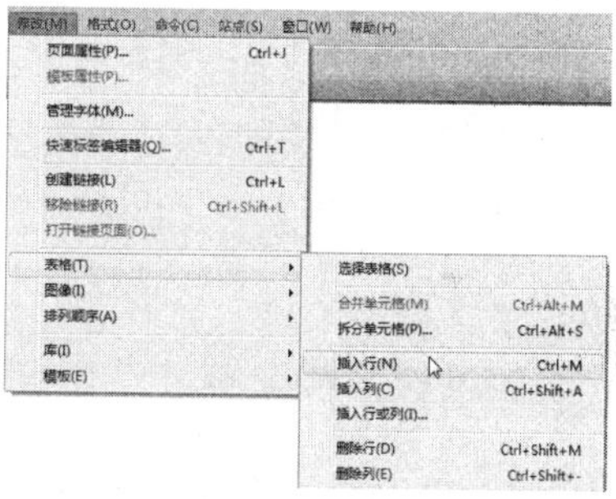

图 5-22　选择【插入行】命令

(3)　将光标移动到要插入行的单元格，按 Ctrl+M 组合键即可插入行，如图 5-23 所示。

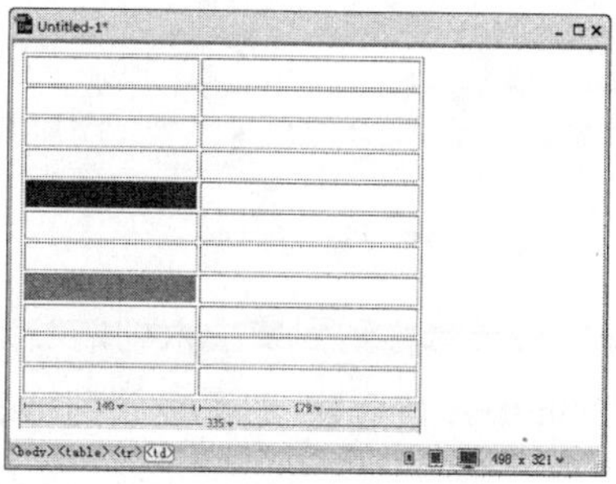

图 5-23　插入行

使用键盘也可以在单元格中移动光标，按 Tab 键将光标移动到下一个单元格，按 Shift + Tab 组合键将光标移动到上一个单元格。在表格最后一个单元格中按 Tab 键，将自动添加一行。

　　要在当前表格中插入列，可以进行以下操作之一。

　　(1)　将光标移动到要插入列的右边一列，右击鼠标，在打开的快捷菜单中选择【表格】→【插入列】命令，如图 5-24 所示。

图 5-24　选择【插入列】命令

　　(2)　将光标移动到要插入列的右边一列，选择【修改】→【表格】→【插入列】菜单命令，如图 5-25 所示。

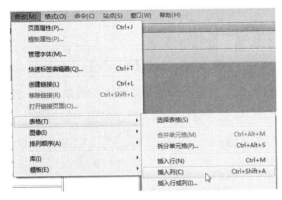

图 5-25　插入列菜单命令

　　(3)　将光标移动到要插入列的右边一列，按 Ctrl+Shift+A 组合键，即可插入列，如图 5-26 所示。

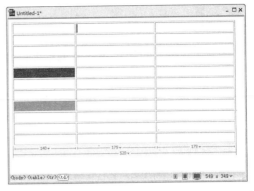

图 5-26　插入列

　　在插入列时，表格的宽度不改变，随着列的增加，列的宽度也相应减小。

5.4.3　案例 8——删除行、列、单元格内容

　　要删除行或列，可以进行以下操作之一。

　　(1)　选定要删除的行或列，按 Delete 键即可删除。

　　(2)　将光标放置在要删除的行或列中，选择【修改】→【表格】→【删除行】或【删除列】菜单命令，即可删除行或列，如图 5-27 所示。

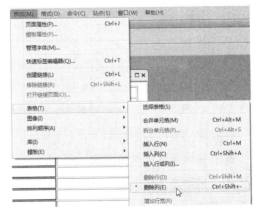

图 5-27　选择【删除列】命令

　　可以删除所有的行或列，但不能同时删除多行或多列。

5.4.4 案例 9——剪切、复制和粘贴单元格

1. 剪切单元格

要想移动单元格，可以使用【剪切】和【粘贴】命令来完成。剪切单元格的具体步骤如下。

步骤 1 选择要移动的一个或多个单元格，如图 5-28 所示。

Untitled-1 (XHTML)*
42% (275)

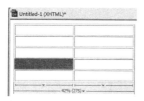

图 5-28 选中单元格

步骤 2 选择【编辑】→【剪切】菜单命令，可将选定的一个或多个单元格从表格中剪切出来，如图 5-29 所示。

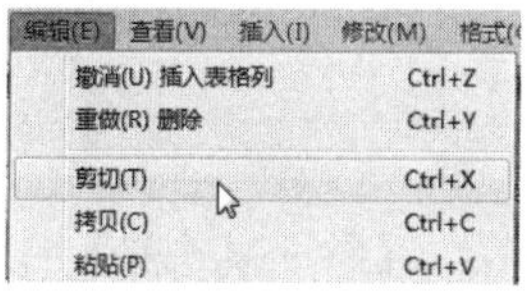

编辑(E) 查看(V) 插入(I) 修改(M) 格式(
撤消(U) 插入表格列 Ctrl+Z
重做(R) 删除 Ctrl+Y
剪切(T) Ctrl+X
拷贝(C) Ctrl+C
粘贴(P) Ctrl+V

图 5-29 剪切单元格

步骤 3 将光标置于需要粘贴单元格的位置，选择【编辑】→【粘贴】菜单命令即可，如图 5-30 所示。

Untitled-1 (XHTML)*
42% (275)

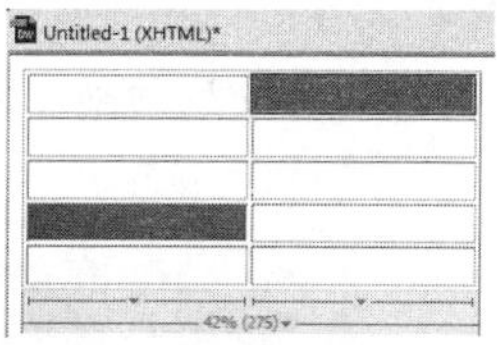

图 5-30 粘贴单元格

> **提示** 所有被选定的单元格必须是连续的且能组成矩形才能被剪切或复制。对于表格中的某些行或列，使用【剪切】命令将把所选择的行或列删除；否则仅删除单元格中的内容和格式。

2. 复制和粘贴单元格

可以复制、粘贴一个单元格或多个单元格且保留单元格的格式。要粘贴多个单元格，剪贴板的内容必须和表格的格式保持一致。复制、粘贴单元格的具体步骤如下。

步骤 1 选中要复制的单元格，选择【编辑】→【拷贝】菜单命令，如图 5-31 所示。

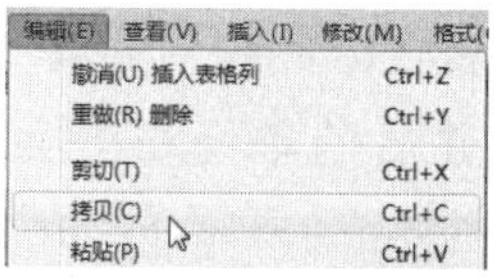

编辑(E) 查看(V) 插入(I) 修改(M) 格式(
撤消(U) 插入表格列 Ctrl+Z
重做(R) 删除 Ctrl+Y
剪切(T) Ctrl+X
拷贝(C) Ctrl+C
粘贴(P) Ctrl+V

图 5-31 选择【拷贝】命令

步骤 2 将光标置于需要粘贴单元格的位置，选择【编辑】→【粘贴】菜单命令即可，如图 5-32 所示。

新 闻 资 讯

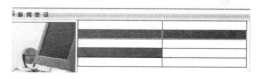

图 5-32 粘贴单元格

5.4.5 案例 10——合并和拆分单元格

1. 合并单元格

只要选择的单元格区域是连续的矩形，就可以进行合并单元格操作，生成一个跨多行或多列的单元格；否则将无法合并。

合并单元格的具体步骤如下。

步骤 1 在文档窗口中选中要合并的单元格，如图 5-33 所示。

新 闻 资 讯
语文
政治
数学
生物
英语
化学
地理
物理
历史
美术

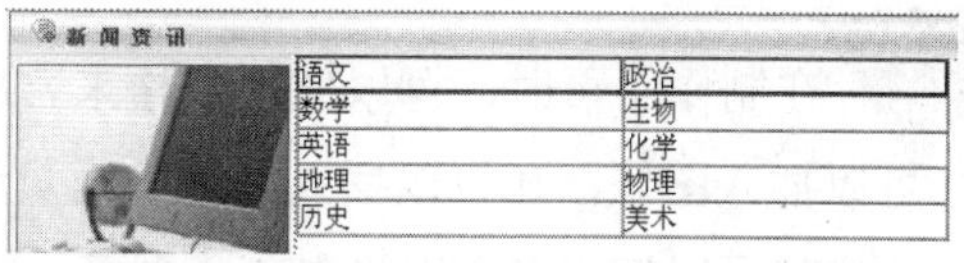

图 5-33 选择要合并的单元格

步骤 2 进行下列操作之一。

(1) 选择【修改】→【表格】→【合并单元格】菜单命令。

(2) 单击【属性】面板中的【合并单元格】按钮🖽。

(3) 右击鼠标，打开快捷菜单，选择【表格】→【合并单元格】命令，如图 5-34 所示。

合并完成后，合并前各单元格中的内容将放在合并后的单元格里面，如图 5-35 所示。

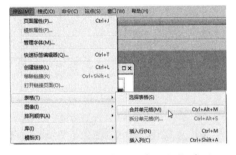

图 5-34　选择【合并单元格】命令

图 5-35　合并之后的单元格

2. 拆分单元格

拆分单元格是对选定的单元格拆分成行或列。拆分单元格的具体步骤如下。

步骤 1 将光标放置在要拆分的单元格中或选择一个单元格，如图 5-36 所示。

图 5-36　选中要拆分的单元格

步骤 2 进行下列操作之一。

(1) 选择【修改】→【表格】→【拆分单元格】菜单命令。

(2) 单击【属性】面板中的【拆分单元格】按钮🖽。

(3) 右击鼠标，打开快捷菜单，选择【表格】→【拆分单元格】命令。

步骤 3 打开【拆分单元格】对话框，在【把单元格拆分】栏中可选中【行】或【列】单选按钮，在【列数】或【行数】微调框中可输入要拆分成的列数或行数，如图 5-37 所示。

图 5-37　【拆分单元格】对话框

步骤 4 单击【确定】按钮，即可拆分单元格，如图 5-38 所示。

图 5-38　拆分后的单元格

5.5　操作表格数据

在制作网页时，可以使用表格来布局页面。使用表格时，在表格中可以输入文字，也可以插入图像，还可以插入其他的网页元素。在网页的单元格中也可以再嵌套一个表格，这样就可以使用多个表格来布局页面。

5.5.1 案例 11——向表格中输入文本

在需要输入文本的单元格中单击，即可向表格中输入文本。单元格在输入文本时可以自动扩展，如图 5-39 所示。

图 5-39　向单元格中输入文本

5.5.2 案例 12——向表格中插入图像

在表格中插入图像是制作网页过程中常做的操作之一，其具体的操作步骤如下。

步骤 1 将光标放置在需要插入图像的单元格中，如图 5-40 所示。

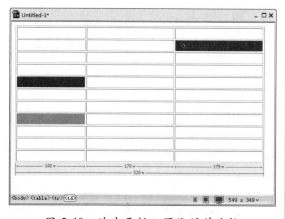

图 5-40　选中要插入图像的单元格

步骤 2 单击【插入】面板的【常用】选项卡中的【图像】按钮，或选择【插入】→【图像】菜单命令，还可以从【插入】面板中拖动【图像】按钮到单元格中，如图 5-41 所示。

图 5-41　【常用】选项卡

步骤 3 打开【选择图像源文件】对话框，在其中选择需要插入表格中的图片，如图 5-42 所示。

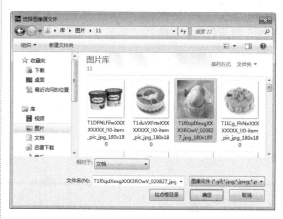

图 5-42　【选择图像源文件】对话框

步骤 4 单击【确定】按钮，即可将选中的图片添加到表格中，如图 5-43 所示。

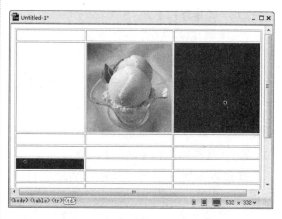

图 5-43　在表格中插入图片

5.5.3 案例 13——表格数据的排序

表格排序功能主要是针对具有格式数据的表格，是根据表格列表中的数据来排序的。具体操作步骤如下。

步骤 1 选定要排序的表格，如图 5-44 所示。

学生姓名	性别	政治面貌	总成绩	兴趣爱好
A	女	团员	96	羽毛球
D	女	党员	58	排球
C	男	党员	97	音乐
B	女	团员	68	网球

图 5-44 选定要排序的表格

步骤 2 选择【命令】→【排序表格】菜单命令，打开【排序表格】对话框，如图 5-45 所示。

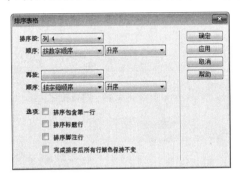

图 5-45 【排序表格】对话框

在【排序表格】对话框中，可以进行以下设置。

1）【排序按】

设置按表格哪一列的值对表格的行进行排序。

2）【顺序】

设置表格列排序是【按字母顺序】还是【按数字顺序】，以及是以【升序】（A 到 Z、小数字到大数字）还是【降序】对列进行排序。

3）【再按】和【顺序】

确定在不同列上第二种排序方法的排序顺序。

4）【排序包含第一行】

指定表格的第一行也包括在排序中。如果第一行是不应移动的标题，则不应选择此选项。

5）【排序标题行】

对标题进行排序。

6）【排序脚注行】

对脚注进行排序。

7）【完成排序后所有行颜色保持不变】

排序不仅移动行中的数据，行的属性也会随之移动。

步骤 3 单击【确定】按钮，即可完成对表格的排序。本例是按照表格的第 4 列数字的降序进行排列的，如图 5-46 所示。

学生姓名	性别	政治面貌	总成绩	兴趣爱好
C	男	党员	97	音乐
A	女	团员	96	羽毛球
B	女	团员	68	网球
D	女	党员	58	排球

图 5-46 排序完成后的表格

5.5.4 案例 14——导入表格数据

如果表格的内容已经使用其他软件制作完毕，可以直接将文件导入到 Dreamweaver CC 中，具体操作步骤如下。

步骤 1 将光标定位在需要插入表格的位置后，选择【文件】→【导入】→【Excel 文档】菜单命令，如图 5-47 所示。

图 5-47 选择【Excel 文档】命令

步骤 2 打开【导入 Excel 文档】对话框，选择随书光盘中的 "ch05\手机销售统计表" 文件，单击【打开】按钮，如图 5-48 所示。

步骤 3 此时程序自动将表格内容导入到网页中，效果如图 5-49 所示。

图 5-48　【导入 Excel 文档】对话框

图 5-51　选择【表格】命令

图 5-52　【导出表格】对话框

步骤 4 打开【表格导出为】对话框，选择导出文件的路径，然后输入【文件名】为"表格 .txt"，单击【保存】按钮，如图 5-53 所示。

姓名	第1季度	第2季度	第3季度	第4季度
李平平	95	120	100	85
王芳芳	120	100	101	130
陈燕燕	100	152	75	95
刘世杰	120	102	104	105

图 5-49　导入表格后的效果

5.5.5　案例 15——导出表格数据

在网页制作的过程中，也可以根据需要将网页表格中的数据导出到外部文件中，具体操作步骤如下。

步骤 1 打开随书光盘中的 "ch05\computer.html" 文件，如图 5-50 所示。

图 5-53　【表格导出为】对话框

步骤 5 文件成功导出后，双击导出的文件"表格 .txt"，即可查看导出文件的具体内容，如图 5-54 所示。

计算机报价单

型号	类型	价格
宏碁 (Acer) AS4552-P362G32MNCC	笔记本	￥2799
戴尔 (Dell) 14VR-188	笔记本	￥3499
联想 (Lenovo) G470AH2310W42G500P7CW3(DB)-CN	笔记本	￥4149
戴尔家用 (DELL) I560SR-656	台式	￥3599
宏图奇眩(Hiteker) HS-5508-TF	台式	￥3399
联想 (Lenovo) G470	笔记本	￥4299

图 5-50　打开素材文件

步骤 2 选择【文件】→【导出】→【表格】菜单命令，如图 5-51 所示。

步骤 3 打开【导出表格】对话框，选择【定界符】为"分号"，选择【换行符】为"Windows"，单击【导出】按钮，如图 5-52 所示。

图 5-54　导出文件的具体内容

5.6 实战演练——使用表格布局网页

在排版页面时，使用表格可以将网页设计得更加合理，可以将网页元素非常轻松地放置在网页中的任何一个位置。

具体操作步骤如下。

步骤 1 打开随书光盘中的 "ch05\index. html" 文件，将光标放置在要插入表格的位置，如图 5-55 所示。

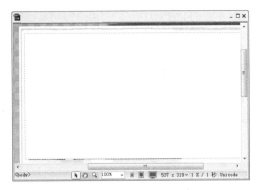

图 5-55　打开素材文件

步骤 2 单击【插入】面板【常用】选项卡中的【表格】按钮。打开【表格】对话框，将【行数】和【列】均设置为 2，【表格宽度】设置为 100%，【边框粗细】设置为 0，【单元格边距】设置为 0，【单元格间距】设置为 0，如图 5-56 所示。

图 5-56　【表格】对话框

步骤 3 单击【确定】按钮，一个 2 行 2 列的表格就插入到了页面中，如图 5-57 所示。

图 5-57　插入表格

步骤 4 将光标放置在第 1 行的第 1 列单元格中，单击【插入】面板【常用】选项卡中的【图像】按钮。打开【选择图像源文件】对话框，从中选择图像文件，如图 5-58 所示。

图 5-58　选择要插入的图片

步骤 5 单击【确定】按钮插入图像，如图 5-59 所示。

步骤 6 将光标放置在第 2 行的第 1 列单元格中，在【属性】面板中将【背景颜色】设置为 "#E3E3E3"，如图 5-60 所示。

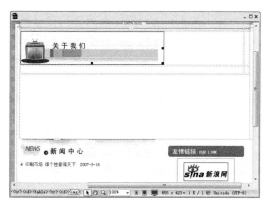

图 5-59　插入图片

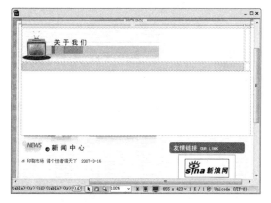

图 5-60　设置单元格的背景色

步骤 7 在单元格中输入文本，在【属性】
面板中设置文本的【大小】为"12"像素，如
图 5-61 所示。

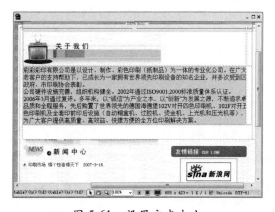

图 5-61　设置文本大小

步骤 8 选择第 2 列的两个单元格，在单元
格的【属性】面板中单击按钮，将单元格
合并，如图 5-62 所示。

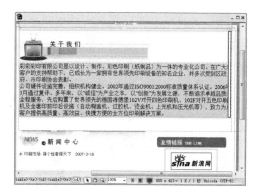

图 5-62　合并选定的单元格

步骤 9 选定合并后的单元格，选择【插入】
→【表格】菜单命令。打开【表格】对话框，
将【行数】设置为"2"，【列】设置为"1"，
【表格宽度】设置为"100%"，【边框粗细】
设置为"0"，【单元格边距】设置为"0"，
【单元格间距】设置为"0"，如图 5-63 所示。

图 5-63　【表格】对话框

步骤 10 单击【确定】按钮，一个 2 行 1 列
的表格就插入到了页面中，如图 5-64 所示。

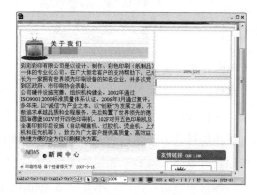

图 5-64　插入表格

步骤 11 将光标放置到第 1 行的单元格中，单击【插入】面板【常用】选项卡中的【图像】按钮。打开【选择图像源文件】对话框，从中选择图像文件，如图 5-65 所示。

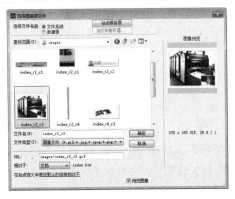

图 5-65　选择图片

步骤 12 单击【确定】按钮插入图像，如图 5-66 所示。

图 5-66　插入图片

步骤 13 重复上述步骤，在第 2 行的单元格中插入图像，如图 5-67 所示。

图 5-67　再次插入图片

步骤 14 保存文档，按下 F12 键在浏览器中预览效果，如图 5-68 所示。

图 5-68　预览网页

5.7　高手解惑

小白：如何使用表格拼接图片？

高手：对于一些较大的图像，读者可以把它切分成几部分，然后再利用表格把它们拼接到一起，这样就可以加快图像的下载速度。

具体的操作方法是：先用图像处理工具（如 Photoshop）把图像切分成几个部分，具体切图方法读者可以参照本书中的相关章节，然后在网页中插入一个表格，其行列数与切分的图像相同，在表格属性中将边框粗细、单元格边距和单元格间距均设置为"0"，再把切分后的图像按照原来的位置关系插进相应的单元格中。

小白：如何去除表格的边框线？

高手：去除表格的边框线有两种方法，分别如下。

方法 1　在【表格】对话框中

在创建表格时，选择【插入】→【表格】菜单命令，打开【表格】对话框，在其中将【边框粗细】设为"0"像素，这样表格在网页预览中不可见，如图 5-69 所示。

图 5-69　【表格】对话框

方法 2　在表格【属性】面板中

当插入表格之后，选中该表格，然后在表格【属性】面板中设置【边框】为 0，如图 5-70 所示。

图 5-70　【属性】面板

当设置边框为 0 之后，表格在设计区域中显示的效果如图 5-71 所示。

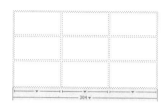

图 5-71　去除边框线后的效果

小白：导入到网页中数据混乱怎么办？

高手：一般出现这种数据混乱是由于全角造成的，因为此时记事本中分号为全角。用户需要重新将记事本中的全角分号修改为半角分号，即修改为英文状态下输入，然后再导入到网页中即可解决该数据问题。

5.8　跟我练练手

练习 1：在网页中插入表格。

练习 2：选择网页中的表格。

练习 3：设置表格的属性。

练习 4：操作表格行与列。

练习 5：操作表格中的数据。

练习 6：使用表格布局网页。

第 6 章

让网页互动起来——使用网页表单和行为

很多网站都存在有申请注册称为会员或申请邮箱的模块，这些模块都是通过添加网页表单来完成的。另外，设计人员在设计网页时，需要使用编程语言实现一些动作，如打开浏览器窗口、验证表单等，这就是网页行为。本章就来介绍如何使用网页表单和行为。

● **本章学习目标（已掌握的在方框中打钩）**

☐ 掌握在网页中插入表单的方法
☐ 掌握在网页中插入复选框与单选按钮的方法
☐ 掌握在网页中制作列表与菜单的方法
☐ 掌握在网页中插入按钮的方法
☐ 掌握在网页中添加行为的方法
☐ 掌握常用网页行为的应用方法

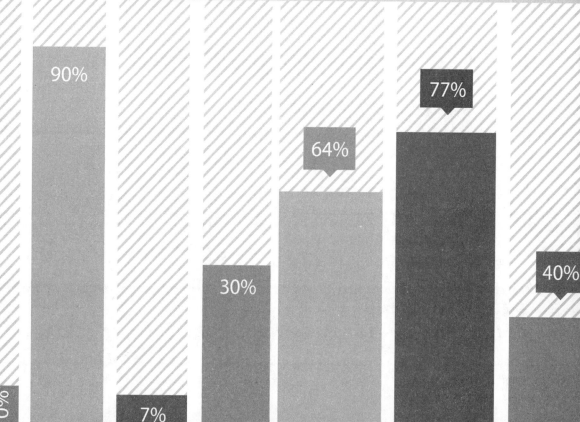

6.1 认识表单

表单用于把来自用户的信息提交给服务器，是网站管理者与浏览者之间进行沟通的桥梁。利用表单处理程序，可以收集、分析用户的反馈意见，以做出科学、合理的决策，因此它是一个网站成功的重要因素。

有了表单，网站不仅是"信息提供者"，同时也是"信息收集者"，可由被动提供转变为主动"出击"。表单通常用来做调查表、订单和搜索界面等。

使用 Dreamweaver CC 创建表单，可以为表单添加对象，还可以通过使用行为来验证用户输入信息的正确性。表单通常是由文本框、下拉列表框、复选框和按钮等表单对象组成，图 6-1 所示为百度账号注册页面。

一个表单包含 3 个基本组成部分，即表单标签、表单域和表单按钮。其中表单标签为 <form></form>，这对标签中包含了处理表单数据所用的 CGI 程序的 URL 以及数据提交到服务器的方法；表单域主要包含文本框、密码框、隐藏框、多行文本框、复选框、单选按钮、下拉列表框和文件上传框等对象；表单按钮包括提交按钮、复位按钮和普通按钮，用于将数据传送到服务器上或者取消传送等操作。

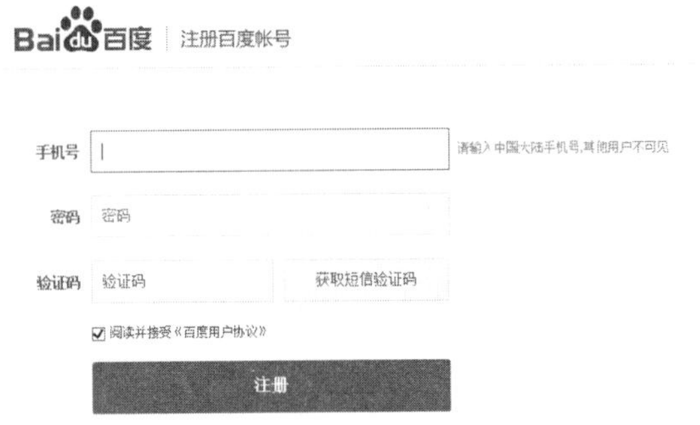

图 6-1　百度账号注册页面

6.2 在网页中插入表单元素

本节将学习如何在网页中插入表单元素。

6.2.1 案例 1——插入表单域

每一个表单中都包括表单域和若干个表单元素，而所有的表单元素都要放在表单域中才会生效。因此，制作表单时要先插入表单域。

在文档中插入表单域的具体操作步骤如下。

步骤 1 将光标放置在要插入表单的位置，选择【插入】→【表单】→【表单】菜单命令，如图 6-2 所示。

图 6-2　选择【表单】命令

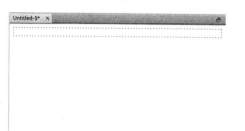

要插入表单域，也可以在【插入】面板的【表单】选项组中单击【表单】按钮。

步骤 2 插入表单域后，页面上会出现一条红色的虚线，如图 6-3 所示。

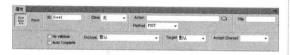

图 6-3　插入表单

步骤 3 选中表单，或在标签选择器中选择〈form#form1〉标签，即可在表单的【属性】面板中设置属性，如图 6-4 所示。

图 6-4　【属性】面板

【属性】面板中表单的各个属性的含义如下。

(1) ID：指定表单的 ID 编号。

(2) Class：指定表单的外观样式。

(3) Action：为表单指定处理数据的路径。

(4) Method：为表单指定将数据传输到服务器的方法。该属性列表中有 3 个选项，即默认、POST 和 GET。其中，默认是指使用浏览器默认设置传送数据；POST 是指在 HTTP 请求中嵌入表单数据；GET 是指从服务器上获取数据。

(5) Title：为表单指定标题。

(6) Enctype：为表单指定输入数据时所使用的编码类型。

(7) Target：为表单指定目标窗口的打开方式。

(8) Accept Charset：为表单指定字符集。

(9) No Validate：为表单指定提交时是否进行数据验证。

(10) Auto Complete：为表单指定是否让浏览器自动记录之前输入的信息。

6.2.2 案例 2——插入文本域

表单只是装载各个表单对象的容器，表单创建完成后，就可以在其中插入表单对象了，下面讲述使用非常频繁的控件文本域的操作。

文本域分为单行文本域和多行文本域，下面讲解这两种文本域的插入方法，具体操作方法如下。

步骤 1 将光标定位在表单内，在其中插入一个 2 行 2 列的表格，然后输入文本内容和调整表格的大小，如图 6-5 所示。

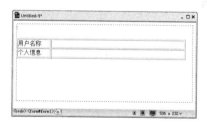

图 6-5　插入表格

步骤 2 将光标定位在表格第一行右侧的单元格中，选择【插入】→【表单】→【文本】菜单命令，或在【插入】面板的【表单】选项组中单击【文本】按钮，如图 6-6 所示。

图 6-6　选择【文本】命令

步骤 3 单行文本域插入完成后，在【属性】面板中选中 Required（必要）和 Auto Focus（焦点）复选框，将 Max Length(最多字符) 设置为 "15"，如图 6-7 所示。

图 6-7　插入单行表单

步骤 4 将光标定位在表格第二行右侧的单元格中，选择【插入】→【表单】→【文本区域】菜单命令，或在【插入】面板的【表单】选项组中单击【文本区域】按钮，如图 6-8 所示。

图 6-8　单击【文本区域】按钮

步骤 5 多行文本域插入完成后，在【属性】面板中设置 Rows（行数）为 "5"，设置 Cols（列）为 "50"，如图 6-9 所示。

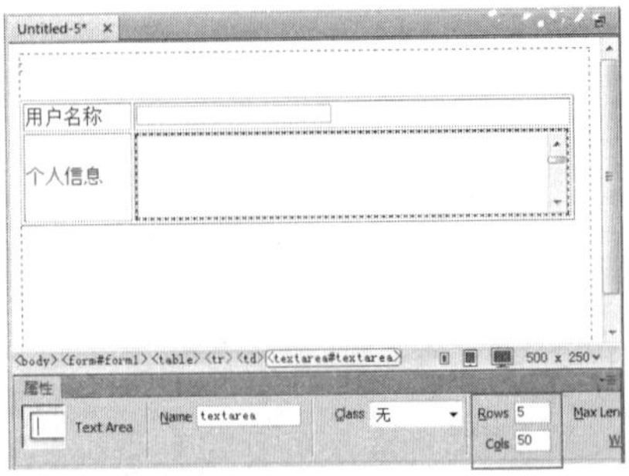

图 6-9　插入多行文本域

步骤 6 保存网页后按 F12 键，进入页面预览效果，如图 6-10 所示。

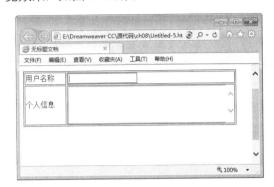

图 6-10　查看页面预览效果

6.2.3　案例 3——插入密码域

密码域是特殊类型的文本域。当用户在密码域中输入文本信息时，所输入的文本会被替换为星号或项目符号以隐藏该文本，从而保护这些信息不被别人看到。

插入密码域的具体操作步骤如下。

步骤 1 打开随书光盘中的 "ch06\ 密码域 .html" 文件，将光标定位在密码右侧的单元格中，如图 6-11 所示。

图 6-11　打开素材文件

步骤 2 选择【插入】→【表单】→【密码】菜单命令，或在【插入】面板的【表单】选项组中单击【密码】按钮，如图 6-12 所示。

步骤 3 密码域插入完成后，在【属性】面板中选中 Required（必要）复选框，将 Max Length(最多字符) 文本框设置为 "25"，如图 6-13 所示。

图 6-12 选择【密码】菜单命令

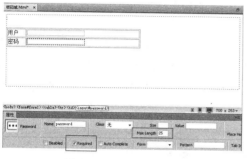

图 6-13 插入密码域

步骤 4 保存网页后按 F12 键，进入页面预览效果，当在密码域中输入密码时，显示为项目符号，如图 6-14 所示。

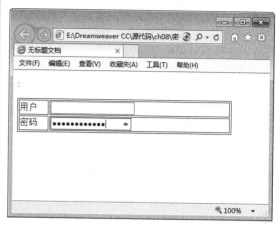

图 6-14 查看页面预览效果

6.3 在网页中插入复选框和单选按钮

复选框允许在一组选项中选择多个选项，用户可以选择任意多个适用的选项。单选按钮代表互相排斥的选择。在某个单选按钮组（由两个或多个共享同一名称的按钮组成）中选择一个选项，就会取消对该组中其他所有选项的选择。

6.3.1 案例4——插入复选框

如果要从一组选项中选择多个选项，则可使用复选框。可以使用以下两种方法插入复选框。

⑴ 选择【插入】→【表单】→【复选框】菜单命令，如图 6-15 所示。

⑵ 单击【插入】面板的【表单】选项组中的【复选框】按钮，如图 6-16 所示。

图 6-15 选择【复选框】命令

图 6-16　单击【复选框】按钮

若要为复选框添加标签，可在该复选框的旁边单击，然后输入标签文字即可，如图 6-17 所示。另外，选中复选框，在【属性】面板中可以设置其属性，如图 6-18 所示。

图 6-17　输入复选框标签文字

图 6-18　复选框的属性面板

6.3.2　案例 5——插入单选按钮

如果从一组选项中只能选择一个选项，则需要使用单选按钮。选择【插入】→【表单】→【单选按钮】菜单命令，即可插入单选按钮。

提示　还可以通过单击【插入】面板的【表单】选项组中的【单选按钮】按钮 插入单选按钮。

若要为单选按钮添加标签，可在该单选按钮的旁边单击，然后输入标签文字即可，如图 6-19 所示。选中单选按钮，在【属性】面板中可以设置其属性，如图 6-20 所示。

图 6-19　输入单选按钮标签文字

图 6-20　单选按钮的属性面板

6.4　制作网页列表

表单中有两种类型的列表：一种是单击时可出现下拉列表的，称为下拉列表；另一种则显示为一个列有项目的可滚动列表，用户可从该列表中选择项目，被称为滚动列表。图 6-21 所示为下拉列表和滚动列表。

图 6-21　下拉列表与滚动列表

6.4.1 案例6——插入下拉列表

创建下拉菜单的具体步骤如下。

步骤 1 选择【插入】→【表单】→【选择】菜单命令,即可插入下拉列表,然后在其【属性】面板中,单击【列表值】按钮,如图6-22所示。

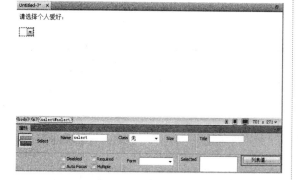

图6-22 选择属性面板

步骤 2 打开【列表值】对话框,单击【添加】按钮⊞,即可输入多个项目标签,单击【确定】按钮,如图6-23所示。

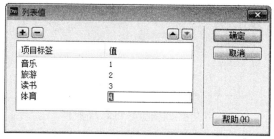

图6-23 【列表值】对话框

步骤 3 即可插入下拉菜单,在【属性】面板的【Selected(初始化时选定)】文本框中选择【体育】选项,如图6-24所示。

步骤 4 保存文档,按F12键,在浏览器中预览效果,如图6-25所示。

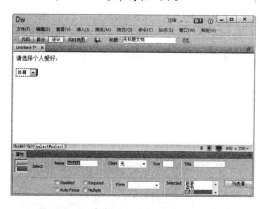

图6-24 选择初始化时选定的菜单

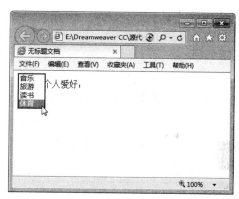

图6-25 预览效果

6.4.2 案例7——插入滚动列表

创建滚动列表的具体步骤如下。

步骤 1 选择【插入】→【表单】→【选择】菜单命令,插入选择菜单,然后在其【属性】面板中,在【类型】选项组中选中【列表】单选按钮,并将Size文本框设置为"3",如图6-26所示。

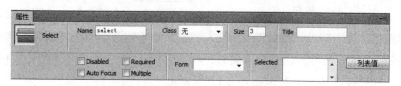

图6-26 选择属性面板

步骤 2 单击【列表值】按钮，在打开的对话框中进行相应的设置，如图 6-27 所示。

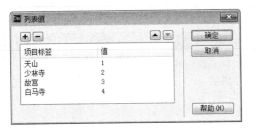

图 6-27 【列表值】对话框

步骤 3 单击【确定】按钮保存文档，按 F12 键在浏览器中预览效果，如图 6-28 所示。

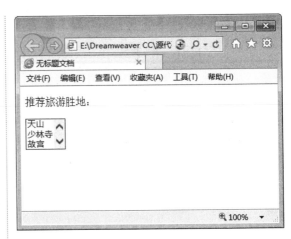

图 6-28 预览效果

6.5 在网页中插入按钮

按钮对于表单来说是必不可少的，无论用户对表单进行了什么操作，只要不单击【提交】按钮，服务器与客户之间就不会有任何交互操作。

6.5.1 案例 8——插入按钮

将光标放在表单内，选择【插入】→【表单】→【"提交"按钮】和【"重置"按钮】菜单命令，即可插入按钮，如图 6-29 所示。

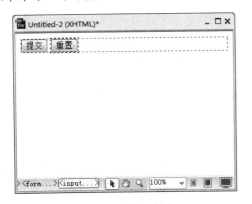

图 6-29 插入按钮

选中表单按钮 提交 ，即可在打开的【属性】面板中设置按钮 Name（名称）、Class（类）、From Action（动作）等属性，如图 6-30 所示。

图 6-30 设置按钮的属性

6.5.2 案例 9——插入图像按钮

可以使用图像作为按钮图标。如果要使用图像来执行任务而不是提交数据，则需要将某种行为附加到表单对象上。

步骤 1 打开随书光盘中的 "ch06\图像按钮 .html" 文件，如图 6-31 所示。

步骤 2 将光标置于第 4 行单元格中，选择【插入】→【表单】→【图像域】菜单命令，或拖动【插入】面板【表单】选项卡中的【图像域】按钮 ，弹出【选择图像源文件】对话框，如图 6-32 所示。

图 6-31　打开素材文件

图 6-32　【选择图像源文件】对话框

步骤 3 在【选择图像源文件】对话框中选定图像，然后单击【确定】按钮，插入图像域，如图 6-33 所示。

步骤 4 选中该图像域，打开【属性】面板，设置图像域的属性，这里采用默认设置，如图 6-34 所示。

图 6-33　插入图像域

图 6-34　图像区域属性面板

步骤 5 完成设置保存文档，按 F12 键在浏览器中预览效果，如图 6-35 所示。

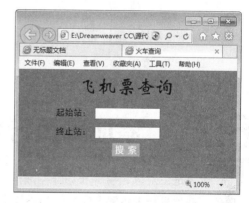

图 6-35　预览效果

6.6　插入文件上传域

通过插入文件上传域，可以实现上传文档和图像的功能。插入文件上传域的具体操作步骤如下。

步骤 1 新建网页，输入文字内容，将光标定位在需要插入文件上传域的位置，如图 6-36 所示。

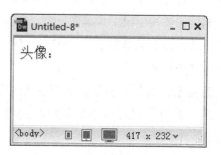

图 6-36　新建网页

步骤 2 选择【插入】→【表单】→【文件】菜单命令，或拖动【插入】面板【表单】选项卡中的【图像域】按钮，如图 6-37 所示。

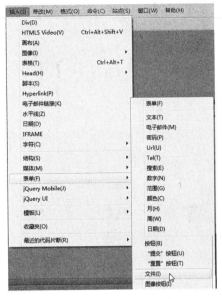

图 6-37 选择【文件】命令

步骤 3 即可插入文本上传域，如图 6-38 所示。

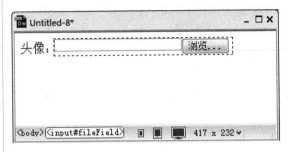

图 6-38 插入文本上传域

步骤 4 选择文本上传域，在【属性】面板中可以设置文本上传域的属性，如图 6-39 所示。

图 6-39 设置文本上传域的属性

6.7 添加网页行为

行为是由对象、事件和动作构成的。对象是产生行为的主体，事件是触发动态效果的原因，动作是指最终需要完成的动态效果，本节就来介绍如何为网页添加行为。

6.7.1 案例 10——打开【行为】面板

在 Dreamweaver CC 中，对行为的添加和控制主要是通过【行为】面板来实现的。【行为】面板主要用于设置和编辑行为，选择【窗口】→【行为】菜单命令，即可打开【行为】面板，如图 6-40 所示。

使用【行为】面板可以将行为附加到页面元素，并且可以修改以前所附加的行为的参数。

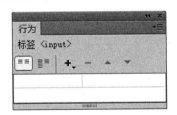

图 6-40 【行为】面板

【行为】面板中包含以下一些选项。

(1) 单击➕按钮，可弹出动作菜单，从中可以添加行为。添加行为时，从动作菜单中选择一个行为项即可。当从该动作菜单中选择一个动作时，将出现一个对话框，可以在此对话框中指定该动作的参数。如果动作菜单上的所有动作都处于灰显状态，则表示选定的元素无法生成任何事件。

(2)　单击 ━ 按钮，可从行为列表中删除所选择的事件和动作。

(3)　单击 ▲ 按钮或 ▼ 按钮，可将动作项向前移或向后移，从而改变动作执行的顺序。对于不能在列表中上下移动的动作，箭头按钮则处于禁用状态。

> 💿 提示
>
> 在为选定对象添加了行为后，就可以利用行为的事件列表选择触发该行为的事件。按 Shift+F4 组合键也可以打开【行为】面板。

6.7.2　案例 11——添加行为

在 Dreamweaver CC 中，可以为文档、图像、链接和表单等任何网页元素添加行为。在给对象添加行为时，可以一次为每个事件添加多个动作，并按【行为】面板中动作列表的顺序来执行动作。添加行为的具体步骤如下。

步骤 **1**　在网页中选定一个对象，也可以单击文档窗口左下角的 <body> 标签选中整个页面，然后选择【窗口】→【行为】菜单命令，打开【行为】面板，单击 ➕ 按钮，弹出动作菜单，如图 6-41 所示。

图 6-41　动作菜单

步骤 **2**　从弹出的动作菜单中选择一种动作，会弹出相应的参数设置对话框（此处选择【弹出信息】命令），在其中进行设置后单击【确定】按钮，随即，在事件列表中会显示动作的默认事件，单击该事件，会出现一个 ▼ 按钮，单击 ▼ 按钮，即可弹出包含全部事件的事件列表，如图 6-42 所示。

图 6-42　动作事件

6.8　常用行为的应用

Dreamweaver CC 内置有许多行为，每一种行为都可以实现一个动态效果，或用户与网页之间的交互。

6.8.1　案例 12——交换图像

【交换图像】动作通过更改图像标签的 src 属性，将一个图像和另一个图像交换。使用此动作可以创建【鼠标经过图像】和其他的图像效果（包括一次交换多个图像）。

创建【交换图像】动作的具体步骤如下。

步骤 1 打开随书光盘中的 "ch06\ 应用行为 \index.html" 文件，如图 6-43 所示。

图 6-43 打开素材文件

步骤 2 选择【窗口】→【行为】菜单命令，打开【行为】面板。选中图像，单击 **+** 按钮，在弹出的菜单中选择【交换图像】命令，如图 6-44 所示。

图 6-44 选择【交换图像】命令

步骤 3 弹出【交换图像】对话框，如图 6-45 所示。

步骤 4 单击 浏览... 按钮，弹出【选择图像源文件】对话框，选择随书光盘中的 "ch06\ 应用行为 \img\001.jpg" 图像，如图 6-46 所示。

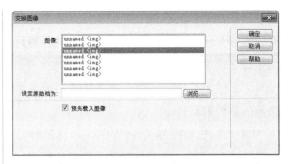

图 6-45 【交换图像】对话框

图 6-46 【选择图像源文件】对话框

步骤 5 单击【确定】按钮，返回【交换图像】对话框，如图 6-47 所示。

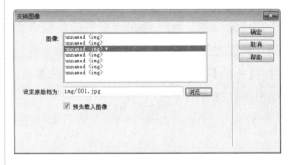

图 6-47 设置原始图像

步骤 6 单击【确定】按钮，返回到【行为】面板中，即可看到新添加的行为交换图像，如图 6-48 所示。

步骤 7 保存文档，按 F12 键在浏览器中预览效果，如图 6-49 所示。

图 6-48　添加行为交换图像

图 6-49　预览效果

6.8.2　案例 13——弹出信息

使用【弹出信息】动作可显示一个带有指定信息的 JavaScript 警告。因为 JavaScript 警告只有一个【确定】按钮，所以使用此动作可以提供信息，而不能为用户提供选择。

使用【弹出信息】动作的具体步骤如下。

步骤 1　打开随书光盘中的 "ch06\ 应用行为 \index.html" 文件，如图 6-50 所示。

图 6-50　打开素材文件

步骤 2　单击文档窗口状态栏中的 <body> 标签，选择【窗口】→【行为】菜单命令，打开【行为】面板。单击【行为】面板中的 ➕ 按钮，在弹出的菜单中选择【弹出信息】命令，如图 6-51 所示。

图 6-51　选择【弹出信息】命令

步骤 3　弹出【弹出信息】对话框，在【消息】文本框中输入要显示的信息，如图 6-52 所示。

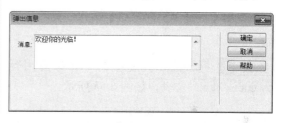

图 6-52　【弹出信息】对话框

步骤 4　单击【确定】按钮，添加行为，并设置相应的事件，如图 6-53 所示。

图 6-53　添加行为事件

步骤 5 保存文档,按 F12 键在浏览器中预览效果,如图 6-54 所示。

图 6-54　信息提示框

6.8.3 案例 14——打开浏览器窗口

使用【打开浏览器窗口】动作可以在一个新的窗口中打开 URL,可以指定新窗口的属性(包括其大小)、特性(是否可以调整大小、是否具有菜单栏等)和名称。

使用【打开浏览器窗口】动作的具体步骤如下。

步骤 1 打开随书光盘中的 "ch06\ 应用行为 \index.html" 文件,如图 6-55 所示。

图 6-55　打开素材文件

步骤 2 选择【窗口】→【行为】菜单命令,打开【行为】面板。单击该面板中的 + 按钮,在弹出的菜单中选择【打开浏览器窗口】命令,如图 6-56 所示。

图 6-56　选择要添加的行为

步骤 3 弹出【打开浏览器窗口】对话框,在【要显示的 URL】文本框中输入在新窗口中载入的目标 URL 地址(可以是网页,也可以是图像);或单击【要显示的 URL】文本框右侧的【浏览】按钮,弹出【选择文件】对话框,如图 6-57 所示。

图 6-57　【选择文件】对话框

步骤 4 在【选择文件】对话框中选择文件,单击【确定】按钮,将其添加到文本框中,然后将【窗口宽度】和【窗口高度】分别设置为 "380" 和 "350",在【窗口名称】文本框中输入 "弹出窗口",如图 6-58 所示。

图 6-58　【打开浏览器窗口】对话框

在【打开浏览器窗口】对话框中，各部分的含义如下。

(1) 【窗口宽度】和【窗口高度】文本框用来指定窗口的宽度和高度（以像素为单位）。

(2) 【导航工具栏】复选框。选中此复选框时浏览器窗口的组成部分将包括【后退】、【前进】、【主页】和【重新载入】等按钮。

(3) 【地址工具栏】复选框。选中此复选框时，浏览器窗口的组成部分将包括【地址】文本框等。

(4) 【状态栏】复选框。选中此复选框时，状态栏将位于浏览器窗口的底部，在该区域中显示消息（如剩余的载入时间以及与链接关联的 URL）。

(5) 【菜单条】复选框。选中此复选框时，浏览器窗口上将显示菜单（如【文件】、【编辑】、【查看】、【转到】和【帮助】等菜单）的区域。如果要让访问者能够从新窗口导航，用户应该选中此复选框。如果取消选中此复选框，在新窗口中用户只能关闭或最小化窗口。

(6) 【需要时使用滚动条】复选框。选中此复选框时，指定如果内容超出可视区域时将显示滚动条。如果取消选中此复选框，则不显示滚动条。如果【调整大小手柄】复选框也被取消选中，访问者将很难看到超出窗口大小以外的内容（虽然他们可以拖动窗口的边缘使窗口滚动）。

(7) 【调整大小手柄】复选框。选中此复选框时，可以指定应该能够调整窗口的大小，方法是：拖动窗口的右下角或单击右上角的最大化按钮。如果取消选中此复选框，调整大小控件将不可用，右下角也不能拖动。

(8) 【窗口名称】文本框。此文本框用于设置新窗口的名称。如果用户要通过

JavaScript 使用链接指向新窗口或控制新窗口，则应该对新窗口命名。此名称不能包含空格或特殊字符。

步骤 5 在如图 6-58 所示的对话框中单击【确定】按钮，添加行为，并设置相应的事件，如图 6-59 所示。

图 6-59　设置行为事件

步骤 6 保存文档，按 F12 键在浏览器中预览效果，如图 6-60 所示。

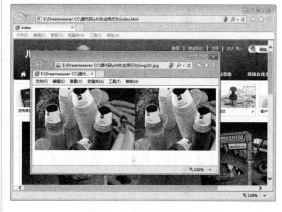

图 6-60　预览效果

6.8.4 案例 15——检查表单行为

在包含表单的页面中填写相关信息时，当信息填写出错，会自动显示出错信息，这是通过检查表单来实现的。在 Dreamweaver CC 中，可以使用【检查表单】行为来为文本域设置有效性规则，检查文本域中的内容是否有效，以确保输入数据正确。

使用【检查表单】行为的具体步骤如下。

步骤 1 打开随书光盘中的 "ch06\ 检查表单行为 .html" 文件，如图 6-61 所示。

图 6-61　打开素材文件

步骤 2 按 Shift+F4 组合键，打开【行为】面板，如图 6-62 所示。

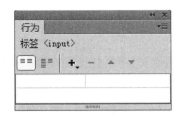

图 6-62　【行为】面板

步骤 3 单击【行为】面板上的 **+** 按钮，在弹出的下拉菜单中选择【检查表单】命令，如图 6-63 所示。

图 6-63　选择【检查表单】命令

步骤 4 弹出【检查表单】对话框，【域】列表框中显示了文档中插入的文本域，如图 6-64 所示。

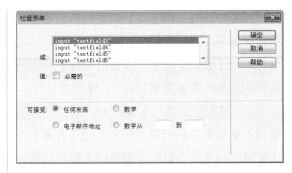

图 6-64　【检查表单】对话框

> **提示**
>
> 在【检查表单】对话框中主要参数选项的具体作用如下。
> (1)　【域】列表框用于选择要检查数据有效性的表单对象。
> (2)　【值】复选框用于设置该文本域中是否使用必填文本域。
> (3)　【可接受】选项区域用于设置文本域中可填数据的类型，可以选择 4 种类型。选择【任何东西】选项表明文本域中可以输入任意类型的数据。选择【数字】选项表明文本域中只能输入数字数据。选择【电子邮件地址】选项表明文本域中只能输入电子邮件地址。【数字从】选项可以设置可输入数字值的范围，可在右边的文本框中从左至右分别输入最小数值和最大数值。

步骤 5 选中 textfield3 文本域，选中【必需的】复选框，选中【任何东西】单选按钮，设置该文本域是必须填写项，可以输入任何文本内容，如图 6-65 所示。

图 6-65　设置检查表单属性

步骤 6 参照相同的方法，设置 textfield2 和 textfield3 文本域为必须填写项，其中 textfield2

文本域的可接受类型为【数字】，textfield3 文本域的可接受类型为【任何东西】，如图 6-66 所示。

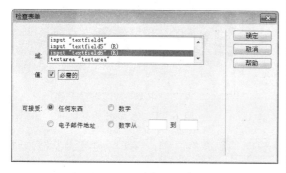

图 6-66 设置其他检查信息

步骤 7 单击【确定】按钮，即可添加【检查表单】行为，如图 6-67 所示。

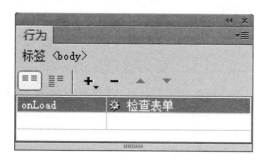

图 6-67 添加检查表单行为

步骤 8 保存文档，按 F12 键在浏览器中预览效果。当在文档的文本域中未填写或填写有误时，会打开一个信息提示框，提示出错信息，如图 6-68 所示。

图 6-68 预览网页提示信息

6.8.5 案例 16——设置状态栏文本

使用【设置状态栏文本】动作可在浏览器窗口底部左侧的状态栏中显示消息。例如，可以使用此动作在状态栏中显示链接的目标而不是显示与之关联的 URL。

设置状态栏文本的操作步骤如下。

步骤 1 打开随书光盘中的 "ch06\ 设置状态栏 \index.html" 文件，如图 6-69 所示。

图 6-69 打开素材文件

步骤 2 按 Shift+F4 组合键，打开【行为】面板，如图 6-70 所示。

图 6-70 【行为】面板

步骤 3 单击【行为】面板上的 **+** 按钮，在弹出的菜单中选择【设置文本】→【设置状态栏文本】命令，如图 6-71 所示。

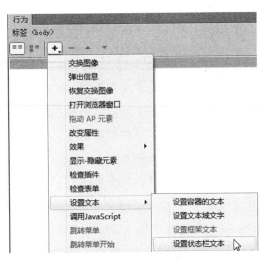

图 6-71　选择检查状态栏文本行为

步骤 4 弹出【设置状态栏文本】对话框，在【消息】文本框中输入"欢迎光临！"，也可以输入相应的 JavaScript 代码，如图 6-72 所示。

图 6-72　【设置状态栏文本】对话框

步骤 5 单击【确定】按钮，添加行为，如图 6-73 所示。

图 6-73　添加行为

步骤 6 保存文档，按 F12 键在浏览器中预览效果，如图 6-74 所示。

图 6-74　预览效果

6.9　实战演练——使用表单制作留言本

　　一个好的网站，总是在不断地完善和改进，在改进的过程中，总是要经常听取别人的意见，为此可以通过留言本来获取浏览者浏览网站的反馈信息。

　　具体的操作步骤如下。

步骤 1 打开随书光盘中的"ch06\ 制作留言本 .html"文件，如图 6-75 所示。

图 6-75　打开素材文件

步骤 2 将光标移到下一行，单击【插入】面板的【表单】选项组中的【表单】按钮□，插入一个表单，如图 6-76 所示。

图 6-76 插入表单

步骤 3 将光标放在红色的虚线内，选择【插入】→【表格】菜单命令，打开【表格】对话框。将【行数】设置为"9"，【列】设置为"2"，【表格宽度】设置为"470"像素，【边框粗细】设置为"1"，【单元格边距】设置为"2"，【单元格间距】设置为"3"，如图 6-77 所示。

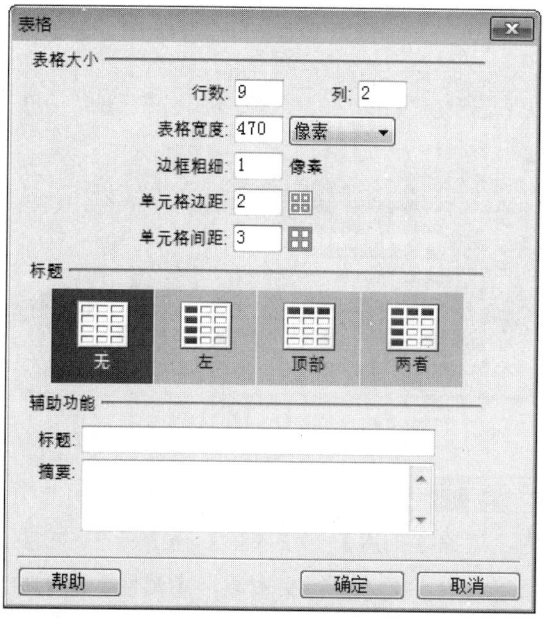

图 6-77 【表格】对话框

步骤 4 单击【确定】按钮，在表单中插入表格，并调整表格的宽度，如图 6-78 所示。

步骤 5 在第 1 列单元格中输入相应的文字，

然后选定文字，在【属性】面板中，设置文字的【大小】为"12"像素，将【水平】设置为【右对齐】，【垂直】设置为【居中】，如图 6-79 所示。

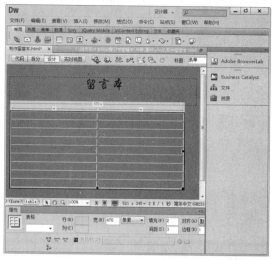

图 6-78 添加表格

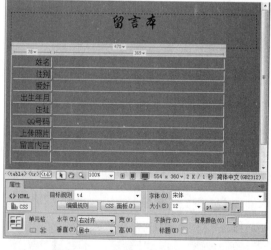

图 6-79 在表格中输入文字

步骤 6 将光标放在第 1 行的第 2 列单元格中，选择【插入】→【表单】→【文本】菜单命令，插入文本域。在【属性】面板中，设置文本域的 Size（字符宽度）为"12"，Max Length（最多字符数）为"12"，如图 6-80 所示。

图 6-80　添加文本域

步骤 7 重复以上步骤，在第 3 行、第 4 行和第 5 行的第 2 列单元格中插入文本域，并设置相应的属性，如图 6-81 所示。

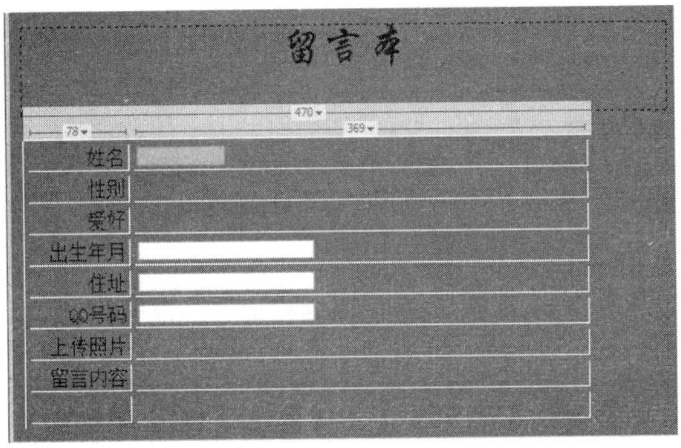

图 6-81　添加其他文本域

步骤 8 将光标放在第 2 行的第 2 列单元格中，单击【插入】面板的【表单】选项组中的【单选按钮】按钮◉，插入单选按钮，在单选按钮的右侧输入"男"，按照同样的方法再插入一个单选按钮，输入"女"，如图 6-82 所示。

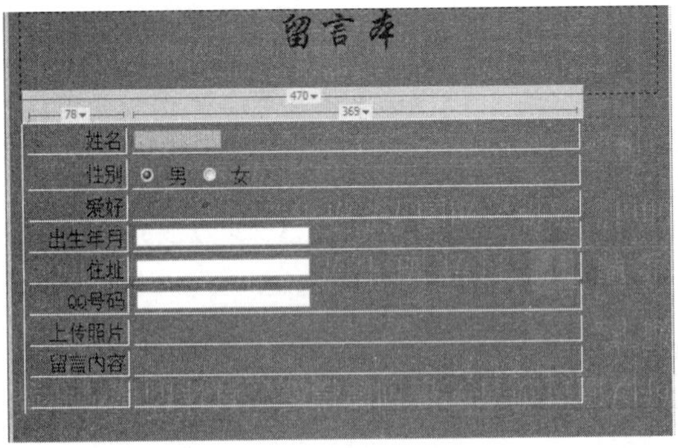

图 6-82　添加单选按钮

步骤 9 将光标放在第 3 行的第 2 列单元格中，单击【插入】面板的【表单】选项组中的【复选框】按钮☑，插入复选框。在【属性】面板中，将【初始状态】设置为【未选中】，在其后输入文本"音乐"，如图 6-83 所示。

图 6-83　添加复选框

步骤 10 按照同样的方法，插入其他复选框，设置属性并输入文字，如图 6-84 所示。

图 6-84　添加其他复选框

步骤 11 将光标置于第 8 行的第 2 列单元格中，选择【插入】→【表单】→【文本区域】菜单命令，插入多行文本域，【属性】面板中的选项为默认值，如图 6-85 所示。

步骤 12 将光标放在第 7 行的第 2 列单元格中，选择【插入】→【表单】→【文件域】菜单命令，插入文件域，然后在【属性】面板中设置相应的属性，如图 6-86 所示。

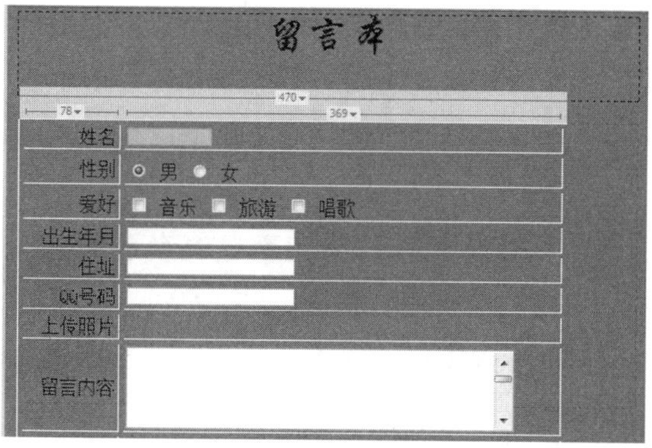

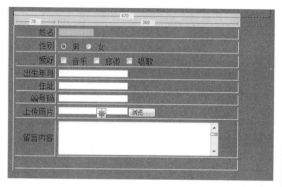

图 6-85　插入多行文本域

图 6-87　合并单元格

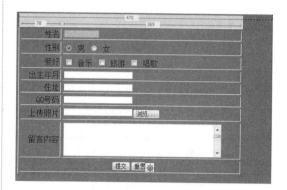

图 6-86　插入文件域

图 6-88　插入提交与重置按钮

步骤 13 选定第9行的两个单元格，选择【修改】→【表格】→【合并单元格】菜单命令，合并单元格。将光标放在合并后的单元格中，在【属性】面板中，将【水平】设置为【居中对齐】，如图 6-87 所示。

步骤 14 选择【插入】→【表单】→【按钮】菜单命令，插入两个按钮，即 提交 按钮和 重置 按钮。在【属性】面板中，分别设置相应的属性，如图 6-88 所示。

步骤 15 保存文档，按 F12 键在浏览器中预览效果，如图 6-89 所示。

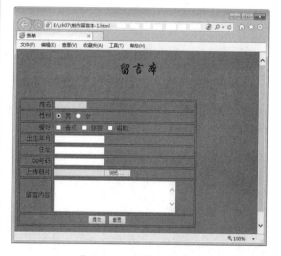

图 6-89　预览网页效果

6.10 高手解惑

小白： 如何保证表单在浏览器中正常显示？

高手：在 Dreamweaver 中插入表单并调整到合适的大小后，在浏览器中预览时可能会出现表单大小失真的情况。为了保证表单在浏览器中能正常显示，建议使用 CSS 样式表调整表单的大小。

小白：如何下载并使用更多的行为？

高手：Dreamweaver 包含了百余个事件、行为，如果认为这些行为还不足以满足需求，Dreamweaver 同时也提供有扩展行为的功能，可以下载第三方的行为，下载之后解压到 Dreamweaver 的安装目录 "Adobe Dreamweaver CC\configuration\Behaviors\Actions" 下。重新启动 Dreamweaver，在【行为】面板中单击 ➕▾ 按钮，在弹出的动作菜单即可看到新添加的动作选项。

6.11 跟我练练手

练习 1：在网页中插入表单元素。

练习 2：在网页中插入单选按钮与复选框。

练习 3：制作网页列表和菜单。

练习 4：在网页中插入按钮。

练习 5：常用行为的应用。

第 7 章

批量制作
风格统一的网页
——使用模板和库

使用模板可以为网站的更新和维护提供极大的方便，仅修改网站的模板即可完成对整个网站中页面的统一修改。使用库项目可以完成对网站中某个板块的修改。利用这些功能不仅可以提高工作效率，而且可使网站的更新和维护等烦琐的工作变得更加轻松。

● **本章学习目标（已掌握的在方框中打钩）**

☐ 掌握创建模板的方法

☐ 掌握管理模板的方法

☐ 了解库的概念

☐ 掌握库的创建、管理与应用

☐ 掌握基于模板创建页面的方法

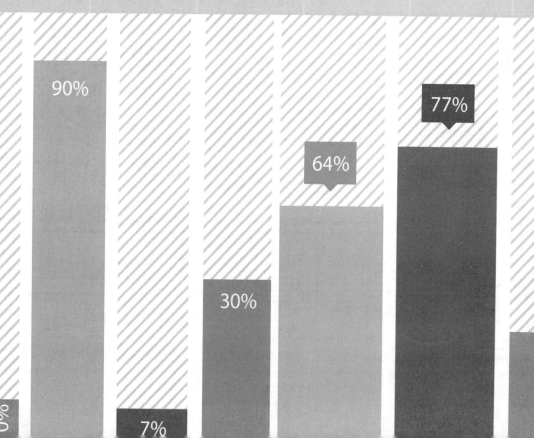

7.1 创建模板

使用模板创建文档可以使网站和网页具有统一的结构和外观。模板实质上就是作为创建其他文档的基础文档。在创建模板时，可以说明哪些网页元素应该长期保留、不可编辑，哪些元素可以编辑修改。

7.1.1 案例1——在空白文档中创建模板

利用 Dreamweaver CC 创建空白模板的具体操作步骤如下。

步骤 1 启动 Dreamweaver CC 软件，选择【文件】→【新建】菜单命令，如图 7-1 所示。

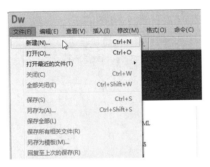

图 7-1 选择【新建】命令

步骤 2 弹出【新建文档】对话框。在【新建文档】对话框中选择【空白页】选项，在【页面类型】列表框中选择【HTML 模板】选项，如图 7-2 所示。

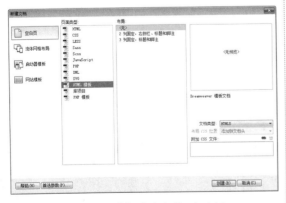

图 7-2 【新建文档】对话框

步骤 3 单击【创建】按钮即可创建一个空白的模板文档，如图 7-3 所示。

图 7-3 创建空白模板

7.1.2 案例2——在【资源】面板中创建模板

在【资源】面板中创建模板的具体步骤如下。

步骤 1 选择【窗口】→【资源】菜单命令，打开【资源】面板，单击【模板】按钮，如图 7-4 所示。

图 7-4 【资源】面板

步骤 2 此时【资源】面板将变成模板样式，如图 7-5 所示。

图 7-5　模板样式

步骤 3 单击【资源】面板右下角的【新建模板】按钮；或在【资源】面板的列表中右击，在弹出的快捷菜单中选择【新建模板】命令，如图 7-6 所示。

图 7-6　选择【新建模板】命令

步骤 4 一个新的模板就被添加到了模板列表框中，选择该模板，然后修改模板的名称即可，如图 7-7 所示。

图 7-7　选择创建的模板

提示　　一个空模板创建完成。如果需要编辑该模板，可以单击【编辑】按钮；如果需要重命名模板，可以单击【资源】面板右上角的按钮，在弹出的下拉菜单中选择【重命名】命令，或者在要重命名的模板上右击，从弹出的快捷菜单中选择【重命名】命令，即可对模板重命名。

7.1.3　案例 3——从现有文档创建模板

除了上述两种创建模板的方法外，用户还可以通过现有文档创建模板，具体的操作步骤如下。

步骤 1 打开随书光盘中的 "ch07\index.html" 文件，如图 7-8 所示。

图 7-8　打开素材文件

步骤 2 选择【文件】→【另存为模板】菜单命令，弹出【另存模板】对话框，在【站点】下拉列表框中选择保存的站点 "我的站点"，在【另存为】文本框中输入模板名，如图 7-9 所示。

图 7-9　【另存模板】对话框

步骤 3 单击【保存】按钮，弹出提示框，单击【是】按钮，即可将网页文件保存为模板，如图 7-10 所示。

图 7-10　信息提示框

7.1.4 案例 4——创建可编辑区域

在创建模板之后，用户需要根据自己的具体要求对模板中的内容进行编辑，即指定哪些内容可以编辑，哪些内容不能编辑（锁定）。

在模板文档中，可编辑区是页面中变化的部分，如"每日导读"的内容。不可编辑区（锁定区）是各页面中相对保持不变的部分，如导航栏和栏目标志等。

当新创建一个模板或把已有的文档存为模板时，Dreamweaver CC 默认把所有的区域标记为锁定。因此，用户必须根据自己的要求对模板进行编辑，把某些部分标记为可编辑的。

在编辑模板时，可以修改可编辑区，也可以修改锁定区。但当该模板被应用于文档时，则只能修改文档的可编辑区，文档的锁定区是不允许修改的。

定义新的可编辑区域的具体步骤如下。

步骤 1 打开随书光盘中的"ch07\Templates\ 模版 .dwt"文件，如图 7-11 所示。

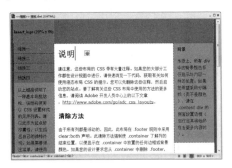

图 7-11　打开素材文件

步骤 2 将光标放置在要插入可编辑区域的位置，选择【插入】→【模板对象】→【可编辑区域】菜单命令，如图 7-12 所示。

步骤 3 弹出【新建可编辑区域】对话框，在【名称】文本框中输入名称，如图 7-13 所示。

图 7-12　选择【可编辑区域】命令

图 7-13　【新建可编辑区域】对话框

提示 命名一个可编辑区域时，不能使用单引号（'）、双引号（"）、尖括号（<>）和 & 等。

步骤 4 单击【确定】按钮即可插入可编辑区域。在模板中，可编辑区域会被突出显示，如图 7-14 所示。

图 7-14　可编辑区域

步骤 5 选择【文件】→【保存】菜单命令，保存模板，如图 7-15 所示。

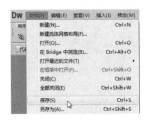

图 7-15　选择【保存】命令

7.2 管理模板

模板创建好后，根据实际需要可以随时更改模板样式、内容。更新过模板后，Dreamweaver 会对应用该模板的所有网页同时更新。

7.2.1 案例 5——从模板中分离

利用从模板中分离功能，可以将文档从模板中分离，分离后，模板中的内容依然存在。文档从模板中分离后，文档的不可编辑区域会变得可以编辑，这给修改网页内容带来很大方便。

从模板中分离文档的具体步骤如下。

步骤 1 打开随书光盘中的 "ch07\模版 .html" 文件，由图 7-16 可以看出页面处于不可编辑状态。

图 7-16　打开素材文件

步骤 2 选择【修改】→【模板】→【从模板中分离】菜单命令，如图 7-17 所示。

图 7-17　选择【从模板中分离】命令

步骤 3 选择命令后，即可将网页从模板中分离出来，此时即可将图像路径重新设置，如图 7-18 所示。

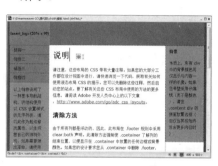

图 7-18　将网页从模板中分离

步骤 4 保存文档，按 F12 键在浏览器中预览效果，如图 7-19 所示。

图 7-19　预览网页效果

7.2.2 案例 6——更新模板及基于模板的网页

用模板的最新版本更新整个站点及应用特定模板的所有文档的具体步骤如下。

步骤 1 打开随书光盘中的 "ch07\Templates\模板 .dwt" 文件，如图 7-20 所示。

图 7-20　打开素材文件

图 7-21　修改模板

步骤 2 将光标置于模板需要修改的地方，并进行修改，如图 7-21 所示。

步骤 3 选择【文件】→【保存】菜单命令，即可保存更改后的网页。然后打开应用该模板的网页文件，可以看到更新后的网页，如图 7-22 所示。

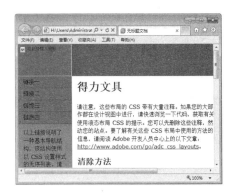

图 7-22　预览网页效果

7.3 库概述

在制作网站的过程中，有时需要把一些网页元素应用在数十个甚至数百个页面上，当要修改这些多次使用的页面元素时，如果逐页修改是相当费时费力的，而使用 Dreamweaver CC 的库项目，就可以大大减轻这种重复的劳动，从而省去许多麻烦。

Dreamweaver CC 允许把网站中需要重复使用或需要经常更新的页面元素（如图像、文本或其他对象等）存入库中，存入库中的元素被称为库项目。需要时，可以把库项目拖放到文档中，这时 Dreamweaver CC 会在文档中插入该库项目的 HTML 源代码的一个备份，并创建一个对外部库项目的引用。通过修改库项目，然后使用【修改】→【库】子菜单上的更新命令，即可实现整个网站各个页面上与库项目相关内容的一次性更新，既快捷又方便。Dreamweaver CC 允许用户为每个站点定义不同的库。

库是网页中的一段 HTML 代码，而模板本身则是一个文件。Dreamweaver CC 将库项目存放在每个站点的本地根目录下的 Library 文件夹中，扩展名为 .lbi；而将所有的模板文件都存放在站点根目录下的 Templates 子目录中，扩展名为 .dwt。

库是一种特殊的 Dreamweaver 文件，其中包含已创建并可放在 Web 页上的单独资源或资源副本的集合，库里的这些资源称为库项目。

7.4 库的创建、管理与应用

库可以包含 body 中的任何元素，如文本、表格、表单、图像、Java 小程序、插件和 ActiveX 元素等。Dreamweaver CC 保存的只是对被链接项目（如图像）的引用，原始文件必须保留在指定的位置，这样才能保证库项目的正确引用。

库项目也可以包含行为，但是在库项目中编辑行为有一些特殊的要求。库项目不能包含时间轴或样式表，因为这些元素的代码是 head 的一部分，而不是 body 的一部分。

利用库项目可以实现对文件风格的维护。很多网页带有相同的内容，将这些文档中的共有部分内容定义为库，然后放置到文档中，一旦在站点中对库项目进行了修改，通过站点管理特性，就可以实现对站点中所有放入库元素的文档进行更新。

7.4.1 案例 7——创建库项目

创建库项目时，应首先选取文档 body（主体）的某一部分，然后由 Dreamweaver CC 将这部分转换为库项目。

同模板一样，Dreamweaver CC 会自动将库文件保存在站点根文件夹的 "library" 子文件夹中，因此，读者在学习本章的库部分时，将本地根文件夹设置为 "ch07" 文件夹即可。创建库项目的具体步骤如下。

步骤 1 打开随书光盘中的 "ch07\ 网址导航 .html" 文件。选择需要创建为库项目的内容，这里选择网页下方左侧的内容，如图 7-23 所示。

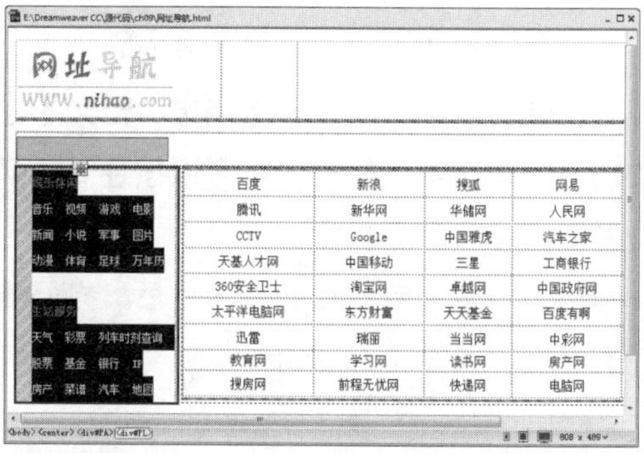

图 7-23 打开素材文件

步骤 2 选择【窗口】→【资源】菜单命令，打开【资源】面板，单击【库】按钮，打开【库】

面板，如图 7-24 所示。

图 7-24 【库】面板

步骤 3 从中单击【新建库项目】按钮，新的库项目即出现在【库】面板中。用户也可以在【库】面板中单击右键，从弹出的快捷菜单中选择【新建库项目】命令，创建库项目，如图 7-25 所示。

图 7-25 创建库项目

步骤 4 新的库项目名称处于可编辑状态，可以对库名称重命名。这里重命名为 "left"，如图 7-26 所示。

图 7-26　重命名库项目

步骤 5 选择【窗口】→【文件】菜单命令，打开【文件】面板，然后打开根目录下的 Library 文件夹，可以看到新建的库项目文件，如图 7-27 所示。

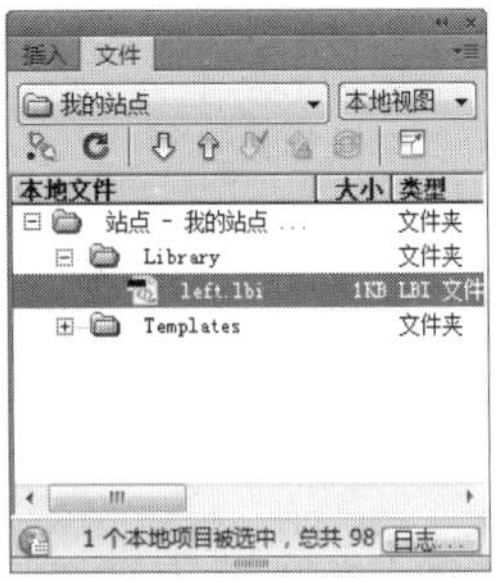

图 7-27　【文件】面板

7.4.2 案例8——库项目的应用

把库项目添加到页面上时，实际的内容以及对项目的引用就会被插入到文档中，此时无须提供原项目就可以正常显示。在页面上插入库项目的具体步骤如下。

步骤 1 打开随书光盘中的"ch07\库页面.htm"文件，将光标置于文档窗口中要插入库项目的位置，如图 7-28 所示。

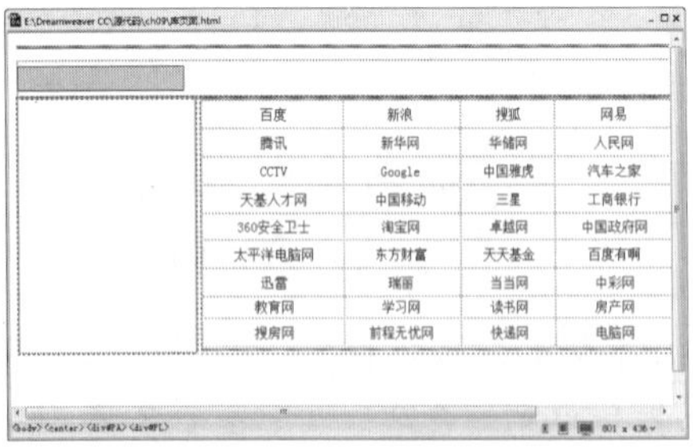

图 7-28　打开素材文件

步骤 2 选择【窗口】→【资源】菜单命令，打开【资源】面板，单击【库】按钮，显示库项目，从【库】面板中选定库项目，如图 7-29 所示。

图 7-29　【库】面板

步骤 3 单击面板左下角的【插入】按钮，将库项目插入到文档中，如图 7-30 所示。

图 7-30　库项目插入到文档中

步骤 4 保存文档，按 F12 键在浏览器中预览效果，如图 7-31 所示。

图 7-31　查看预览效果

如果要插入库项目到文档中，但又不想在文档中创建该项目的实例，可以按住 Ctrl 键把项目拖离【库】面板。

在文档中选定添加的库项目后，打开【属性】面板，如图 7-32 所示。

图 7-32　【属性】面板

在库的【属性】面板中可以进行以下设置。

1) 【源文件 /Library/left.lbi】

显示库项目源文件的文件名和位置，不能编辑此信息。

2) 【打开】按钮

单击该按钮，可打开库项目的源文件进行编辑，这与在【资源】面板中选择项目并单击【编辑】按钮的功能是相同的。

3) 【从源文件中分离】按钮

单击此按钮，可断开所选库项目与其源文件之间的链接。分离项目后，可以在文档中对其进行编辑，但它不再是库项目且不能在更改原始库项目时更新。

4) 【重新创建】按钮

单击此按钮，可用当前选定的内容改写原始库项目，以便在丢失或意外删除原始库项目时重新创建库项目。

7.4.3 案例 9——编辑库项目

当编辑库项目时，Dreamweaver CC 将自动更新网站中使用该项目的所有文档。如果选择不更新，那么文档将保持与库项目的关联。

编辑库项目包括更新库项目、重命名库项目、删除库项目及重新创建丢失的库项目等。

1. 修改并更新库项目

更新库项目的具体步骤如下。

步骤 1 在【资源】面板中单击【库】按钮，显示库项目，从【库】面板中选定需要修改的库项目，单击【修改】按钮，如图 7-33 所示。

图 7-33　选择需要修改的库文件

步骤 2 打开选择的库文件，即可对文件进行修改，如这里新增 "理财" 内容，如图 7-34 所示。

图 7-34　修改库文件

步骤 3 打开【更新库项目】对话框，单击【更新】按钮，如图 7-35 所示。

图 7-35　【更新库项目】对话框

步骤 4 打开【更新页面】对话框，单击【开始】按钮，开始自动更新页面，完成后，单击【关闭】按钮即可，如图 7-36 所示。

图 7-36　【更新页面】对话框

> **提示** 在【查看】下拉列表框中可以进行以下选择。

(1) 选择【整个站点】选项，然后从右侧的下拉列表中选择站点名称，这样会更新所选站点中的所有页面，使其使用所有库项目的当前版本。

(2) 选择【文件使用】选项，然后从右侧的下拉列表框中选择库项目名称，这样会更新当前站点中所有使用所选库项目的页面。

如果选中【显示记录】复选框，Dreamweaver CC 将提供关于更新文件的信息，包括它们是否成功更新的信息。

若要同时更新模板，应确保【模板】复选框也被选中。

步骤 5 打开应用库项目的网页文件，可以看到更新后的效果。

▶ 提示 编辑库项目时，库项目中只能包含 body 元素，CSS 样式表代码则插入到文档的 head 部分。

2. 重命名库项目

重命名库项目的具体步骤如下。

步骤 1 选择【窗口】→【资源】菜单命令，打开【资源】面板，单击左侧的【库】按钮。

步骤 2 进入【库】面板，选择要重命名的库项目，右击并从弹出的快捷菜单中选择【重命名】命令，如图 7-37 所示。

图 7-37 选择【重命名】命令

步骤 3 当名称变为可编辑状态时输入一个新名称即可。单击库名称以外的任意区域，按 Enter 键。打开【更新文件】对话框，Dreamweaver 会询问是否要更新使用该项目的文档，用户可以根据需要选择是否更新，如图 7-38 所示。

图 7-38 【更新文件】对话框

3. 删除库项目

删除库项目的具体步骤如下。

步骤 1 在【资源】面板中单击左侧的【库】按钮。

步骤 2 选择要删除的库项目，单击面板底部的【删除】按钮，然后确认要删除的库项目；或按 Delete 键，确认要删除的库项目。

▶ 提示 Dreamweaver 将从库中删除该库项目，但是不会更改任何使用该项目的文档的内容。

7.5 实战演练——创建基于模板的页面

模板制作完成，接下来可以将其应用到网页中。建立站点"我的站点"，并将光盘中的 "ch07\" 设置为站点根目录，通过使用模板，能快速、高效地设计出风格一致的网页。

本实例的具体操作步骤如下。

步骤 1 选择【文件】→【新建】菜单命令，打开【新建文档】对话框，在【新建文档】对话框中选择【网站模板】选项卡，在【站点】列表框中选择【我的站点】选项，选择【站点"我的站点"的模板】列表框中的模板文件"模板"，如图 7-39 所示。

图 7-39 【新建文档】对话框

步骤 2 单击【创建】按钮，创建一个基于模板的网页文档。选择【修改】→【模板】→【从模板中分离】菜单命令，此时文件的内容可以编辑，如图 7-40 所示。

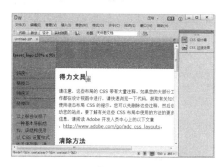

图 7-40　创建基于模板的网页

步骤 3 将光标放置在可编辑区域中，选择【插入】→【表格】菜单命令，弹出【表格】对话框，将【行数】和【列】都设置为"1"，【表格宽度】设置为"95%"，【边框粗细】设置为"0"，【单元格边距】和【单元格间距】均设置为"0"，如图 7-41 所示。

图 7-41　【表格】对话框

步骤 4 单击【确定】按钮插入表格。在【属性】面板中，将【对齐】设置为【居中对齐】，如图 7-42 所示。

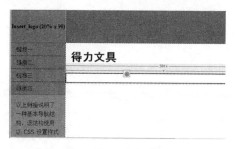

图 7-42　插入表格

步骤 5 将光标放置在表格中，输入文字和图像，并设置文字和图像的对齐方式，如图 7-43 所示。

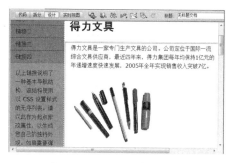

图 7-43　添加文字和图像

步骤 6 选择【文件】→【保存】菜单命令，打开【另存为】对话框，在【文件名】下拉列表框中输入"index.html"，单击【保存】按钮，如图 7-44 所示。

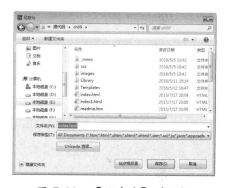

图 7-44　【另存为】对话框

步骤 7 按 F12 键在浏览器中预览效果，如图 7-45 所示。

图 7-45　预览网页效果

7.6 高手解惑

小白：如何处理不可编辑的模板？

高手：为了避免编辑时误操作而导致模板中的元素变化，模板中的内容默认为不可编辑状态，只有把某个区域或者某段文本设置为可编辑状态之后，在由该模板创建的文档中才可以改变这个区域。具体方法如下。

步骤 1 先选取需要编辑的某个区域，然后选择【修改】→【模板】→【令属性可编辑】菜单命令，如图 7-46 所示。

图 7-46 选择【令属性可编辑】命令

步骤 2 在弹出的对话框中选中【令属性可编辑】复选框，单击【确定】按钮，如图 7-47 所示。

图 7-47 可编辑区域

小白：如何合理地使用模板？

大神：使用模板可以为网站的更新和维护提供极大的方便，仅修改网站的模板即可完成对整个网站中页面的统一修改。模板的使用难点是如何合理地设置和定义模板的可编辑区域。要想把握好这一点，在定义模板的可编辑区域时，一定要仔细地研究整个网站中各个页面所具有的共同风格和特性，只有这样才能设计出适合网站使用的合理模板。使用库项目可以完成对网站中某个板块的修改。利用这些功能不仅可以提高工作效率，而且可以使网站的更新和维护等烦琐的工作变得更加轻松。

7.7 跟我练练手

练习 1：创建模板的各种方法。

练习 2：管理模板。

练习 3：创建基于模板的页面。

练习 4：创建库文件。

练习 5：管理和应用库文件。

练习 6：更新和删除库文件。

第**2**篇

精通网页设计艺术

第 **8** 章 第一视觉最重要
——网站配色与布局

一个网站的成功与否，很大程度上取决于网页的结构与配色，因此，在学习制作动态网站之前，首先需要掌握网站结构与网页配色的相关基础知识，本章就来介绍网页配色的相关技巧、网站结构的布局以及网站配色的经典案例等。

● **本章学习目标（已掌握的在方框中打钩）**
- ☐ 了解网页的色彩处理
- ☐ 熟悉网页色彩的搭配技巧
- ☐ 掌握网站结构的布局
- ☐ 掌握常见网站配色的应用
- ☐ 掌握定位网站页面框架的方法

40%

0%

90%

7%

30%

64%

77%

40%

8.1 善用色彩设计网页

经研究发现，在第一次打开一个网站时，给用户留下第一印象的既不是网站的内容，也不是网站的版面布局，而是网站具有冲击力的色彩，如图 8-1 所示。

图 8-1　网页色彩搭配

色彩的魅力是无限的，它可以让本身很平淡无味的东西瞬间变得漂亮起来。作为最具说服力的视觉语言，作为最强烈的视觉冲击，色彩在人们的生活中起着先声夺人的作用。因此，作为一名优秀的网页设计师，不仅要掌握基本的网站制作技术，还要掌握网站的配色风格等设计艺术。

8.1.1 认识色彩

为了能更好地应用色彩来设计网页，先来了解色彩的一些基本概念。自然界中有好多种色彩，如玫瑰是红色的、大海是蓝色的、橘子是橙色的、……，但是最基本的有 3 种（红、黄、蓝），其他的色彩都可以由这 3 种色彩调和而成，这 3 种色彩称为"三原色"，如图 8-2 所示。

现实生活中的色彩可以分为彩色和非彩色。其中黑、白、灰属于非彩色系列。其他的色彩都属于彩色。任何一种彩色都具备 3 个特征，即色相、明度和纯度。其中非彩色只有明度属性。

1. 色相

色相指的是色彩的名称。这是色彩最基本的特征，是一种色彩区别于另一种色彩最主要的因素，如紫色、绿色、黄色等都代表了不同的色相。同一色相的色彩，调整一下亮度或者

纯度，可以很容易搭配出不同的效果，如图 8-2 所示。

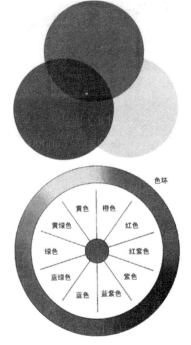

图 8-2　三原色与色相

2. 明度

明度也叫亮度，指色彩的明暗程度，明度越大，色彩越亮。比如一些购物、儿童类网站，用的是一些鲜亮的颜色，让人感觉绚丽多姿、生气勃勃。明度越低，颜色越暗。主要用于一些游戏类网站，充满神秘感；一些个人站长为了体现自身的个性，也可以运用一些暗色调来表达个人的一些孤僻或者忧郁等性格。

有明度差的色彩更容易调和，如紫色（#993399）与黄色（#ffff00）、暗红（#cc3300）与草绿（#99cc00）、暗蓝（#0066cc）与橙色（#ff9933）等，如图 8-3 所示。

图 8-3　色彩的明度

3. 纯度

纯度指色彩的鲜艳程度，纯度高的色彩纯、鲜亮，纯度低的色彩暗淡，含灰色。

8.1.2　案例 1——网页上的色彩处理

色彩是人的视觉最敏感的东西，主页的色彩处理得好，可以锦上添花，达到事半功倍的效果。

1. 色彩的感觉

人们对不同的色彩有不同的感觉，说明如下。

(1) 色彩的冷暖感。红、橙、黄代表太阳、火焰；蓝、青、紫代表大海、晴空；绿、紫代

表不冷不暖的中性色；无色系中的黑代表冷，白代表暖。

(2) 色彩的软硬感。高明度、高纯度的色彩给人以软的感觉；反之，则感觉硬，如图 8-4 所示。

图 8-4　色彩的软硬感

(3) 色彩的强弱感。亮度高的明亮、鲜艳的色彩感觉强；反之，则感觉弱。

(4) 色彩的兴奋与沉静。红、橙、黄，偏暖色系，高明度、高纯度、对比强的色彩令人感觉兴奋；青、蓝、紫，偏冷色系，低明度，低纯度，对比弱的色彩感觉沉静，如图 8-5 所示。

图 8-5　色彩的兴奋与沉静

(5) 色彩的华丽与朴素。红、黄等暖色和鲜艳而明亮的色彩给人以华丽感，青、蓝等冷色和浑浊而灰暗的色彩给人以朴素感。

(6) 色彩的进退感。对比强、暖色、明快、高纯度的色彩代表前进；反之，代表后退。

对色彩的这种认识 10 多年前就已被国外众多企业所接受，并由此产生了色彩营销战略，许多企业将此作为市场竞争的有利手段和再现企业形象特征的方式，通过设计色彩抓住商机，如绿色的"鳄鱼"、红色的"可口可乐"、红黄色的"麦当劳"以及黄色的"柯达"等，如图 8-6 所示。

图 8-6　经典色彩搭配网页

在欧美和日本等发达国家，设计色彩早就成为一种新的市场竞争力，并被广泛使用。

2. 色彩的季节性

春季处处一片生机，通常会流行一些活泼跳跃的色彩；夏季气候炎热，人们希望凉爽，通常流行以白色和浅色调为主的清爽亮丽的色彩；秋季秋高气爽，流行的是沉重的暖色调；冬季气候寒冷，深颜色有吸光、传热的作用，人们希望能暖和一点，喜爱穿深色衣服。这就很明显地形成了四季的色彩流行趋势，春夏以浅色、明艳色调为主；秋冬以深色、稳重色调为主，每年色彩的流行趋势都会因此而分成春夏和秋冬两大色彩趋向，如图 8-7 所示。

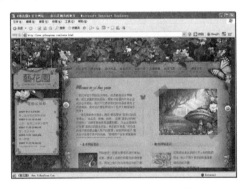 

图 8-7　色彩的季节性

3. 颜色的心理感觉

不同的颜色会给浏览者不同的心理感受。

⑴　红色。红色是一种激奋的色彩，代表热情、活泼、温暖、幸福和吉祥。红色容易引起人们注意，也容易使人兴奋、激动、热情、紧张和冲动，而且还是一种容易造成人视觉疲劳的颜色。

(2) 绿色。绿色代表新鲜、充满希望、和平、柔和、安逸和青春，显得和睦、宁静、健康。绿色具有黄色和蓝色两种成分颜色。在绿色中，将黄色的扩张感和蓝色的收缩感中和，并将黄色的温暖感与蓝色的寒冷感相抵消。绿色和金黄、淡白搭配，可产生优雅、舒适的气氛，如图8-8左所示。

(3) 蓝色。蓝色代表深远、永恒、沉静、理智、诚实、公正、权威，是最具凉爽、清新特点的色彩。蓝色和白色混合，能体现柔顺、淡雅、浪漫的气氛（如天空的色彩）。

(4) 黄色。黄色具有快乐、希望、智慧和轻快的个性，它的明度最高，代表明朗、愉快、高贵，是色彩中最为娇气的一种色。只要在纯黄色中混入少量的其他色，其色相感和色性格均会发生较大程度的变化，如图8-8右所示。

图8-8 色彩的心理感觉

(5) 紫色。紫色代表优雅、高贵、魅力、自傲和神秘。在紫色中加入白色，可使其变得优雅、娇气，并充满女性的魅力。

(6) 橙色。橙色也是一种激奋的色彩，具有轻快、欢欣、热烈、温馨、时尚的效果，如图8-9左所示。

(7) 白色。白色代表纯洁、纯真、朴素、神圣和明快，具有洁白、明快、纯真、清洁的感觉。如果在白色中加入其他任何色，都会影响其纯洁性，使其性格变得含蓄。

(8) 黑色。黑色具有深沉、神秘、寂静、悲哀、压抑的感受，如图8-9右所示。

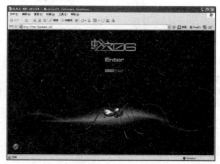

图8-9 色彩的感觉

(9) 灰色。在商业设计中，灰色具有柔和、平凡、温和、谦让、高雅的感觉，具有永远流行性。在许多的高科技产品中，尤其是和金属材料有关的，几乎都采用灰色来传达高级、科技的形象。使用灰色时，大多利用不同的参差变化组合和其他色彩相配，才不会过于平淡、沉闷、呆板和僵硬。

每种色彩在饱和度、亮度上略微变化，就会产生不同的感觉。以绿色为例，黄绿色有青春、旺盛的视觉意境，而蓝绿色则显得幽宁、深沉。其中白色与灰色使用最为广泛，也常称为万能搭配色。在没有更好的对比色选择时，使用白色或者灰色作为辅助色，效果一般都不差，如图 8-10 所示。

图 8-10　色彩的感觉

8.2　网页色彩的搭配

从上面可以看出，色彩给人的视觉冲击非常明显，一个网站设计得成功与否，在某种程度上取决于设计者对色彩的运用和搭配，因为网页设计属于一种平面效果设计，在平面图上，色彩的冲击力是最强的，它最容易给客户留下深刻的印象。图 8-11 所示为某个儿童网站。

图 8-11　儿童网站网页彩色的搭配

8.2.1　案例 2——确定网站的主题色

一个网站一般不使用单一颜色，因为会让人感觉单调、乏味；但也不能将所有的颜色都运用到网站中，让人感觉不庄重。一个网站必须有一种或两种主题色，不至于让客户迷失方向，也不至于单调、乏味。所以确定网站的主题色也是设计者必须考虑的问题之一。

1.　主题色确定的两个方面

在确定网站主题色时通常可以从以下两个方面去考虑。

1）结合产品、内容特点

根据产品的特点来确定网站的主色调，如企业产品是环保型的可以建议采用绿色，主营产品是高科技或电子类的建议采用蓝色等，如果是红酒企业可以考虑使用红酒的色调，如图 8-12 所示。

图 8-12　商业网站色彩的搭配

2）根据企业的 VI 识别系统

如今有很多公司都有自己的 VI 识别系统，可以从公司的名片、办公室的装修、手提袋等看到，这些都是公司沉淀下来的企业文化，网站作为企业的宣传方式之一，也在一定程度上需要考虑这些因素。

2. 主题色设计原则

在主题色确定时还要考虑以下原则，这样设计出的网站界面才能别出心裁，体现出企业独特风格，更有利于向受众传递企业信息。

1）与众不同、富有个性

过去许多网站都喜欢选择与竞争网站相近的颜色，试图通过这样的策略来快速实现网站构建，减少建站成本，但这种建站方式鲜有成功者。网站的主题色一定要与竞争网站鲜明地区别开，只有与众不同、别具一格才是成功之道，这是网站主题色选择的首要原则。如今越来越多的网站规划者开始认识到这个真理，如中国联通已经改变过去模仿中国移动的色彩，

推出了与中国移动区别明显的红黑搭配组合作为新的标准色，如图 8-13 所示。

图 8-13　主题色的设计原则

2）符合大众审美习惯

由于大众的色彩偏好非常复杂，而且是多变的，甚至是瞬息万变的，因此要选择最能吻合大众偏好的色彩是非常困难，甚至是不可能的。最好的办法是剔除掉大众所禁忌的颜色。比如，巴西人忌讳棕黄色和紫色，他们认为棕黄色使人绝望，紫色会带来悲哀，紫色和黄色配在一起，则是患病的预兆。所以在选择颜色时要考虑用户群体的审美习惯。

8.2.2　案例 3——网页色彩搭配原理

色彩搭配既是一项技术性工作，也是一项艺术性很强的工作。因此，在设计网页时，除了要考虑网站本身的特点外，还要遵循一定的艺术规律，从而设计出色彩鲜明、性格独特的网站。

网页的色彩是树立网站形象的关键要素之一，色彩搭配却是网页设计初学者感到头疼的问题。网页的背景、文字、图标、边框、链接等应该采用什么样的色彩，应该搭配什么样的色彩才能最好地表达出网站的内涵和主题呢？

1. 色彩的鲜明性

网页的色彩要鲜明，这样容易引人注目。一个网站的用色必须要有自己独特的风格，这样才能显得个性鲜明，给浏览者留下深刻的印象。

2. 色彩的独特性

要有与众不同的色彩，使得大家对网站印象强烈。一般可以通过使用网页颜色选择器选择一个专色，然后根据需要进行微调，如图 8-14 所示。

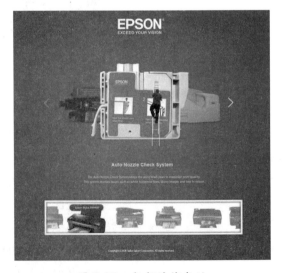

图 8-14　色彩的独特性

3. 色彩的艺术性

网站设计也是一种艺术活动，因此必须遵循艺术规律，在考虑到网站本身特点的同时，按照内容决定形式的原则，大胆进行艺术创新，设计出既符合网站要求，又有一定艺术特色的网站。

不同的色彩会产生不同的联想，如蓝色想到天空、黑色想到黑夜、红色想到喜事等，选择色彩要和网页的内涵相关联，如图 8-15 所示。

图 8-15　色彩的艺术性

4. 色彩搭配的合理性

一个色彩搭配合理的网站的一个页面尽量不要超过4种色彩，用太多的色彩让人没有方向、没有侧重。当主题色确定好以后，考虑其他配色时，一定要考虑其他配色与主题色的关系，要体现什么样的效果。另外，哪种因素占主要地位，是明度、纯度还是色相。网站设计者可以考虑从以下两个方面去着手设计，可以最大限度地减少设计成本。

（1）选择单一色系。在主题色确定好之后，可以选择与主题色相邻的颜色进行设计，如图8-16所示。

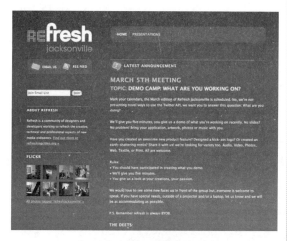

图8-16 单一色彩的网页

（2）选择主题色的对比色。在设计时，一般以一种颜色为主色调，对比色作为点缀，从而产生强烈的视觉效果，使网站特色鲜明、重点突出。

8.2.3 案例4——网页中色彩的搭配

色彩在人们的生活中都是有丰富的感情和含义的，在特定的场合下，同种色彩可以代表不同的含义。色彩总的应用原则应该是"总体协调，局部对比"，就是主页的整体色彩效果

是和谐的，局部、小范围的地方可以有一些强烈色彩的对比。在色彩的运用上，可以根据主页内容的需要，分别采用不同的主色调。

色彩具有象征性，如嫩绿色、翠绿色、金黄色、灰褐色就可以分别象征着春、夏、秋、冬。其次还有职业的标志色，如军警的橄榄绿、医疗卫生的白色等。色彩还具有明显的心理感觉，如冷、暖的感觉以及进、退的效果等。另外，色彩还有民族性，各个民族由于环境、文化、传统等因素的影响，对于色彩的喜好也存在着较大的差异。

 1. 色彩的搭配

充分运用色彩的这些特性，可以使主页具有深刻的艺术内涵，从而提升主页的文化品位。

相近色：色环中相邻的3种颜色。相近色的搭配给人的视觉效果很舒适、很自然，所以相近色在网站设计中极为常用。

互补色：色环中相对的两种色彩。对互补色调整一下补色的亮度，有时是一种很好的搭配。

暖色：暖色与黑色调和可以达到很好的效果。暖色一般应用于购物类网站、电子商务网站、儿童类网站等，用以体现商品的琳琅满目，或网站的活泼、温馨等效果，如图8-17所示。

图8-17 暖色色系的网页

冷色：冷色一般与白色调和可以达到一种很好的效果。冷色一般应用于一些高科技、游戏类网站，主要表达严肃、稳重等效果，绿色、蓝色、蓝紫色等都属于冷色系列，如图 8-18 所示。

图 8-18　冷色色系的网页

色彩均衡：网站让人看上去舒适、协调，除了文字、图片等内容的合理排版外，色彩均衡也是相当重要的一个部分，如一个网站不可能单一地运用一种颜色，所以色彩的均衡问题是设计者必须要考虑的问题。

2. 非彩色的搭配

黑白是最基本和最简单的搭配，白字黑底、黑底白字都非常清晰明了。灰色是万能色，可以和任何色彩搭配，也可以帮助两种对立的色彩和谐过渡。如果实在找不出合适的色彩，那么用灰色试试，效果绝对不会太差，如图 8-19 所示。

图 8-19　黑白色系的网页

案例 5——网页元素的色彩搭配

为了让网页设计得更亮丽、更舒适，增强页面的可阅读性，必须合理、恰当地运用与搭配页面各元素间的色彩。

1. 网页导航条

网页导航条是网站的指路方向标，浏览者要在网页间跳转、要了解网站的结构、要查看网站的内容，都必须使用导航条。可以使用稍微具有跳跃性的色彩吸引浏览者的视线，使其感觉网站清晰明了、层次分明，如图 8-20 所示。

图 8-20　网页导航条的色彩搭配

2. 网页链接

一个网站不可能只有一页，所以文字与图片的链接是网站中不可缺少的部分。尤其是文字链接，因为链接区别于文字，所以链接的颜色不能与文字的颜色一样。要让浏览者快速地找到网站链接，设置独特的链接颜色是一种驱使浏览单点击链接的好办法，如图 8-21 所示。

健康讲堂	媒体视角	>>更多	医院院报	文明创建	>>更多
	▶ 蔡启卿：30年"修骨"成就骨		▶ 2012年第4期总第三十五期		2012-05-25
	▶ 患者需求，是创新的不竭动力		▶ 2012年第3期总第三十四期		2012-04-05
	▶ 三成癌症与吃有关 防癌要先管		▶ 2012年第2期总第三十三期		2012-04-05
	▶ 全省肿瘤监测覆盖1400万人		▶ 2012年第1期总第三十二期		2012-02-09
	▶ 我省评出"感动中原十大优秀护		▶ 2011年第12期总第三十一		2012-02-09
蔡启卿：30年"修骨"成就骨...	▶ 2012年第二届"CSCO中		▶ 2011年第11期总第三十期		2012-02-09

图 8-21　网页链接色彩的搭配

3. 网页文字

如果网站中使用了背景颜色，就必须要考虑背景颜色的用色与前景文字的搭配问题。一般的网站侧重的是文字，所以背景可以选择纯度或者明度较低的色彩，文字用较为突出的亮色，让人一目了然。

4. 网页标志

网页标志是宣传网站最重要的部分之一，所以这部分一定要在页面上突出、醒目，可以将Logo 和 Banner 做得鲜亮一些。也就是说，在色彩方面与网页的主题色分离开。有时为了更突出，也可以使用与主题色相反的颜色，如图 8-22 所示。

图 8-22　网页标志色彩的搭配

8.2.5　案例6——网页色彩搭配的技巧

色彩搭配是一门艺术，灵活运用它能让主页更具亲和力。要想制作出漂亮的主页，需要灵活运用色彩加上自己的创意和技巧，下面是网页色彩搭配的一些常用技巧。

1.　单色的使用

尽管网站设计要避免采用单一色彩，以免产生单调的感觉，但通过调整色彩的饱和度和透明度，也可以产生变化，使网站避免单调，做到色彩统一、有层次感，如图 8-23 所示。

图 8-23　单色的使用

2.　邻近色的使用

邻近色就是在色带上相邻近的颜色，如绿色和蓝色、红色和黄色就互为邻近色。采用邻近色设计网页可以使网页避免色彩杂乱，易于达到页面的色彩丰富、和谐统一，如图 8-24 所示。

图 8-24　邻近色的使用

3.　对比色的使用

对比色可以突出重点，产生强烈的视觉效果，通过合理使用对比色，能够使网站特色鲜明、重点突出。在设计时，一般以一种颜色为主色调，对比色作为点缀，可以起到画龙点睛的作用。

4.　黑色的使用

黑色是一种特殊的颜色，如果使用恰当、设计合理，往往能产生很强的艺术效果。黑色一般用来作为背景色，与其他纯度色彩搭配使用。

5.　背景色的使用

背景颜色不要太深；否则会显得过于厚重，会影响整个页面的显示效果。一般采用素淡清雅的色彩，避免采用花纹复杂的图片和纯度很高的色彩作为背景色，同时，背景色要与文字的色彩对比强烈一些。但也有例外，黑色的背景衬托亮丽的文本和图像，则会给人一种另类的感觉，如图 8-25 所示。

图 8-25　背景色的使用

6. 色彩的数量

一般初学者在设计网页时往往使用多种颜色，使网页变得很"花"，缺乏统一和协调，缺乏内在的美感，给人一种繁杂的感觉。事实上，网站用色并不是越多越好，一般应控制在4种色彩以内，可以通过调整色彩的各种属性来产生颜色的变化，保持整个网页的色调统一。

7. 要和网站内容匹配

了解网站所要传达的信息和品牌，选择可以加强这些信息的颜色，如在设计一个强调稳健的金融机构时，那么就要选择冷色系、柔和的颜色，如蓝、灰或绿。在这样的状况下，如果使用暖色系或活泼的颜色，可能会破坏该网站的品牌。

8. 围绕网页主题

色彩要能烘托出主题。根据主题确定网站颜色，同时还要考虑网站的访问对象，文化的差异也会使色彩产生非预期的反应。还有，不同地区与不同年龄层对颜色的反应也会有所不同。年轻族一般比较喜欢饱和色，但这样的颜色引不起高年龄层人群的兴趣。

此外，白色是网站用得最普遍的一种颜色。很多网站甚至留出大块的白色空间，作为网站

的一个组成部分，这就是留白艺术。很多设计性网站较多运用留白艺术，给人一个遐想的空间，让人感觉心情舒适、畅快。恰当的留白对于协调页面的均衡会起到相当大的作用，如图 8-26 所示。

图 8-26　网页留白色处理

总之，色彩的使用并没有一定的法则，如果一定要用某个法则去套，效果只会适得其反。色彩的运用还与每个人的审美观、个人喜好、知识层次等密切相关。一般应先确定一种能体现主题的主体色，然后根据具体的需要应用颜色的近似和对比来完成整个页面的配色方案。整个页面在视觉上应该是一个整体，以达到和谐、悦目的视觉效果，如图 8-27 所示。

图 8-27　网页色彩的搭配

8.3 布局网站板块结构

在规划网站的页面前，需要对所要创建的网站有充分的认识和了解。做大量的前期准备工作，做到胸有成竹，那么在规划网页时才会得心应手，一路畅行。在网站中网页布局大致可分为"国"字型、标题正文型、左右框架型、上下框架型、综合框架型、封面型和Flash型等。

8.3.1 案例 7——"国"字型

"国"字型也可以称为"同"字型，它是一些大型网站所喜欢的类型。即最上面是网站的标题以及横幅广告条，接下来是网站的主要内容。左右分列一些小条内容，中间是主要部分，与左右一起罗列到底。最下面是网站的一些基本信息、联系方式和版权声明等。这种结构几乎是网上使用最多的一种结构类型，如图 8-28 所示。

图 8-28 "国"字型网页结构

8.3.2 案例 8——标题正文型

标题正文类型即最上面是标题或类似的一些东西，下面是正文，如图 8-29 所示，如一些文章页面或注册页面等就是这种类型。

图 8-29 标题正文型网页结构

8.3.3 案例 9——左右框架型

左右框架型是一种左右为两页的框架结构，一般来说，左面是导航链接，有时最上面会有一个小的标题或标志，右面是正文。通常见到的大部分的大型论坛都是这种结构，有一些企业网站也喜欢采用。这种类型的结构非常清晰，一目了然，如图 8-30 所示。

图 8-30 左右框架型网页结构

8.3.4 案例10——上下框架型

上下框架型与上面类似，区别仅在于是一种上下分为两部分的框架，如图8-31所示。

图8-31 上下框架型

8.3.5 案例11——综合框架型

综合框架型是多种结构的结合，是相对复杂的一种框架结构，如图8-32所示。

图8-32 综合框架型

8.3.6 案例12——封面型

封面型基本上出现在一些网站的首页，大部分为一些精美的平面设计，再结合一些小的动画，放上几个简单的链接，或者仅是一个"进入"的链接，甚至直接在首页的图片上做链接而没有任何提示。这种类型大部分出现在企业网站和个人主页。如果处理得好，则会给人带来赏心悦目的感觉，如图8-33所示。

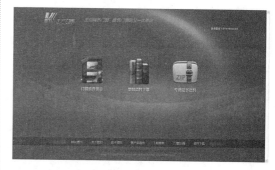

图8-33 封面型

8.3.7 案例13——Flash型

Flash型与封面型结构是类似的，只是这种类型采用了目前非常流行的Flash。与封面型不同的是：由于Flash具有强大的功能，所以页面所表达的信息更丰富。其视觉效果及听觉效果如果处理得当，绝不亚于传统的多媒体，如图8-34所示。

图8-34 Flash型

8.4 网站配色应用案例

在了解了网站色彩的搭配原理与技巧后，下面介绍一些网站配色的应用案例。

8.4.1 案例 14——网络购物网站色彩应用

网络购物类网站囊括的范围比较广泛，不仅有文化的时尚，而且有品牌的时尚。这个品牌的时尚多通过服饰、鞋帽和装饰品等体现出来，从而给人一种高雅娴熟的美。

通常情况下，说起具有品牌时尚的女性服装和鞋子，人们脑海中不自觉地就会涌现出那些红色、紫色以及粉红色，因为这些颜色已经成为女性的专用色彩，所以典型的女性服饰都是以这些平常色为修饰色的。

图 8-35 所示即为一个主色调为红色（中明度、中纯度），辅助色为灰色（低明度、低纯度）、蓝色（中明度、中纯度）和白色（高明度、高纯度）的红色时尚网站。该网站的红色给人以醒目温暖的感觉，白色则给人干净明亮的感觉。

图 8-35　网络购物网站色彩应用

8.4.2 案例 15——游戏网站色彩应用

随着互联网技术的不断发展，各种类型的游戏类网站如雨后春笋般出现，并逐渐成为娱乐类网站中一种不可缺少的类型，其网站的风格和颜色也是千变万化，随着游戏性质的不同而呈现出不同的风格。

图 8-36 所示为一个以拳击为题材的游戏网站，该网站的主色调为红色（中明度、中纯度），辅助色为黑色（低明度、低纯度）和黄色（中明度、中纯度），拳击运动凭借力量取胜，所以该网页运用具有强悍的人物图片展现游戏的性质所在，运用大面积的红色修饰整个网页，意在

突出动感的活力。而运用黑色和黄色作为修饰色，则更加突出了整个网页的武力色彩，给人一种身临其境的感觉。

图 8-36 拳击游戏网站色彩应用

图 8-37 所示即为一个战斗性游戏类网站。该网站的主色调为灰蓝色（中明度、中纯度），辅助色为黑色（低明度、低纯度）、黄褐色（中明度、中纯度）。

图 8-37 战斗性游戏网站色彩应用

网站大面积使用蓝灰色修饰网页，给人一种深幽、复古的感觉，仿佛回到了那悠远的远古时代。使用黑色和黄褐色作点缀，更加突出了远古人们决斗的场景，从而吸引更多浏览者进入到虚幻的战斗中去。

8.4.3 案例 16——企业门户网站色彩应用

企业类网站在整个网站界中占据着重要的地位，充当着网站设计的主力军，其网站配色也十分重要，是作为初学者必须学习的。

 以形象为主的企业网站

以形象为主的企业网站就是以企业形象为主体宣传的网站，这类性质的网站表现形式也与众不同，经常是以宽广的视野、雄厚的实力、强大的视觉冲击力，并配以震撼的音乐以及气宇轩昂的色彩，将企业形象不折不扣地展现在世人面前，给人以信任和安全的感觉。

图 8-38 所示就是一个以形象为主的典型企业网站主页，该网页是一个房地产商网站的首页。该网站的主色调为深蓝色（中明度、中纯度），辅助色为黑色（低明度、低纯度）、红色（中明度、中纯度）和淡黄色（高明度、中纯度），页面以深蓝色为主修饰色，给人一种深幽、淡雅的感觉。

图 8-38 以形象为主的企业网站

另外，再加上黑色的修饰，更显其深蓝色的神秘性，同时应用红色和淡黄色作为点缀色，给原本暗淡的页面增加了一点亮色。预示着自己开发创建的房屋犹如一个美好的港湾，让人们找到心灵的归宿，抓住了客户的消费心理。还有就是通过企业的流程图，将这个企业的工作内容简单而形象地展示给浏览者，从而吸引更多的浏览者跟随流程图了解更多的详细信息。

图 8-39 所示也是一个标准以企业形象为主的地产公司网站首页，该网站的主色调为暗红色（中明度、中纯度），辅助色为灰色（中明度、低纯度），页面采用暗红色来勾勒修饰，运用战争年代战士们冲锋陷阵的图片作为此网站的主背景，意在向人们展现此企业犹如抗战时期的中国一样，有毅力、有动力、有活力，并且有足够的信心将自己的企业做大、做强。另外，用灰色作为修饰色，更突出表现出坚定的决心和充足的信心。

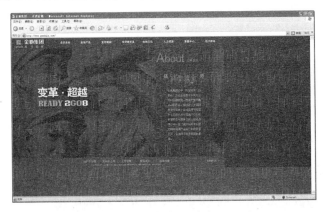

图 8-39 以形象为主的企业网站

以产品为主的企业网站

以产品为主的企业网站大都以推销其产品为主，整个网页贯穿产品的各种介绍，并从整体和局部准确地展示产品的性能和质量，从而突出产品的特点和优越性。此类网站的表现手法也是比较新颖的，总是在网站首页或欢迎页面以产品形象作为展示的核心，同时配以动画或音效等，以吸引浏览者的注意力，从而达到宣传自己企业的目的。

图 8-40 所示的某品牌汽车厂商网站就是一个很好的例子，该网站是以汽车销售为主的企业性网站，用黑色作为主色调（低明度、低纯度），用以展现企业产品汽车的强悍与优雅。特别是运用灰色（中明度、低纯度）作辅助色搭配，使页面在稳重中增添了明亮的色彩，增加了汽车的力量感，从而将企业产品醒目地展现给浏览者。

图 8-40　以产品为主的企业网站

温暖舒适的色调，稳重高雅的装饰，是一个家庭装饰的重中之重，而作为地板类网站，如图 8-41 所示，网站成功地把握消费者的消费心理，该网站的主色调为浅棕色（高明度、中纯度），辅助色为米黄色（中明度、中纯度）。

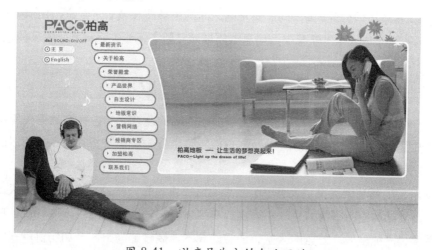

图 8-41　以产品为主的企业网站

该网站是一个知名品牌柏高地板的网站，采用的是两种比较接近的颜色，整个画面渗透着清新淡雅的情调，充盈着浪漫温馨的气氛。其中的浅棕色是属于中性色，给人一种平静的感觉，而米黄色则属于暖色，跟浅棕色搭配在一起，带给人一种宾至如归的感觉。另外，该网页在设计时把产品置于浅棕色色调中，更展现其产品的古典特色，从而让浏览者从视觉上进一步了解产品，达到了宣传的目的。

8.4.4 案例17——时政要闻网站色彩应用

时政要闻类网站是指那些以提供专业动态信息为主，面向获取信息的专业用户的网站，此类网站比门户类网站更具有特色。图8-42所示即为一个标准的时政要闻类网站。

图8-42 时政要闻网站色彩应用

该网站的主色调为蓝色（高明度、高纯度），辅助色为白色（高明度、高纯度）。该网站结构清晰明了，各个板块分配明朗，同时该网站之间的色彩调和也非常到位，用白色作为背景色，更显示出蓝色的纯净与舒适，使整个页面显得简单而又整齐，给人一种赏心悦目的感觉。

8.4.5 案例18——影音视频网站色彩应用

在众多的网站中，影音类网站是受欢迎程度相当高的网站之一，特别是青少年群体无疑是影音类网站浏览者的主角。由于影音类网站重点以突出影像和声音为其特点，所以此类网站在影像和声音方面的表现尤为突出。

图8-43所示的网站就运用了具有空旷气息的蓝色作为整个网页修饰色，意在突出此网站的自然气息，该网站的主色调为蓝色（中明度、中纯度），辅助色为红色（中明度、中纯度）和白色（高明度、高纯度），蔚蓝的天空、清澈的湖水、巍峨的高山，一切仿佛就在眼前，带给人一种心旷神怡的感觉。使用自然的白色更加衬托出蓝色洁净和优雅，最后运用亮眼的红色作

为整个网站的点缀色彩，起到烘托修饰的作用，从而更加鲜明地突出网站内容的主题。

图 8-43　影音视频网站色彩应用

8.4.6　案例 19——电子商务网站色彩应用

电子商务是指买卖双方不用见面，只是利用简单、快捷、低成本的电子通信方式，来进行各种商贸活动的行为。随着科学的发展、互联网的迅速普及，各种类型的电子商务网站也如雨后春笋般涌现。

图 8-44 所示网站就是一个典型的例子，该网站的主色调为棕色（中明度、中纯度），辅助色为黑色（低明度、低纯度）、灰色（中明度、中纯度）和白色（高明度、高纯度），该网站大面积使用棕色来修饰整个房间家具的颜色，棕色是属于一种中性色，含有冷色调的酷和暖色调的柔，用这种颜色配置的家具，给人一种轻松舒适的感觉。

图 8-44　电子商务网站色彩应用

另外，使用黑色和灰色作为框架的修饰色，更衬托出棕色的安静。使用白色作为链接字体色，给人一种醒目的感觉，整个网页都活跃起来，更加突出产品的优点。

8.4.7 案例 20——娱乐网站色彩应用

在众多类别网站中，思想最活跃、格调最休闲、色彩最缤纷的网站非娱乐类网站莫属，格式多样化的娱乐类网站，总是通过独特的设计思路来吸引浏览者的注意力，表现其个性化的网站空间。图 8-45 所示就是一个音乐类网站。

图 8-45　娱乐网站色彩应用

该网站主色调为黑色（低明度、低纯度），辅助色为紫红色（中明度、中纯度）和白色（高明度、高纯度），使用具有神秘色彩的黑色作为通篇修饰色，从而调动人们的好奇心，再使用紫红色来点缀人物活动的场景，让整个网页的气氛充满动感。另外，使用小范围白色来烘托其网站的娱乐性能，很容易给人留下永恒的回忆。

8.5　实战演练——定位网站页面的框架

在网站布局中采用"综合框架型"结构对网站进行布局，即：网站的头部主要用于放置网站 Logo 和网站导航；网站的左框架主要用于放置商品分类、销售排行框等；网站的主体部分则为显示网站的商品和对商品购买交易；网站的底部主要放置版权信息等。

设计网页之前，设计者可以先在 Photoshop 中勾画出框架，那么后来的设计就可以在此框架基础上进行布局了，具体的操作步骤如下。

步骤 1 打开 Photoshop CC 软件，如图 8-46 所示。

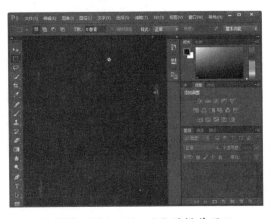

图 8-46　Photoshop CC 的操作界面

步骤 2 选择【文件】→【新建】菜单命令，打开【新建】对话框，在其中设置文档的宽度为 1024 像素、高度为 800 像素，如图 8-47 所示。

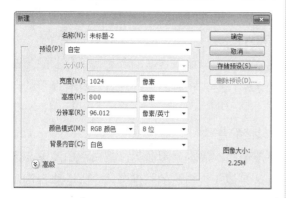

图 8-47　【新建】对话框

步骤 3 单击【确定】按钮，创建一个 1024×800 像素的文档，如图 8-48 所示。

图 8-48　创建空白文档

步骤 4 选择左侧工具框中的【矩形工具】，并调整为路径状态，画一个矩形框，如图 8-49 所示。

步骤 5 使用文字工具，创建一个文本图层，输入文字"网站的头部"，如图 8-50 所示。

步骤 6 依次绘出中左、中右和底部，网站的结构布局，最终如图 8-51 所示。

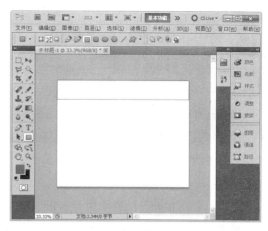

图 8-49　绘制矩形框

图 8-50　输入文字

图 8-51　网站结构的最终布局

确定好网站框架后，就可以结合各相关知识进行不同区域的布局设计了。

8.6 高手解惑

小白：如何使自己的网站搭配颜色后更具有亲和力？

高手：在对网页进行配色时，必须考虑网站的本身性质。如果网站的产品是以化妆品为主的话，那么网站的色彩多采用柔和、柔美、明亮的色彩，给人一种温柔的感觉，具有很强的亲和力。

小白：如何在自己的网页中营造出地中海般的风情配色？

高手：可使用"白＋蓝"的配色，由于天空是淡蓝的，海水是深蓝的，把白色的清凉与无瑕表现出来。白色很容易令人感到十分的自由，好像是属于大自然的一部分，令人心胸开阔，似乎像海天一色的大自然一样开阔自在。要想营造这样的地中海式风情，必须把家里的东西，如家具、家饰品、窗帘等都限制在一个色系中，这样才有统一感。向往碧海蓝天的人士，白与蓝是居家生活中最佳的搭配选择。

8.7 跟我练练手

练习 1：使用色彩设计网页。

练习 2：搭配一个中色彩的网页。

练习 3：设计一个左右框架型的网页。

练习 4：设计一个购物网站的配色方案。

练习 5：设计一个游戏网站的配色方案。

练习 6：设计一个影视网站的配色方案。

练习 7：设计一个电子商务网站的配色方案。

练习 8：使用 Photoshop 定位网站页面的框架。

第 9 章

读懂样式表密码 ——使用 CSS 样式表美化网页

使用 CSS 技术可以对文档进行精细的页面美化。CSS 样式不仅可以对一个页面进行格式化，还可以对多个页面使用相同的样式进行修饰，以达到统一的效果。本章重点讲述 CSS 样式表的基本概念、调用方法以及美化网页中各个元素的方法和技巧。

● **本章要点（已掌握的在方框中打钩）**

☐ 熟悉 CSS 的概念、作用与语法
☐ 掌握使用 CSS 样式表的方法
☐ 掌握使用 CSS 样式表美化网页的方法
☐ 掌握使用 CSS 设定网页中链接样式的方法

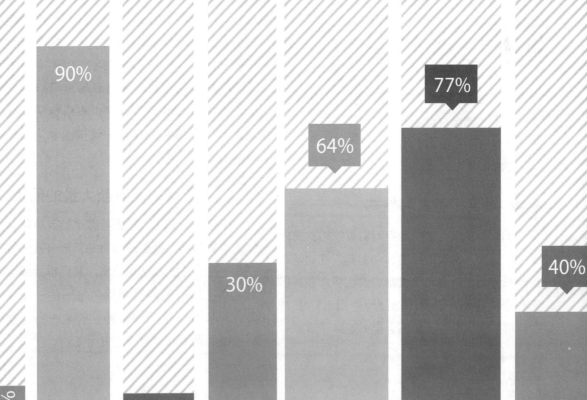

9.1 初识CSS

现在，网页的排版格式越来越复杂，样式也越来越多。有了 CSS 样式，很多美观的效果都可以实现，应用 CSS 样式制作出的网页会给人一种条理清晰、格式漂亮、布局统一的感觉，加上多种字体的动态效果，会使网页变得更加生动、有趣。

9.1.1 CSS 概述

CSS（Cascading Style Sheet），称为层叠样式表，也可以称为 CSS 样式表或样式表，其文件扩展名为 .css。CSS 是用于增强或控制网页样式，并允许将样式信息与网页内容分离的一种标记性语言。

引用样式表的目的是将"网页结构代码"和"网页样式风格代码"分离开，从而使网页设计者可以对网页布局进行更多的控制。利用样式表，可以将整个站点上所有网页都指向某个 CSS 文件，设计者只需要修改 CSS 文件中的某一行，整个网页上对应的样式都会随之发生改变。

9.1.2 CSS 的作用

CSS 样式可以一次对若干个文档的样式进行控制，当 CSS 样式更新后，所有应用了该样式的文档都会自动更新。可以说，CSS 在现代网页设计中是必不可少的工具之一。

CSS 的优越性有以下几点。

1. 分离了格式和结构

HTML 并没有严格地控制网页的格式或外观，仅定义了网页的结构和个别要素的功能，其他部分让浏览器自己决定应该让各个要素以何种形式显示。但是，随便地使用 HTML 样式会导致代码混乱，编码会变得臃肿不堪。

CSS 解决了这个问题，它通过将定义结构的部分和定义格式的部分分离，能够对页面的布局施加更多的控制，也就是把 CSS 代码独立出来，从另一个角度来控制页面外观。

2. 控制页面布局

HTML 中的 <font size> 代码能调整字号，表格标签可以生成边距，但是，总体上的控制却很有限，比如它不能精确地生成 80 像素的高度、不能控制行间距或字间距、不能在屏幕上精确地定位图像的位置，而 CSS 就可以使这一切都成为可能。

3. 制作出更小、下载更快的网页

CSS 只是简单的文本，就像 HTML 那样，它不需要图像，不需要执行程序，不需要插件，不需要流式。有了 CSS 之后，以前必须求助于 GIF 格式的，现在通过 CSS 就可以实现。此外，使用 CSS 还可以减少表格标签及其他加大 HTML 体积的代码，减少图像用量，从而减小文件的大小。

4. 便于维护及更新大量的网页

如果没有 CSS，要更新整个站点中所有主体文本的字体，就必须一页一页地修改网页。CSS 则是将格式和结构分离，利用样式表可以将站点上所有的网页都指向单一的一个 CSS 文件，只要修改 CSS 文件中的某一行，整个站点中的网页就都会随之发生变动。

5. 使浏览器成为更友好的界面

CSS 的代码有很好的兼容性，比如丢失了某个插件时不会发生中断，或者使用低版本的浏览器时代码不会出现杂乱无章的情况。只要是可以识别 CSS 的浏览器，就可以应用 CSS。

9.1.3 基本的 CSS 语法

CSS 样式表是由若干条样式规则组成，这些样式规则可以应用到不同的元素或文档来定义它们显示的外观。每一条样式规则由 3 部分构成，即选择符（selector）、属性（property）和属性值（value），基本格式如下。

```
selector{property: value}
```

（1）selector 选择符可以采用多种形式，可以为文档中的 HTML 标记，如 <body>、<table>、<p> 等，但是也可以是 XML 文档中的标记。

（2）property 属性则是选择符指定的标记所包含的属性。

（3）value 指定了属性的值。如果定义选择符的多个属性，则属性和属性值为一组，组与组之间用分号（;）隔开。基本格式如下：

```
selector{property1: value1; property2: value2;... }
```

下面就给出一条样式规则，如下所示。

```
p{color:red}
```

该样式规则为段落标记 p 提供样式，color 为指定文字颜色的属性，red 为属性值。此样式表示标记 p 指定的段落文字为红色。

如果要为段落设置多种样式，则可以使用下列语句。

```
p{font-family:"隶书"; color:red; font-size:40px; font-weight:bold}
```

9.1.4 案例 1——使用 Dreamweaver CC 编写 CSS

随着 Web 的发展，越来越多的开发人员开始使用功能更多、界面更友好的专用 CSS 编辑器，如 Dreamweaver 的 CSS 编辑器和 Visual Studio 的 CSS 编辑器，这些编辑器有语法着色，带输入提示，甚至有自动创建 CSS 的功能，因此深受开发人员喜爱。

使用 Dreamweaver CC 创建 CSS 的操作步骤如下。

步骤 1 使用 Dreamweaver CC 创建 HTML 文档，创建一个名称为 9.1.html 的文档，然后输入内容，如图 9-1 所示。

图 9-1　新建网页文档

步骤 2 在【CSS 设计器】面板中单击【添加 CCS 源】按钮，在弹出的菜单中选择【在页面中定义】命令，如图 9-2 所示。

图 9-2 【CSS 设计器】面板

步骤 3 在页面中选择需要设置样式的对象，这里选择添加的文本内容，然后在【源】栏中选择 <style> 选项，单击【选择器】栏中的添加【选择器】按钮，即可在选择器中添加标签样式 body，如图 9-3 所示。

图 9-3 添加标签样式 body

步骤 4 在【属性】栏中单击【文本】按钮，设置 color（颜色）为红色、font-size（文字大小）为 "x-large"，如图 9-4 所示。

图 9-4 设置文本属性

步骤 5 在【属性】栏中单击【背景】按钮，设置 background-color（背景颜色）为浅黄色，如图 9-5 所示。

图 9-5 设置背景属性

步骤 6 在页面中即可看到添加样式效果，如图 9-6 所示。

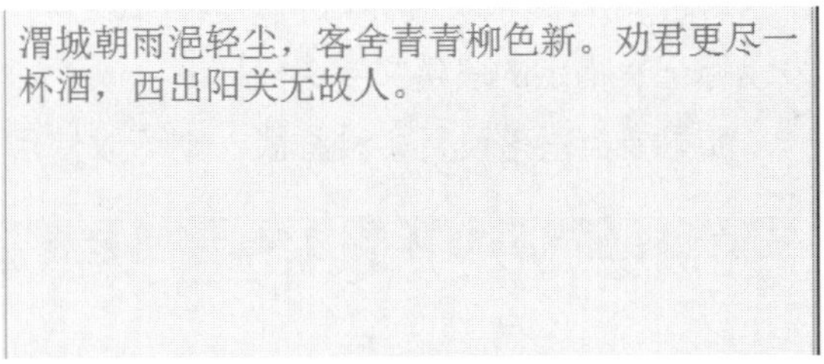

渭城朝雨浥轻尘，客舍青青柳色新。劝君更尽一杯酒，西出阳关无故人。

图 9-6 添加 CSS 后的效果

步骤 7 切换到【代码】视图中，查看添加的样式表的具体内容，如图 9-7 所示。

图 9-7 【代码】视图

步骤 8 保存文件后，按 F12 键查看预览效果，如图 9-8 所示。

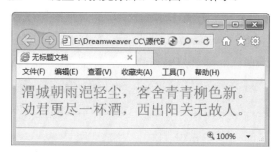

图 9-8　预览文件效果

> **提示**　　上述使用 Dreamweaver CC 设置 CSS，只是其中一种。读者还可以直接在代码模式中编写 CSS 代码，此时会有很好的语法提示。

9.2 使用CSS的方法

　　CSS 样式表能很好地控制页面显示，以达到分离网页内容和样式代码的目的。CSS 样式表控制 HTML 页面达到好的样式效果，其方式通常包括行内样式、内嵌样式、链接样式和导入样式。

9.2.1 案例 2——行内样式

　　行内样式是所有样式中比较简单、直观的方法，就是直接把 CSS 代码添加到 HTML 的标记中，即作为 HTML 标记的属性标记存在。通过这种方法，可以很简单地对某个元素单独定义样式。

　　使用行内样式方法是直接在 HTML 标记中使用 style 属性，该属性的内容就是 CSS 的属性和值，举例如下。

```
<p style="color:red">段落样式</p>
```

新建 9.2.html 文档，在【代码】视图中输入图 9-9 所示内容。

图 9-9　行内样式

保存文件后，按 F12 键查看预览效果，如图 9-10 所示，可以看到两个 p 标记中都使用了 style 属性，并且设置了 CSS 样式，各个样式之间互不影响，分别显示自己的样式效果。第 1 个段落设置红色字体，居中显示，带有下划线。第二个段落蓝色字体，以斜体显示。

图 9-10　行内样式显示

尽管行内样式简单，但这种方法不常使用，因为这样添加无法完全发挥样式表"内容结构和样式控制代码"分离的优势。而且这种方式也不利于样式的重用。如果需要为每一个标记都设置 style 属性，则后期维护成本高，网页容易过胖，故不推荐使用。

9.2.2 案例 3——内嵌样式

内嵌样式就是将 CSS 样式代码添加到 <head> 与 </head> 之间，并且用 <style> 和 </style> 标记进行声明。这种写法虽然没有完全实现页面内容和样式控制代码完全分离，但可以设置一些比较简单的样式，并统一页面样式。

其格式如下：

```
<head>
  <style type="text/css" >
    p
    {
      color:red;
      font-size:12px;
    }
  </style>
</head>
```

有些较低版本的浏览器不能识别 <style>

标记，因而不能正确地将样式应用到页面显示上，而是直接将标记中的内容以文本的形式显示。为了解决此类问题，可以使用 HMTL 注释将标记中的内容隐藏。如果浏览器能够识别 <style> 标记，则标记内被注释的 CSS 样式定义代码依旧能够发挥作用。

新建 9.3.html 文档，在【代码】视图中，输入图 9-11 所示内容。

图 9-11　内嵌样式的代码

保存文件后，按 F12 键查看预览效果，如图 9-12 所示，可以看到两个 p 标记中都被 CSS 样式修饰，其样式保持一致，段落居中、加粗并以橙色字体显示。

图 9-12　内嵌样式效果

在上面例子中，所有 CSS 编码都在 style

标记中，方便了后期维护，页面比行内样式大大瘦身了。但如果一个网站，拥有很多页面，对于不同页面 p 标记都希望采用同样风格时，内嵌方式就显示有点麻烦。此种方法只适用于特殊页面设置单独的样式风格。

9.2.3 案例 4——链接样式

链接样式是 CSS 中使用频率最高，也是最实用的方法。它很好地将"页面内容"和"样式风格代码"分离成两个文件或多个文件，实现了页面框架 HTML 代码和 CSS 代码的完全分离。使前期制作和后期维护都十分方便。同一个 CSS 文件，根据需要可以链接到网站中所有的 HTML 页面上，使得网站整体风格统一、协调，并且后期维护的工作量也大大减少。

链接样式是指在外部定义 CSS 样式表并形成以 .css 为扩展名的文件，然后在页面中通过 \<link\> 链接标记链接到页面中，而且该链接语句必须放在页面的 \<head\> 标记区，代码如下：

```
<link rel="stylesheet" type="text/css" href="1.css" />
```

(1) rel 指定链接到样式表，其值为 stylesheet。

(2) type 表示样式表类型为 CSS 样式表。

(3) href 指定了 CSS 样式表所在位置，此处表示当前路径下名称为 1.css 文件。

这里使用的是相对路径。如果 HTML 文档与 CSS 样式表没有在同一路径下，则需要指定样式表的绝对路径或引用位置。

新建 9.4.html 文档，在【代码】视图中，输入图 9-13 所示内容。

图 9-14 【新建文件】对话框

创建名称为 1.CSS 的样式表文件，输入的内容如图 9-15 所示。

图 9-13 链接样式的代码

选择【文件】→【新建】菜单命令，打开【新建文件】对话框，选择【空白页】选项卡，在【页面类型】列表框中选择 CSS 选项，单击【创建】按钮，如图 9-14 所示。

图 9-15 样式表内容

保存文件后，按 F12 键查看预览效果，如图 9-16 所示，可以将标题和段落以不同样式显示，标题居中显示，段落以斜体居中显示。

链接样式最大优势就是将 CSS 和 HTML 代码完全分离，并且同一个 CSS 文件能被不同的 HTML 所链接使用。

图 9-16　链接样式显示

> **提示**　在设计整个网站时，可以将所有页面链接到同一个 CSS 文件，使用相同的样式风格。如果整个网站需要修改样式，只修改 CSS 文件即可。

9.2.4　案例 5——导入样式

导入样式和链接样式基本相同，都是创建一个单独 CSS 文件，然后引入到 HTML 文件中。只不过语法和运作方式有差别。采用导入样式的样式表，在 HTML 文件初始化时，会被导入到 HTML 文件内，作为文件的一部分，类似于内嵌效果。而链接样式是在 HTML 标记需要样式风格时才以链接方式引入。

导入外部样式表是指在内部样式表的 <style> 标记中，使用 @import 导入一个外部样式表，举例如下：

```
<head>
  <style type="text/css" >
  <!--
  @import "1.css"
  -->  </style>
</head>
```

导入外部样式表相当于将样式表导入到内部样式表中，其方式更有优势。导入外部样式表必须在样式表的开始部分，其他内部样式表上面。

创建名称为 2.CSS 的样式表文件，输入的内容如下：

```
h1{text-align:center;color:#0000ff}
p{font-weight:bolder;text-decoration:underline;font-size:20px;}
```

创建名称为 9.5.html **文件，代码如下：**

```
<!doctype html>
<html>
<head>
<title>导入样式</title>
<style>
@import "2.css"
</style>
</head>
<body>
<h1>CSS 学习 </h1>
<p> 此段落使用导入样式修饰 </p>
</body>
</html>
```

保存文件后，按 F12 键查看预览效果，如图 9-17 所示，可以将标题和段落以不同样式显示，标题居中显示，颜色为蓝色，段落以大小 20px 并加粗显示。

图 9-17　导入样式显示

导入样式与链接样式比较，其最大的优点就是可以一次导入多个 CSS 文件，其格式如下：

```
<style>
@import "2.css"
@import "test.css"
</style>
```

案例 6——优先级问题

如果同一个页面，采用了多种 CSS 使用方式，如使用行内样式、链接样式和内嵌样式。如果这几种样式，共同作用于同一个标记，就会出现优先级问题，即究竟哪种样式设置有效果。例如，内嵌设置字体为宋体，链接样式设置为红色，那么二者会同时生效，如都设置字体颜色，情况就会复杂。

1.　行内样式和内嵌样式比较

例如，有这样一种情况：

```
<style>
.p{color:red}
</style>
<p style = " color:blue ">段落应用样式</p>
```

上面代码中，定义了两种样式规则。一种使用内嵌样式定义段落标记 p 的颜色为红色，另一种使用 p 行内样式定义颜色为蓝色。但是，标记内容最终会以哪一种样式显示呢？

创建名称为 9.6.html 文件，代码如下：

```
<!doctype html>
<html>
<head>
<title>优先级比较</title>
<style>
.p{color:red}
</style>
</head>
<body>
<p style = " color:blue ">优先级测试</p>
</body>
</html>
```

保存文件后，按 F12 键查看预览效果，如图 9-18 所示，段落以蓝色字体显示，可以知道，行内优先级大于内嵌优先级。

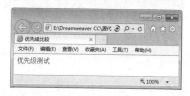

图 9-18　优先级显示

内嵌样式和链接样式比较

以相同例子测试内嵌样式和链接样式优先级，将设置颜色样式代码，单独放在一个 CSS 文件中，使用链接样式引入。

创建名称为 9.7.html 文件，代码如下。

```
<!doctype html>
<html>
<head>
<title>优先级比较</title>
<link href="3.css" type="text/css" rel="stylesheet">
<style>
p{color:red}
</style>
</head>
<body>
<p>优先级测试</p>
</body>
</html>
```

创建 3.CSS 文件，代码内容如下。

```
p{color:yellow}
```

保存文件后，按 F12 键查看预览效果，如图 9-19 所示，段落以红色字体显示。

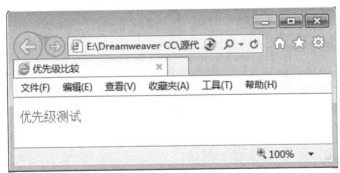

图 9-19 优先级测试

从上面代码可以看出，内嵌样式和链接样式同时对段落 p 修饰，段落显示红色字体。可以知道，内嵌样式优先级大于链接样式。

 链接样式和导入样式比较

现在进行链接样式和导入样式测试，分别创建两个CSS文件，一个作为链接，另一个作为导入。

创建名称为 9.8.html 文件，代码如下。

```
<!doctype html>
<html>
```

```
<head>
<title>优先级比较</title>
<style>
@import "4.css"
</style>
<link href="5.css" type="text/css" rel="stylesheet">
</head>
<body>
<p>优先级测试</p>
</body>
</html>
```

创建 4.CSS 文件，代码内容如下：

```
p{color:green}
```

创建 5.CSS 文件，代码内容如下：

```
p{color:purple}
```

保存文件后，按 F12 键查看预览效果，如图 9-20 所示，段落以绿色显示。

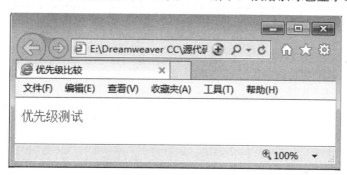

图 9-20　优先级比较

从上面代码可以看出，此时链接样式优先级大于导入样式优先级。

9.3　使用CSS样式美化网页

在使用 CSS 样式的属性美化网页元素之前，需要先定义 CSS 样式的属性，CSS 样式常用的属性包括字体、文本、背景、链接等。

9.3.1　案例 7——使用字体样式美化文字

CSS 样式的字体属性用于定义文字的字体、大小、粗细的表现等。

font 统一定义字体的所有属性。字体属性如下。

⑴ font-family 属性：定义使用的字体。

(2) font-size 属性：定义字体大小。

(3) font-style 属性：定义斜体字。

(4) font-variant 属性：定义小型的大写字母字体，对中文没什么意义。

(5) font-weight 属性：定义字体的粗细。

下面通过设置 font-family 属性来学习如何美化文字。创建 9.9.html 文档，代码如下：

```
<!doctype html>
<html>
<head>
<meta http-equiv="Content-Type" content="text/html; charset=gb2312" />
<title>CSS font-family 属性示例</title>
<style type="text/css" media="all">
p#songti{font-family:"宋体";}
p#kaiti{font-family:"楷体";}
p#all{font-family:"宋体",Arial;}
</style>
</head>
<body>
<p id="songti">一为迁客去长沙，西望长安不见家。</p>
<p id="kaiti">黄鹤楼中吹玉笛，江城五月落梅花。</p>
</body>
</html>
```

预览效果如图 9-21 所示。

图 9-21　预览效果

9.3.2 案例 8——使用文本样式美化文本

CSS 样式的文本属性用于定义文字、空格、单词、段落的样式。

文本属性如下。

(1) letter-spacing 属性：定义文本中字母的间距（中文为文字的间距）。

(2) word-spacing 属性：定义以空格间隔文字的间距（就是空格本身的宽度）。

(3) text-decoration 属性：定义文本是否有下划线以及下划线的方式。

(4) text-transform 属性：定义文本的大小写状态，此属性对中文无意义。

(5) text-align 属性：定义文本的对齐方式。

(6) text-indent 属性：定义文本的首行缩进（在首行文字前插入指定的长度）。

下面以设置 letter-spacing 属性为例进行讲解。letter-spacing 属性在应用时有两种情况，具体如下。

⑴ Normal：默认间距（主要是根据用户所使用的浏览器等设备）。

⑵ <length>：由浮点数字和单位标识符组成的长度值，允许为负值。

下面通过一个例子来认识 letter-spacing，创建 9.10.html 文档，代码如下：

```
<!doctype html>
<html>
<head>
<meta http-equiv="Content-Type" content="text/html; charset=gb2312" />
<title>CSS letter-spacing 属性示例</title>
<style type="text/css" media="all">
.ls3px{letter-spacing: 3px;}
.lsn3px{letter-spacing: -3px;}
</style>
</head>
<body>
<p class="ls3px">
<strong><ahref="http://www.dreamdu.com/css/property_letter-spacing/">letter-spacing</a>示例:</strong>
<p>All i have to do, is learn CSS.(仔细看是字母之间的距离，不是空格本身的宽度。)</p>
</p>
<p>
<strong><ahref="http://www.dreamdu.com/css/property_letter-spacing/">letter-spacing</a>示例:</strong>
<p class="lsn3px">All i have to do, is learn CSS.</p>
</p>
</body>
</html>
```

预览效果如图 9-22 所示。

图 9-22 预览效果

9.3.3 案例 9——使用背景样式美化背景

背景（background），文字颜色可以使用 color 属性，但是包含文字的 p 段落、div 层、page 页面等的颜色与背景图片可以使用 background 等属性。

背景属性如下。

⑴ background-color 属性：背景色，定义背景颜色。

⑵ background-image 属性：定义背景图片。

⑶ background-repeat 属性：定义背景图片的重复方式。

(4) background-position 属性：定义背景图片的位置。

(5) background-attachment 属性：定义背景图片随滚动轴的移动方式。

下面以定义最常用的 background-color 和 background-image 属性为例进行讲解。

在 CSS 中 background-color 属性可以定义背景颜色，内容没有覆盖到的地方就按照设置的背景颜色显示，其值如下。

(1) <color>：颜色表示法，可以是数值表示法，也可以是颜色名称。

(2) transparent：背景色透明。

下面通过一个例子来认识 background-color。

定义网页的背景使用绿色，内容白字黑底，创建 9.11.html 文档，代码如下：

```
<!doctype html>
<html>
<head>
<meta http-equiv="Content-Type" content="text/html; charset=gb2312" />
<title>CSS background-color 属性示例</title>
<style type="text/css" media="all">
body{background-color:green;}
h1{color:white;background-color:black;}
</style>
</head>
<body>
<h1>白字黑底</h1>
</body>
</html>
```

预览效果如图 9-23 所示。

图 9-23　预览效果

在 CSS 中 background-image 属性可以设置背景图像，其值如下。

(1) <url>：使用绝对地址或相对地址指定背景图像。

(2) none：将背景设置为无背景状。

下面通过一个例子来认识 background-image，创建 9.12.html 文档，代码如下：

```
<!doctype html>
<html>
<head>
<meta http-equiv="Content-Type" content="text/html; charset=gb2312" />
<title>CSS background-image 属性示例</title>
<style type="text/css" media="all">
```

```
.para{background-image:none; width:200px; height:70px;}
.div{width:200px; color:#FFF; font-size:40px;
font-weight:bold;height:200px;background-image:url(flower1.jpg);}
</style>
</head>
<body>
<div class="para">div 段落中没有背景图片 </div>
<div class="div">div 中有背景图片 </div>
</body>
</html>
```

预览效果如图 9-24 所示。

图 9-24　预览效果

9.4　实战演练——设定网页中链接样式

搜搜作为一个搜索引擎网站，知名度越来越高了。打开搜搜首页，可以看到存在一个水平导航菜单，通过这个导航可以搜索不同类别的内容。本实例将结合本章学习的知识，轻松实现搜搜导航栏。

实现该实例需要包含 3 个部分：第一个部分是 soso 图标；第二个部分是水平菜单导航栏，也是本实例重点；第三个部分是表单部分，包含一个输入框和按钮。该实例实现后，其实际效果如图 9-25 所示。

图 9-25　预览网页效果

对于本实例，需要利用 HTML 标记实现搜搜图标、导航的项目列表、下方的搜索输入框和按钮等。其代码如下：

```
<!doctype html>
<html>
<head>
<title> 搜搜 </title>
    </head>
<body>
<center><br><img src="logo_index.png"><br><br><br><br>
<div>
<ul>
              <li id=h></li>
     <li><a href="#"> 网页 </a></li>
     <li > <a href="#">图片 </a></li>
     <li > <a href="#">视频 </a></li>
     <li><a href="#"> 音乐 </a></li>
     <li><a href="#">搜吧 </a></li>
     <li><a href="#">问问 </a></li>
     <li><a href="#">团购 </a></li>
     <li><a href="#">新闻 </a></li>
     <li><a href="#">地图 </a></li>
     <li id="more"><a href="#">更 多 &gt;&gt;</a></li>
</ul>
</div>
<p style="height:44px;"> </p>
<div id=s>
<form action="/q?" id="flpage" name="flpage">
    <input type="text" value="" size=50px;/>
    <input type="submit" value=" 搜搜 ">
</form>
</div>
</center>
</body>
</html>
```

　　在 IE 浏览器中的浏览效果如图 9-26 所示。可以看到显示了一个图片，即搜搜图标，中间显示了一列项目列表，每个选项都是超级链接。下方是一个表单，包含输入框和按钮。

图 9-26　创建基本 HTML 网页

　　框架出来之后，就可以修改项目列表的相关样式，即列表水平显示，同时定义整个 div 层属性，如设置背景色、宽度、底部边框和字体大小等，代码如下：

```
p{ margin:0px; padding:0px;}
#div{
     margin:0px auto;
     font-size:12px;
     padding:0px;
     border-bottom:1px solid #00c;
     background:#eee;
     width:800px;height:18px;
}
div li{
     float:left;
     list-style-type:none;
     margin:0px;padding:0px;
     width:40px;
}
```

上面代码中，float 属性设置菜单栏水平显示，list-style-type 设置了列表，不显示项目符号。在 IE 浏览器中的浏览效果如图 9-27 所示，可以看到页面整体效果和搜搜首页比较相似，下面就可以在细节上进一步修改了。

图 9-27　修饰基本 HTML 网页元素

添加 CSS 代码，修饰超级链接，代码如下：

```
div li a{
     display:block;
     text-decoration:underline;
     padding:4px 0px 0px 0px;
     margin:0px;
               font-size:13px;
}
div li a:link, div li a:visited{
     color:#004276;
}
```

上面代码设置了超级链接，即导航栏中菜单选项中的相关属性，如超级链接以块显示、文本带有下划线、字体大小为 13 像素，并设定了鼠标访问超级链接后的颜色。

在 IE 浏览器中的浏览效果如图 9-28 所示，可以看到字体颜色发生改变，字体变小。

图 9-28　修饰网页文字

添加 CSS 代码，定义对齐方式和表单样式，代码如下：

```
div li#h{width:180px;height:18px;}
div li#more{width:85px;height:18px;}
#s{
     background-color:#006EB8;
     width:430px;
}
```

上述代码中，h 定义了水平菜单最前方空间的大小，more 定义了更多的长度和宽带，s 定义了表单背景色和宽带。在 IE 浏览器中的浏览效果如图 9-29 所示。

图 9-29　修饰网页背景色

添加 CSS 代码，修饰访问默认样式，代码如下：

```
<a href="#"  style="text-decoration:none;color:#020202;font-size:14px;">网页</a>
```

此代码段设置了被访问时的默认样式。在 IE 浏览器中的浏览效果如图 9-30 所示,可以看到"网页"菜单选项,颜色为黑色,不带有下划线。

图 9-30　网页最终效果

9.5　高手解惑

小白:滤镜效果是 IE 浏览器特有的 CSS 特效,那么在 Firefox 中能不能实现呢?

高手:滤镜效果虽然是 IE 浏览器特有效果,但使用 Firefox 浏览器一些属性也可以实现相同效果。例如,IE 浏览器的阴影效果,在 Firefox 网页设计中,可以先在文字下面再叠一层浅色的同样的字,然后做两个像素的错位,制造阴影的假象。

小白:文字和图片导航速度谁快呀?

高手:使用文字做导航栏。文字导航不仅速度快,而且更稳定。例如,有些用户上网时会关闭图片。在处理文本时,不要在普通文本上添加下划线或者颜色。除非特别需要;否则不要为普通文字添加下划线。就像用户需要识别哪些能单击一样,读者不应当将本不能单击的文字误认为能够单击。

9.6　跟我练练手

练习 1:使用 Dreamweaver CC 编写一个 CSS,设置页面的文本大小、颜色和页面背景。

练习 2:使用各种方法调用 CSS 样式表。

练习 3:使用 CSS 样式表美化网页。

练习 4:设定网页中的链接样式。

第 **10** 章

架构师的大比拼
——网页布局
典型范例

使用 CSS 布局网页是一种很新的概念，完全区别于传统的网页布局习惯。它将页面首先在整体上进行 <div> 标记的分块，然后对各个块进行 CSS 定位，最后再在各个块中添加相应的内容。本章就来介绍网页布局中的一些典型范例。

● **本章学习目标（已掌握的在方框中打钩）**

☐　理解使用 CSS 排版的方法

☐　掌握固定宽度网页布局的方法

☐　掌握自动缩放网页 1-2-1 型布局模式的方法

☐　掌握使用 CSS 设定网页布局列背景色的方法

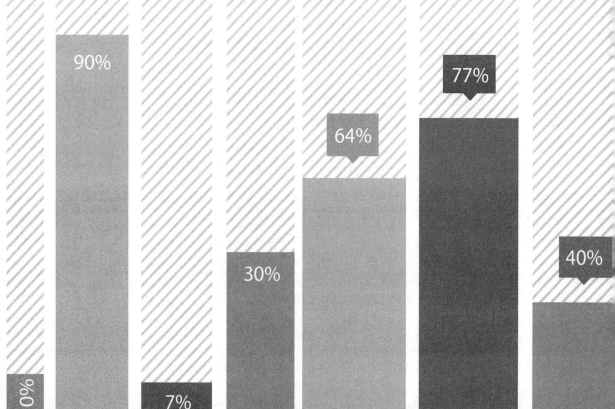

90%

77%

64%

40%

30%

0%

7%

40%

10.1 使用CSS排版

DIV 在 CSS+DIV 页面排版中是一个块的概念，DIV 的起始标记和结束标记之间的所有内容都是用来构成这个块的，其中所包含元素特性由 DIV 标记属性来控制，或者是通过使用样式表格式化这个块来进行控制。CSS+DIV 页面排版思想是首先在整体上进行 <div> 标记的分块，然后对各个块进行 CSS 定位，最后再在各个块中添加相应的内容。

10.1.1 案例1——将页面用 div 分块

使用 DIV+CSS 页面排版布局，需要对网页有一个整体构思，即网页可以划分为几个部分。例如，是上、中、下结构还是左、右两列结构，抑或是三列结构。这时就可以根据网页构思，将页面划分为几个 DIV 块，用来存放不同的内容。当然了，大块中还可以存放不同的小块。最后，通过 CSS 属性，对这些 DIV 进行定位。

在现在的网页设计中，一般情况下的网站都是上、中、下结构，即上面是页面头部，中间是页面内容，最下面是页脚，整个上、中、下结构最后放到一个 DIV 容器中，方便控制。页面头部一般用来存放 Logo 和导航菜单，页面内容包含页面要展示的信息、链接和广告等，页脚存放的是版权信息和联系方式等。

将上、中、下结构放置到一个 DIV 容器中，方便后面排版并且方便对页面进行整体调整，如图 10-1 所示。

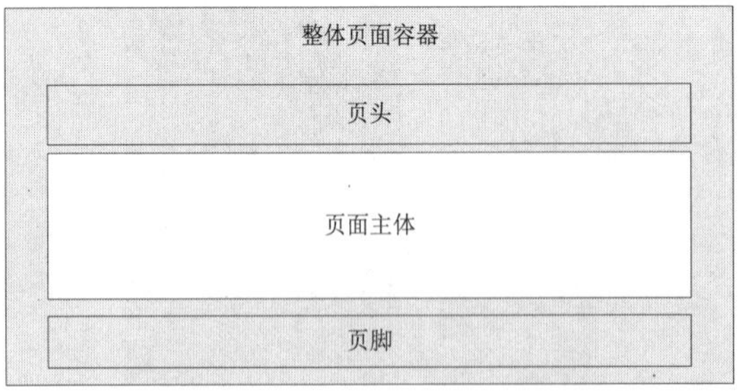

图 10-1 上、中、下网页布局结构

10.1.2 案例2——设置各块位置

复杂的网页布局，不是单纯的一种结构，而是包含多种网页结构。例如，总体上是上、中、下，中间分为两列布局等，如图 10-2 所示。

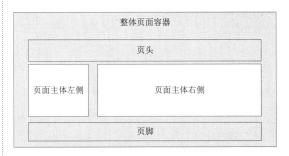

图 10-2 上、中、下网页布局结构

页面总体结构确认后，一般情况下，页头和页脚变化就不大了。会发生变化的，就是页面主体，此时需要根据页面展示的内容，决定中间布局采用什么样式，是三列水平分布还是两列分布等。

10.1.3 案例3——用 CSS 定位

页面版式确定后，就可以利用 CSS 对 DIV 进行定位，使其在指定位置出现，从而实现对页面的整体规划，然后再向各个页面添加内容。

下面创建一个总体为上、中、下布局，页面主体布局为左、右布局的页面的 CSS 定位实例。

1. 创建 HTML 页面，使用 DIV 构建层

首先构建 HTML 网页，使用 DIV 划分最基本的布局块，其代码如下：

```html
<html>
<head>
<title>CSS 排版 </title><body>
<div id="container">
  <div id="banner">页面头部 </div>
  <div id=content >
  <div id="right">
页面主体右侧
  </div>
  <div id="left">
页面主体左侧
  </div>
</div>
  <div id="footer"> 页脚 </div>
</div>
</body>
</html>
```

上面代码中，创建了 5 个层，其中 ID 名称为 container 的 DIV 层，是一个布局容器，即所有的页面结构和内容都是在这个容器内实现的；名称为 banner 的 DIV 层，是页头部分；名称为 footer 的 DIV 层，是页脚部分。名称为 content 的 DIV 层，是中间主体，该层包含了两个层，一个是 right 层，另一个 left 层，分别放置不同的内容。

在 IE 浏览器中的浏览效果如图 10-3 所示，可以看到网页中显示了这几个层，从上到下一次排列。

图 10-3 添加网页层次

2. CSS 设置网页整体样式

然后需要对 body 标记和 container 层（布局容器）进行 CSS 修饰，从而对整体样式进行定义。代码如下：

```css
<style type="text/css">
<!--
body {
  margin:0px;
  font-size:16px;
  font-family:" 幼圆 ";
}
#container{
  position:relative;
  width:100%;
}
-->
</style>
```

上面代码只是设置了文字大小、字形、布局容器 container 的宽度、层定位方式，布局容器撑满整个浏览器。

在 IE 浏览器中的浏览效果如图 10-4 所示，可以看到此时相比较上一个显示页面，发生的变化不大，只不过字形和字体大小发生变化，因为 container 没有带有边框和背景色，无法显示该层。

图 10-4 使用 CSS 设置网页整体样式

3. CSS 定义页头部分

接下来就可以使用 CSS 对页头进行定位，即 banner 层，使其在网页上显示。代码如下：

```css
#banner{
  height:80px;
  border:1px solid #000000;
  text-align:center;
  background-color:#a2d9ff;
  padding:10px;
  margin-bottom:2px;
}
```

上面首先设置了 banner 层的高度为 80 像

素，宽度充满整个 container 布局容器，下面分别设置了边框样式、字体对齐方式、背景色、内边距和外边距的底部等。

在 IE 浏览器中的浏览效果如图 10-5 所示，可以看到在页面顶部显示了一个浅绿色的边框，边框充满整个浏览器，边框中间显示了一个"页面头部"的文本信息。

图 10-5　CSS 定义页头部分

 4.　CSS 定义页面主体

在页面主体如果两个层并列显示，需要使用 float 属性，将一个层设置到左边，另一个层设置到右边。其代码如下：

```
#right{
  float:right;
  text-align:center;
  width:80%;
 border:1px solid #ddeecc;
margin-left:1px;
}
```

 5.　CSS 定义页脚

```
height:200px;
}
#left{
  float:left;
  width:19%;
  border:1px solid #000000;
  text-align:center;
height:200px;
background-color:#bcbcbc;
}
```

上面代码设置了这两个层的宽带，right 层占有空间的 80%，left 层占有空间的 19%，并分别设置了两个层的边框样式、对齐方式、背景色等。

在 IE 浏览器中的浏览效果如图 10-6 所示，可以看到页面主体部分，分为两个层并列显示，左边背景色为灰色，占有空间较小，右侧背景色为白色，占有空间较大。

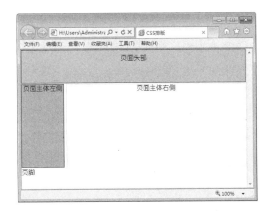

图 10-6　CSS 定义页面主体

最后需要设置页脚部分，页脚通常在主体下面。因为页面主体中使用了 float 属性设置层浮动，所以需要在页脚层设置 clear 属性，使其不受浮动的影响。其代码如下：

```
#footer{
  clear:both;              /* 不受float影响 */
  text-align:center;
  height:30px;
  border:1px solid #000000;
            background-color:#ddeecc;
}
```

上面代码设置页脚对齐方式、高度、边框和背景色等。在 IE 浏览器中的浏览效果如图 10-7 所示,可以看到页面底部显示了一个边框,背景色为浅绿色,边框充满整个 DIV 布局容器。

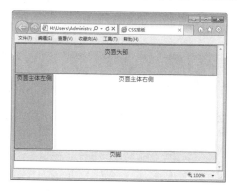

图 10-7　CSS 定义页脚部分

10.2　固定宽度网页剖析与布局

网页开发过程中,有几种比较经典的网页布局方式,包括宽度固定的上中下版式、宽度固定的左右版式、自适应宽度布局和浮动布局等。这些版式会经常在网页设计时出现,并且经常被用到各种类型的网站开发中。

10.2.1　案例 4——网页单列布局模式

网页单列布局模式是最简单的布局形式,也被称为“1-1-1”布局,其中“1”表示一共 1 列,减号表示竖直方向上下排列。图 10-8 所示为网页单列布局模式示意图。

图 10-8　网页单列布局模式

本小节将介绍一个网页单列布局模式,其效果如图 10-9 所示。

图 10-9　网页预览效果

从上面的效果可以看到,这个页面一共分为 3 个部分。第一部分包含图片和菜单栏,这一部分放到页头,是网页单行布局版式的第一个“1”。第二个部分是中间的内容部分,即页面主体,用于存放要显示的文本信息,是网页单行布局版式的第二个“1”。第三个部分是页面底部,包含地址和版权信息的页脚,是网页单列布局版式的第三个“1”。

1. **创建 HTML 网页，使用 DIV 层构建块**

首先需要使用 DIV 块对页面区域进行划分，使其符合"1-1-1"的页面布局模型。基本代码如下。

```
<html>
<head>
<title>上中下排版</title>
</head>
<body>
  <div class="big">
      <div class="up">
              <p><a href="#">首页</a><a href="#">环保扫描</a><a href="#">环保科
技</a><a href="#">低碳经济</a><a href="#">土壤绿化</a></p></div>              <div
class="middle">
          <br />
          <h1>拒绝使用一次性用品</h1>
          <p>          在现代社会生活中，商品的 废弃和任意处理是普遍的，特别是 一次性物品使用激增。
据统计，英 国人每年抛弃25亿块尿布；…
 </p>
          </div>
          <div class="down">
          <br />
          <p><a href="#">关于我们</a> | <a href="#">免责声明</a> | <a href="#">联
系我们</a> | <a href="#">生态中国</a> | <a href="#">联系我们</a></p>
              <p>2016 &copy;世界环保联合会郑州办事处 技术支持</p>
          </div>
      </div>
</body>
</html>
```

上面代码创建了 4 个层：big 层是 DIV 布局容器，用来存放其他的 DIV 块；up 层表示页头部分；middle 层表示页面主体；down 层表示页脚部分。

在 IE 浏览器中的浏览效果如图 10-10 所示，可以看到页面显示了 3 个区域信息，顶部显示的是超级链接部分，中间显示的是段落信息，底部显示的是地址和版权信息。其布局从上到下自动排列，不是期望的那种。

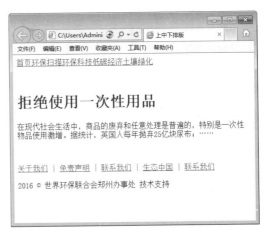

图 10-10　创建基本 HTML 网页

2. **使用 CSS 定义整体**

上面页面显示时，字体样式非常丑陋，布局不合理。此时需要使用 CSS 代码，对页面整体样式进行修饰。代码如下：

```
<style>
  *{
    padding:0px;
    margin:0px;
    }
  body{
    font-family:"幼圆";
    font-size:12px;
     color:green;
    }
  .big{
    width:900px;
    margin:0 auto 0 auto;
    }
</style>
```

上面代码定义了页面整体样式。例如，字形为"幼圆"，字体大小为 12 像素，字体颜色为绿色，布局容器 big 的宽带为 900 像素。"margin:0 auto 0 auto"语句表示该块与页面的上下边界为 0，左右自动调整。

在 IE 浏览器中的浏览效果如图 10-11 所示，可以看到页面字体变小，字体颜色为绿色，并充满整个页面，页面宽度为 900 像素。

图 10-11 修饰网页文字

 3. **使用 CSS 定义页头部分**

下面就可以使用 CSS 定义页头部分，即导航菜单。代码如下：

```
.up p{
margin-top:80px;
```

```
text-align:left;
position:absolute;
left:60px;
top:0px;
}
.up a{
display:inline-block;
width:100px;
height:20px;
line-height:20px;
background-color:#CCCCCC;
color:#000000;
text-decoration:none;
text-align:center;
}
.up a:hover{
background-color:#FFFFFF;
color:#FF0000;
}
.up{
    width:900px;
    height:100px;
    background-image:url(17.jpg);
    background-repeat:no-repeat;
    }
```

在类选择器 up 中，CSS 定义层的宽度和高度，其宽度为 900 像素，并定义了背景图片。

在 IE 浏览器中的浏览效果如图 10-12 所示，可以看到页面顶部显示了一个背景图，并且超级链接以一定距离显示，以绝对定位方式在页头显示。

图 10-12 添加网页背景色

 4. **使用 CSS 定义页面主体**

下面需要使用 CSS 定义页面主体，即定义层和段落信息。代码如下：

```
.middle{
  border:1px #ddeecc solid;
  margin-top:10px;
}
```

在类选择器 middle 中定义了边框样式和内边距距离，此处层的宽度和 big 层宽度一致。

在 IE 浏览器中的浏览效果如图 10-13 所示，可以看到中间部分以边框形式显示，标题居中显示，段落缩进两个字符显示。

图 10-13　使用 CSS 定义页面主体

5. 使用 CSS 定义页脚部分

定义页脚部分的代码如下：

```
.down{
  background-color:#CCCCCC;
  height:80px;
  text-align:center;
}
```

上面代码中，类选择器 down 定义了背景颜色、高度和对齐方式。其他选择器定义超级链接的样式。

在 IE 浏览器中的浏览效果如图 10-14 所示，可以看到页面底部显示了一个灰色矩形框，其版权信息和地址信息居中显示。

图 10-14　页面的最终效果

10.2.2　案例 5——网页 1-2-1 型布局模式

在页面排版中，有时会根据内容需要将页面主体分为左右两个部分显示，用来存放不同的信息内容，实际上这也是一种宽度固定的版式。这种布局模式可以说是"1-1-1"布局模式的演变。

图 10-15 所示为网页 1-2-1 型布局模式示意图。

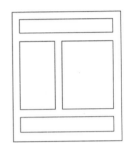

图 10-15　1-2-1 网页布局模式

本节将介绍一个 1-2-1 型布局模式网页，其效果如图 10-16 所示。

图 10-16　页面的最终效果

1. 创建 HTML 网页，使用 DIV 构建块

在 HTML 页面，将 DIV 框架和所要显示的内容显示出来，并将要引用的样式名称定义好，代码如下：

```
<html>
<head>
```

```
<title> 茶网 </title>
    </head>
<body>
<div id="container">
  <div id="banner">
    <img src="b.jpg" border="0">
  </div>
  <div id="links">
    <ul>
      <li> 首页 </li>
      <li> 茶业动态 </li>
      <li> 名茶荟萃 </li>
      <li> 茶与文化 </li>
      <li> 茶艺茶道 </li>
      <li> 鉴茶品茶 </li>
      <li> 茶与健康 </li>
      <li> 茶语清心 </li>
    </ul>
    <br>
  </div>
  <div id="leftbar">
    <p class="lefttitle"> 名人与茶 </p>
    <p>. 三文鱼茶泡饭 </p>
    <p>. 董小宛的茶泡饭 </p>
    <p>. 人生百味一盏茶 </p>
    <p>. 我家的茶事 </p>
    <p class="lefttitle"> 茶事掌故 </p>
    <p>. " 峨眉雪芽 " 的由来 </p>
    <p>. 茶文化的养生术 </p>
    <p>. 老北京的花茶 </p>
    <p>. 古代洗茶的原因和来历 </p>
  </div>
  <div id="content">
    <h4> 人生茶境 </h4>
    <p>
" 喝茶当于瓦纸窗下，清泉绿茶，用素雅的陶瓷茶具，同二三人共饮，得半日之闲，可抵十年的尘梦。"
</p>
<p>
对中国人来说，" 茶 " 是一个温暖的字。...
</p>
  </div>
  <div id="footer"> 版权所有 2016.08.12</div>
</div>
</body>
</html>
```

　　上面代码定义了几个层，用来构建页面布局。其中 container 层作为布局容器，banner 层作为页面图形 logo，links 层作为页面导航，leftbar 层作为左侧内容部分，content 层作为右侧内容部分，footer 层作为页脚部分。

在 IE 浏览器中的浏览效果如图 10-17 所示，可以看到页面上部显示了一张图片，下面是超级链接、段落信息，最后是地址信息等。

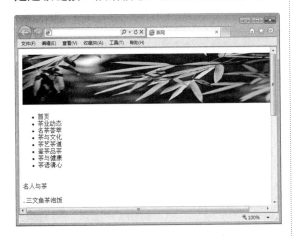

图 10-17　添加网页基本信息

 CSS 定义页面整体样式

首先需要定义整体样式，如网页中字形或对齐方式等。代码如下：

```
<style>
<!--
body, html{
  margin:0px; padding:0px;
  text-align:center;
}
#container{
  position: relative;
  margin: 0 auto;
  padding:0px;
  width:700px;
  text-align: left;
}
-->
</style>
```

上面代码中，类选择器 container 定义了布局容器的定位方式为相对定位，宽度为 700 像素，文本左对齐，内外边距都为 0 像素。

在 IE 浏览器中的浏览效果如图 10-18 所示，可以看到与上一个页面比较，发生变化不大。

图 10-18　CSS 定义页面整体样式

 CSS 定义页头部分

此网页的页头包含两个部分，一个是页面 logo，另一个是页面的导航菜单。定义这两个层 CSS 的代码如下：

```
#banner{
  margin:0px; padding:0px;
}
#links{
  font-size:12px;
  margin:-18px 0px 0px 0px;
  padding:0px;
  position:relative;
}
```

上面代码中，ID 选择器 banner 定义了内外边距都是 0 像素，ID 选择器 links 定义了导航菜单的样式，如字体大小为 12 像素、定位方式为相对定位等。

在 IE 浏览器中的浏览效果如图 10-19 所示，可以看到页面导航部分在图像上显示，并且每个菜单相隔一定距离。

图 10-19　CSS 定义页头部分

使用 CSS 代码，定义页面主体左侧部分，代码如下：

```
#leftbar{
  background-color:#d2e7ff;
  text-align:center;
  font-size:12px;
  width:150px;
float:left;
  padding-top:0px;
  padding-bottom:30px;
  margin:0px;
}
```

上面选择器 leftbar 中，定义了层背景色、对齐方式、字体大小和左侧 DIV 层的宽度，这里使用 float 定义层在水平方向上浮动定位。

在 IE 浏览器中的浏览效果如图 10-20 所示，可以看到页面左侧部分以矩形框显示，包含了一些简单的页面导航。

图 10-20　CSS 定义页面主体左侧部分

CSS 定义页面主体右侧部分

使用 CSS 代码，定义页面主体右侧部分，代码如下：

```
#content{
  font-size:12px;
  float:left;
width:550px;
  padding:5px 0px 30px 0px;
  margin:0px;
}
```

代码中 ID 选择器 content，用来定义字体大小、右侧 div 层宽度、内外边距等。在 IE 浏览器中浏览效果如图 10-21 所示，可以看到

右侧部分的段落字体变小，段落缩进了两个单元格。

图 10-21　CSS 定义页面主体右侧部分

5. CSS 定义页脚部分

如果上面的层使用了浮动定位，页脚一般需要使用 clear 去掉浮动所带来的影响，其代码如下：

```
#footer{
  clear:both;
font-size:12px;
  width:100%;
  padding:3px 0px 3px 0px;
  text-align:center;
  margin:0px;
  background-color:#b0cfff;
}
```

footer 选择器中，定义了层的宽度，即充满整个布局容器。在 IE 浏览器中的浏览效果如图 10-22 所示，可以看到页脚显示了一个矩形框，背景色为浅蓝色，矩形框内显示了版权信息。

图 10-22　CSS 定义页脚部分

10.3 自动缩放网页1-2-1型布局模式

自动缩放的网页布局要比固定宽度的网页布局复杂，根本原因在于宽度不确定，导致很多参数无法确定，必须使用一些技巧来完成。

对于一个"1-2-1"变宽度的布局，首先要使内容的整体宽度随浏览器窗口宽度的变化而变化。因此，中间 container 容器中的左右两列的总宽度也会变化。这样就会产生两种不同的情况：第一种是这两列按照一定的比例同时变化；第二种是一列固定，另一列变化。这两种情况都是很常用的布局方式，下面先从等比例方式讲起。

10.3.1 案例6——"1-2-1"等比例变宽布局

首先实现按比例的适应方式，可以在前面制作的"1-2-1"浮动布局的基础上完成本案例。原来的"1-2-1"浮动布局中的宽度都是用像素数值确定的固定宽度，下面就来对它进行改造，使它能够自动调整各个模块的宽度。

实际上只需要修改3处宽度就可以了，修改的样式代码如下：

```
#header,#pagefooter,#container{ margin:0 auto;
Width:768px; /* 删除原来的固定宽度
width: 85%; /* 改为比例宽度 */
#content{ float:right;
Width:500px; /* 删除原来的固定宽度 */
width: 66%; /* 改为比例宽度 */
#side{ float:left;
width: 260px; /* 删除原来的固定宽度 */
width:33%; /* 改为比例宽度 */
```

运行结果如图 10-23 所示。

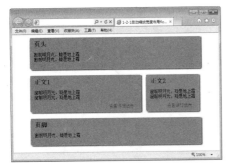

图 10-23　"1-2-1"等比例变宽布局

在这个页面中，网页内容的宽度为浏览器窗口宽度的 85%，页面中左侧的边栏的宽度和右侧的内容栏的宽度保持 1：2 的比例，可以看到，无论浏览器窗口宽度如何变化，它们都等比例变化。这样就实现了各个 div 的宽度都会等比例适应浏览器窗口。

在实际应用中还需要注意以下两点。

确保不要使一列或多个列的宽度太大，以至于其内部的文字行宽太宽，造成阅读困难。

圆角框的最宽宽度的限制，这种方法制作的圆角框，如果超过一定宽度就会出现裂缝。

10.3.2 案例7——"1-2-1"单列变宽布局

在实际应用中单列宽度变化，而其他保持

固定的布局用法更实用。一般在存在多个列的页面中，通常比较宽的一个列是用来放置内容的，而窄列放置链接、导航等内容，这些内容一般宽度是固定的，不需要扩大。因此可以把内容列设置为可以变化，而其他列固定。

比如在图 10-23 中，右侧的 side 的宽度固定，当总宽度变化时，content 部分就会自动变化。如果仍然使用简单的浮动布局是无法实现这个效果的，如果把某一列的宽度设置为固定值，那么另一列（即活动列）的宽度就无法设置了，因为总宽度未知，活动列的宽度也就无法确定，那么怎么解决呢？主要问题就是浮动列的宽度应该等于"100%-300px"，而 CSS 显然不支持这种带有加减法运算的宽度表达方法，但是通过 margin 可以变通地实现这个宽度。

具体的解决方法为：在 content 的外面再套一个 div，使它的宽度为 100%，也就是等于 container 的宽度，然后通过将左侧的 margin 设置为负的 300 像素，就使它向左平移了 300 像素。再将 content 的左侧 margin 设置为正的 300 像素，就实现了"100%-300px"这个本来无法表达的宽度。具体的 CSS 代码如下：

```
#header,#pagefooter,#container{
margin:0 auto;
width:85%;
```

```
min-width:500px;
max-width:800px;
}
#contentWrap{
margin-left:-260px;
float:left;
width:100%;
}
#content{
margin-left:260px;
}
#side{
float:right;
width:260px;
}
#pagefooter{
clear:both;
}
```

在 IE 浏览器中运行程序，即可得到如图 10-24 所示的结果。

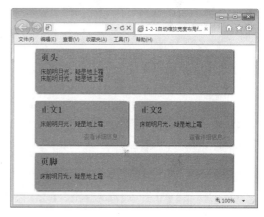

图 10-24　"1-2-1"单列变宽布局

10.4　实战演练——使用CSS设定网页布局列的背景色

在实际工作的过程中，很多页面布局对各列的背景色都是有要求的，如希望每一列都有自己的颜色。下面以一个实例为例，介绍如何使用 CSS 设定网页布局列的背景色。

这里以固定宽度 1-3-1 型布局为框架，直接修改其 CSS 样式表，具体的代码如下：

```
body{
```

```
font:14px 宋体；
margin:0;
}
#header,#pagefooter {
background:#CF0;
width:760px;
margin:0 auto;
}
h2{
margin:0;
padding:20px;
}
p{
padding:20px;
text-indent:2em;
margin:0;
}
#container {
position: relative;
width:760px;
margin:0 auto;
background:url(images/16-7.gif);
}
#left {
width: 200px;
position: absolute;
left: 0px;
top: 0px;
}
#content {
right: 0px;
top: 0px;
margin-right: 200px;
margin-left: 200px;
```

```
}
#side {
width: 200px;
position: absolute;
right: 0px;
top: 0px;
}
```

在代码中，left、content、side 没有使用背景色，是因为各列的背景色只能覆盖到其内容的下端，而不能使每一列的背景色都一直扩展到最下端，因为每个 div 只负责自己的高度，根本不管它旁边的列有多高，要使并列的各列的高度相同是很困难的，通过给 container 设定一个宽度为 760px 的背景，这个背景图按样式中的 left、content、side 宽度进行颜色制作，变相实现给 3 列加背景的功能。其运行结果如图 10-25 所示。

图 10-25 设定网页布局列的背景色

10.5 高手解惑

小白：IE 浏览器和 Firefox 浏览器，显示 float 浮动布局会出现不同的效果，为什么？

高手：两个相连的 DIV 块，如果一个设置为左浮动，另一个设置为右浮动，这时在 Firefox 浏览器中就会出现设置失效的问题。其原因是 IE 浏览器会根据设置来判断 float 浮动，而在 Firefox 浏览器中，如果上一个 float 没有被清除，下一个 float 会自动沿用上一个 float 的设置，而不使用自己的 float 设置。

这个问题的解决办法就是，在每一个 DIV 块设置 float 后，在最后加入一句清除浮动的代码

clear:both，这样就会清除前一个浮动的设置了，下一个 float 也就不会再使用上一个浮动设置，从而使用自己所设置的浮动了。

小白：DIV 层高度是设置好还是不设置好？

高手：在 IE 浏览器中，如果设置了高度值，但是内容很多，会超出所设置的高度，这时浏览器就会自己撑开高度，以达到显示全部内容的效果，不受所设置的高度值限制。而在 Firefox 浏览器中，如果固定了高度的值，那么容器的高度就会被固定住，就算内容过多，也不会撑开，也会显示全部内容，但是如果容器下面还有内容的话，那么这一块就会与下一块内容重合。

这个问题的解决办法就是，不要设置高度的值，这样浏览器就会根据内容自动判断高度，也不会出现内容重合的问题。

10.6　跟我练练手

练习 1：使用 CSS 排版。

练习 2：固定宽度网页剖析与布局。

练习 3：自动缩放网页 1-2-1 型布局模式。

练习 4：自动缩放网页 1-3-1 型布局模式。

第3篇

精通网页元素设计

第 11 章

网页元素
设计利器——
Photoshop CC

在使用 Photoshop CC 处理图像前，首先应了解文件与图像的基本操作，只有掌握了这些知识，在使用 Photoshop CC 处理图像时才能做到得心应手。本章即为读者介绍文件与图像的基本操作，包括文件的基本操作、查看图像的方法和图像辅助工具的使用等。

● **本章学习目标（已掌握的在方框中打钩）**

☐ 熟悉 Photoshop CC 工作界面
☐ 掌握设置 Photoshop CC 工作区的方法
☐ 掌握文件的基本操作
☐ 掌握图像辅助工具的使用方法
☐ 掌握载入预设资源的方法

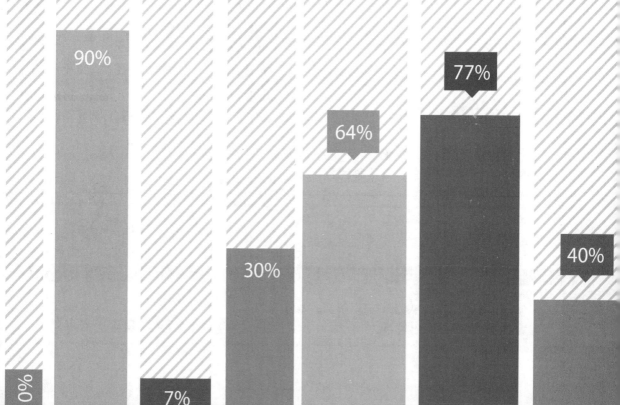

11.1 Photoshop CC工作界面

　　Photoshop CC 的工作界面主要包括菜单栏、选项栏、工具箱、图像窗口、面板和状态栏等，如图 11-1 所示。

图 11-1　Photoshop CC 的工作界面

11.1.1 案例 1——认识菜单栏

　　菜单栏位于工作界面的顶部，包含了 Photoshop CC 中所有的菜单命令，在菜单栏中共有 11 个主菜单，如图 11-2 所示。

图 11-2　菜单栏

　　每个主菜单内都包含一系列的菜单命令，单击主菜单即可打开相应的菜单列表。在菜单列表中可以看到，不同功能的菜单命令之间以灰色分隔线隔开。另外，某些菜单命令右侧有一个黑色三角标记，将光标定位在这类菜单命令中，即可打开相应的子菜单，如图 11-3 所示。

> ▶ 提示
> 　　在菜单列表中有些菜单命令显示为灰色，表示在当前状态下不可用。如果菜单命令右侧出现省略号标记…，表示执行该命令后会弹出对话框。

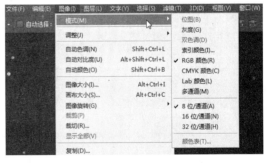

图 11-3　通过菜单命令右侧的黑色三角标记可打开子菜单

11.1.2 案例 2——认识选项栏

　　选项栏位于菜单栏的下方，主要用于设置工具箱中各个工具的参数。选择不同的工具，该选项栏中的各参数是不同的，图 11-4 所示为选中【移动工具】时的选项栏。

图 11-4　移动工具的选项栏

> **提示**　选项栏右侧的【基本功能】按钮表示当前使用的工作区，在其下拉列表中可切换为其他的工作区。

　　按住左键不放，拖动选项栏左侧的■图标，可将其从工作界面中拖出，成为独立的组件，如图 11-5 所示。同理，将光标定位在选项栏左侧，将其拖动到菜单栏下方，当出现蓝色条时释放鼠标，即可重新将其固定到工作界面中。

图 11-5　使选项栏成为独立的组件

11.1.3　案例 3——认识工具箱

　　工具箱位于工作界面的左侧，包含了用于编辑图像和元素的所有工具和按钮。单击工具箱顶部的▶▶按钮，可将工具箱变为双排显示，图 11-6 列出了工具箱中各工具的名称。

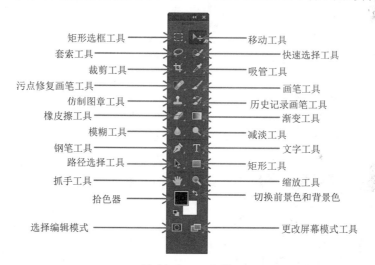

图 11-6　工具箱

　　若要选择工具，单击工具箱中的工具按钮，即可选择该工具。大多数工具右下角有一个三角形图标，表明这是一个工具组，将光标定位在这类工具中，单击鼠标右键，或者按住左键不放，即可打开隐藏的工具组，如图 11-7 所示。

图 11-7　打开隐藏的工具组

> **提示** 同选项栏的操作类似，拖动工具箱上方的 ▆ 图标，可将其从工作界面中拖出，成为独立的组件。若要重新固定到工作界面中，将其拖动到工作界面左侧，当出现蓝色条时释放鼠标即可。

11.1.4 案例4——认识图像窗口

图像窗口位于工作界面的中心位置处，用于显示当前打开的图像文件，在其标题栏中还显示了文件的名称、格式、缩放比例和颜色模式等信息。

在 Photoshop 中打开一个图像文件时，就会创建一个图像窗口。若同时打开多个图像文件，则它们默认以选项卡的形式组合在一起，单击一个选项卡，即可将其设置为当前的操作窗口，如图 11-8 所示。

> **提示** 当同时打开多个图像文件时，按下 Ctrl+Tab 组合键，可按照前后顺序自动切换图像窗口；按下 Ctrl+Shift+Tab 组合键，可按照相反的顺序自动切换窗口。

图 11-8　将选中的图像文件设置为当前的
操作窗口

拖动选项卡的标题栏，将其从选项卡中拖出，可使其成为浮动窗口，如图 11-9 所示。将光标定位在浮动窗口的四周或四角，当变为箭头形状时，拖动鼠标可调整窗口的大小，如

图 11-10 所示。

图 11-9　拖动标题栏使其成为浮动窗口

图 11-10　拖动窗口的四周或四角调整窗口
的大小

将光标定位在浮动窗口的标题栏，将其拖动到工作界面中图像窗口的右侧，此时出现一个蓝色条，如图 11-11 所示。释放鼠标，即可将浮动窗口固定在工作界面中，并且此时它与另一个图像窗口成为两个独立的模块，如图 11-12 所示。若将浮动窗口拖动到图像窗口的标题栏处，则这两个图像窗口会重新以选项卡的形式组合在一起。

图 11-11　将标题栏拖动到右侧会出现蓝色条

图 11-12　浮动窗口与图像窗口成为两个
独立的模块

11.1.5　案例5——认识面板

面板位于工作界面的右侧，主要用于编辑图像、设置工具参数等。通常情况下，面板以选项卡的形式成组出现，如图 11-13 所示。

图 11-13　面板以选项卡的形式成组出现

单击面板右上角的 ▶▶ 按钮，可将其折叠起来，只显示出各选项卡的名称，如图 11-14 所示。

将光标定位在选项卡标题右侧的空白处，按住左键不放，拖动鼠标即可将其拖出，使其成为浮动面板，如图 11-15 所示。

图 11-14　将面板折叠起来

图 11-15　使面板成为浮动面板

用户还可根据需要自由地组合面板。例如，将光标定位在【调整】选项卡的标题处，将其拖动到另一个面板的标题栏中，当出现蓝色框时释放鼠标，即可将其与另一个面板组合起来，如图 11-16 所示。

图 11-16　组合面板

此外，用户还可将不同的浮动面板链接起来，使其成为一个整体。例如，将光标定位在【样式】面板的标题栏中，将其拖动到另一个面板的下方，此时会出现一个蓝色条，如图 11-17 所示。释放鼠标，即可将这两个面板链接起来，如图 11-18 所示。

图 11-17　出现一个蓝色条

图 11-18　链接浮动面板

单击面板右侧的按钮，将弹出下拉菜单，菜单中包含了与当前面板相关的各种命令，如图 11-19 所示。

图 11-19　【通道】下拉菜单

将光标定位在选项卡的标题处，单击鼠标右键，弹出快捷菜单，在其中可以执行关闭选项卡或者选项卡组、折叠为图标等操作，如图 11-20 所示。

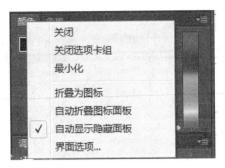

图 11-20　快捷菜单

> **提示**　若面板未显示在工作界面中，在菜单栏中选择【窗口】菜单，然后在弹出的菜单列表中选择要打开的面板名称，即可打开相应的面板。

11.1.6　案例 6——认识状态栏

状态栏位于工作界面的底部，主要用于显示当前图像的缩放比例、文档大小、效率、当前使用工具等信息，如图 11-21 所示。

100%　　文档:566.1K/566.1K　▶

图 11-21　状态栏

在状态栏中单击 100% 文本框，重新输入缩放比例，按 Enter 键确认，即可按照输入的比例缩放图像窗口中的图像，如图 11-22 所示。

图 11-22　缩放图像窗口中的图像

将光标定位在状态栏中，按住左键不放，可以查看图像的宽高度、通道及分辨率等信息，如图 11-23 所示。

图 11-23 查看宽高度、通道及分辨率等信息

此外，按住 Ctrl 键的同时，按住左键不放，还可以查看图像的拼贴宽高度等信息，如图 11-24 所示。

图 11-24 查看图像的拼贴宽高度等信息

单击状态栏右侧的 ▶ 按钮，在弹出的下拉菜单中可以选择状态栏的具体显示内容，如图 11-25 所示。例如，选择【当前工具】菜单命令，在状态栏中即会显示出当前使用的工具名称，如图 11-26 所示。

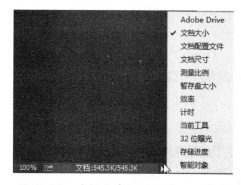

图 11-25 选择状态栏的具体显示内容

图 11-26 在状态栏中显示出当前使用的工具名称

11.2 文件的基本操作

新建、打开、保存和置入图像文件等操作是 Photoshop 中常用的基本操作之一，也是必须掌握的操作。

11.2.1 案例 7——新建文件

在 Photoshop CC 的工作界面中，选择【文件】→【新建】菜单命令，弹出【新建】对话框，如图 11-27 所示。在其中设置文件名称、宽度、高度、分辨率等参数，然后单击【确定】按钮，即可新建一个空白文件，如图 11-28 所示。

> ▶ 提示　按下 Ctrl+N 组合键，可以快速弹出【新建】对话框。

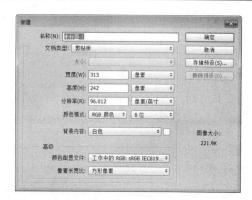

图 11-27 【新建】对话框

图 11-28　新建一个空白文件

由上可知，新建图像文件的方法很简单，但是新建图像文件时有许多参数需要设置，只有了解各参数的含义，才能快速创建出满足需求的文件。各参数的含义分别如下。

【名称】：用于设置新建文件的名称，"未标题 -1" 是 Photoshop 默认的名称。

【文档类型】和【大小】：该项提供了 Photoshop 预设的一些规范的文档尺寸，用户只需选择类型，即可快速创建符合需求的文档。例如，在【文档类型】下拉列表框中选择【国际标准纸张】选项，如图 11-29 所示，然后在【大小】下拉列表框中选择 A6 选项，如图 11-30 所示，即可新建一个 A6 纸张类型的空白文件。

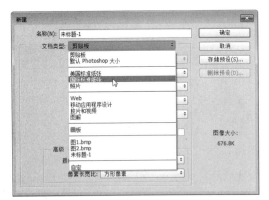

图 11-29　选择【国际标准纸张】选项

【宽度】和【高度】：分别用于设置新建文件的宽度和高度。默认以像素为单位，在其下拉列表框中还可选择其他的单位，包括英寸、厘米、毫米和点等。

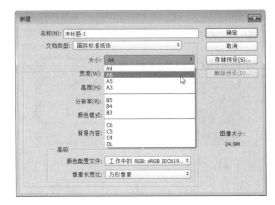

图 11-30　选择 A6 选项

提示　在制作图像的时候一般是以【像素】为单位，在制作印刷品的时候则是以【厘米】为位。

【分辨率】：用于设置新建文件的分辨率。默认以像素 / 英寸为单位，也可选择像素 / 厘米为单位。

【颜色模式】：用于设置新建文件的模式，包括位图、灰度、RGB 颜色、CMYK 颜色和 Lab 颜色等。

【背景内容】：用于设置新建文件的背景内容，包括白色、背景色、透明和其他 4 种。白色为默认的颜色，如图 11-31 所示；背景色是使用工具箱中当前的背景色作为文件的背景颜色，如图 11-32 所示；透明是指透明背景，如图 11-33 所示；若选择【其他】选项，可以在弹出的【拾色器】对话框中自定义背景颜色。

图 11-31　白色背景

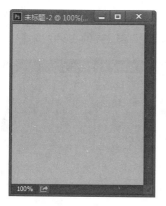

图 11-32　将当前背景色作为背景颜色

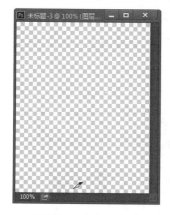

图 11-33　透明背景

【颜色配置文件】：为了减少不同设备上图像的颜色偏差，需设置该项，默认选项为RGB：sRGB　IEC61966-2.3。

【像素长宽比】：用于设置像素的长宽比，默认选项为方形像素，其他选项都是为了适应视频的图像。因此，除非使用用于视频的图像，否则保持默认选项即可。

【存储预设】：单击该按钮，弹出【新建文档预设】对话框，在【预设名称】文本框中输入名称，并选择要包含于预设中的选项，即可将在【新建】对话框中设置的高度、宽度和分辨率等参数保存为一个预设，如图 11-34 所示。保存完成后，当需要创建同样参数的文件时，在【文档类型】的下拉列表框中选择该

预设选项即可，而无须重复设置，如图 11-35 所示。

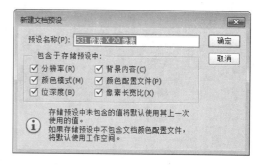

图 11-34　保存预设

图 11-35　选择预设

【删除预设】：选择预设的选项，然后单击该按钮，即可删除自定义的预设。

【图像大小】：显示了以当前设置的参数新建文件时文件的实际大小。

11.2.2　案例 8——打开文件

要在 Photoshop 中编辑图像，首先需要打开该图像文件。通过【打开】命令可以打开所有 Photoshop 支持的文件格式，如 psd、jpg、gif 等。但是使用该方法打开 esp、cdr 等格式的文件时会栅格化，并以 Photoshop 支持的格式打开。具体的操作步骤如下。

步骤 **1** 选择【文件】→【打开】菜单命令，弹出【打开】对话框，如图 11-36 所示。

图 11-36 【打开】对话框

步骤 2 在其中选择一个图像文件，单击【打开】按钮，或者直接双击文件，即可将其打开，如图 11-37 所示。

图 11-37 打开图像文件

11.2.3 案例 9——保存文件

对图像文件进行编辑后，需要将其保存下来。【存储】命令相当于其他软件的【保存】命令。当打开一个文件并对其进行编辑后，选择【文件】→【存储】菜单命令，或者按下

Ctrl+S 组合键，即可自动覆盖原有的文件，以同样的格式保存现有的文件，如图 11-38 所示。

图 11-38 选择【文件】→【存储】菜单命令

当新建一个文件并对其进行编辑后，选择【文件】→【存储】菜单命令，将弹出【另存为】对话框，在其中选择文件存储的位置、名称、保存类型以及存储选项，如图 11-39 所示。

图 11-39 【另存为】对话框

在【另存为】对话框中单击【保存】按钮，将弹出【Photoshop 格式选项】对话框，选中【最大兼容】复选框，然后单击【确定】按钮，即可保存文件，如图 11-40 所示。

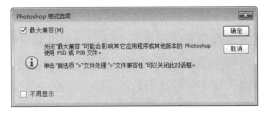

图 11-40 【Photoshop 格式选项】对话框

提示　　若选中【最大兼容】复选框，那么将增加 PSD 文件的大小，会占用更多的硬盘空间；若不选中，那么以前的 Photoshop 版本将无法打开保存后的 PSD 文件，用户可根据需要进行选择。

11.2.4　案例 10——置入文件

置入文件是指将一个图像文件作为智能对象嵌入或链接到另一个文件中，下面以置入嵌入的智能对象为例加以介绍。具体的操作步骤如下。

步骤 1　打开随书光盘中的"素材 \ch11\01.jpg"文件，如图 11-41 所示。

图 11-41　素材文件

步骤 2　选择【文件】→【置入嵌入的智能对象】菜单命令，弹出【置入嵌入对象】对话框，在其中选择随书光盘中的"素材 \ch11\02.jpg"文件，然后单击【置入】按钮，如图 11-42 所示。

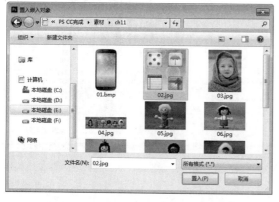

图 11-42　【置入嵌入对象】对话框

提示　　若选择【置入链接的智能对象】命令，会将文件作为链接的智能对象置入。

步骤 3　图像被置入到图 01.jpg 文件中，并在四周显示出定界框，如图 11-43 所示。

图 11-43　图像被置入到素材文件中

步骤 4　将光标定位在四周的控制点上，当变为双向箭头时，按住 Shift 键不放，单击并拖动鼠标，等比例放大图像，设置完成后，按下 Enter 键确认，如图 11-44 所示。

图 11-44　等比例放大图像

步骤 5　在【图层】面板中可以看到，图像缩览图右下角有一个 图标，表示已成功将文件作为智能对象置入，如图 11-45 所示。

图 11-45　成功将文件作为智能对象置入

11.3 应用图像辅助工具

用户可以利用辅助工具更好地完成选择、定位或编辑图像的操作，从而提高操作的精确程度，提高工作效率。

11.3.1 案例 11——使用标尺

利用标尺可以精确地定位图像的位置，下面介绍显示标尺、更改原点及单位的方法。

(1) 显示标尺。打开随书光盘中的"素材\ch11\04.jpg"文件，如图 11-46 所示。依次选择【视图】→【标尺】菜单命令或者按下 Ctrl+R 组合键，标尺就会出现在当前窗口的顶部和左侧，此时移动光标，标尺中将出现虚线，显示出图像某个点的精确位置，如图 11-47 所示。

图 11-46　素材文件

图 11-47　显示标尺

提示 若要隐藏标尺，再次选择【视图】→【标尺】菜单命令或者按下 Ctrl+R 组合键即可。

(2) 更改原点位置。标尺的默认原点（标尺上的（0.0）标志）位于图像的左上角，若要更改原点位置，将光标定位在窗口的左上角处，按住左键不放，向右下方拖动鼠标，此时出现十字线，如图 11-48 所示。到合适位置处释放鼠标，该点即被设置为原点的位置，如图 11-49 所示。

图 11-48　出现十字线

图 11-49　设置原点

提示 要恢复原点到默认的位置，只需在左上角双击鼠标即可。此外，标尺原点也是网格的原点，更改标尺原点的位置，网格原点的位置也会随之改变。

(3) 更改标尺的单位。标尺的默认单位是厘米，若要更改标尺的单位，在标尺位置处单击鼠标右键，然后在弹出的快捷菜单中选择其他的单位即可，如图 11-50 所示。

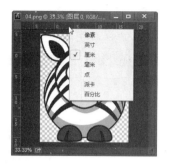

图 11-50　更改标尺的单位

11.3.2　案例 12——使用参考线

参考线是精确绘图时用来作为参考的线，不会被打印出来。下面将介绍创建、移动、锁定、隐藏及删除参考线的方法。

（1）创建参考线。打开随书光盘中的"素材 \ch11\06.jpg"文件，按下 Ctrl+R 组合键，显示出标尺，如图 11-51 所示。将光标定位在垂直标尺上，按住左键不放，向右拖动鼠标，即可拖出垂直参考线，如图 11-52 所示。

图 11-51　显示出标尺

图 11-52　拖出垂直参考线

同理，在水平标尺中向下拖动鼠标，即可拖出水平参考线，如图 11-53 所示。

图 11-53　拖出水平参考线

使用同样的方法，在水平标尺和垂直标尺中还可拖出多条参考线。另外，按住 Shift 键不放并拖出参考线时，可使其与标尺刻度对齐，如图 11-54 所示。

图 11-54　拖出多条参考线

若要创建更为精确的参考线，依次选择【视图】→【新建参考线】菜单命令，弹出【新建参考线】对话框，在其中选择取向并设置位置。例如，这里选中【垂直】单选按钮，在【位置】文本框中输入"7"，然后单击【确定】按钮，如图 11-55 所示，即可创建出位于 7 厘米处的垂直参考线，如图 11-56 所示。

图 11-55　【新建参考线】对话框

图 11-56　创建出精确的垂直参考线

(2) 移动参考线。将光标定位在参考线上，此时光标变为箭头形状，拖动鼠标可移动其位置。

(3) 锁定参考线。为了避免在操作中移动参考线，可以将其锁定，依次选择【视图】→【锁定参考线】菜单命令即可。

(4) 隐藏和显示参考线。按下 Ctrl+H 组合键即可隐藏参考线，再按一次可显示出来。

(5) 删除参考线。将光标定位在参考线上，当变为箭头形状时，直接将其拖回标尺中，即可删除参考线。此外，依次选择【视图】→【清除参考线】菜单命令，可同时删除所有的参考线。

11.3.3　案例 13——使用对齐功能

对齐功能有助于精确地放置选区边缘、裁剪选框、切片、形状和路径等，使得移动物体或选取边界可以与参考线、网格、图层、切片

或文档边界等进行自动定位。下面介绍启用和关闭对齐功能的方法。

(1) 启用对齐功能。依次选择【视图】→【对齐】菜单命令，使其处于选中（√）状态，然后在【视图】→【对齐到】的子菜单中选择一个对齐项目，即可启用该对齐功能，如图 11-57 所示。

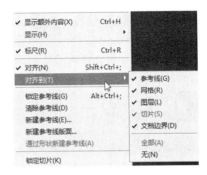

图 11-57　启用对齐功能

(2) 关闭对齐功能。再次选择【视图】→【对齐】菜单命令，取消其前面的"√"标记，即可关闭全部的对齐功能。若只是取消某一个对齐功能，选择【视图】→【对齐到】子菜单中对应的对齐项目即可，如图 11-58 所示。

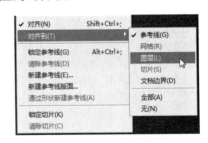

图 11-58　关闭对齐功能

11.4　实战演练——载入预设资源

Photoshop 为画笔、色板、渐变、样式等预设类型提供了丰富的预设资源，使用这些预设资源，用户无须经过复杂的设置，即可直接应用。

但是在使用前，用户必须手动载入 Photoshop 提供的这些资源。此外，用户还可载入外部的

资源，下面以载入渐变预设类型为例进行介绍。具体的操作步骤如下。

步骤 1 选择【编辑】→【预设】→【预设管理器】菜单命令，弹出【预设管理器】对话框，如图 11-59 所示。

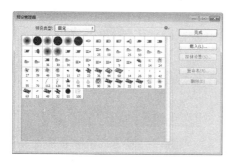

图 11-59　【预设管理器】对话框

步骤 2 在【预设类型】下拉列表框中选择需要载入的类型，这里选择【渐变】选项，如图 11-60 所示。

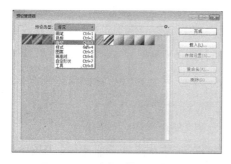

图 11-60　选择【渐变】选项

步骤 3 单击右侧的 按钮，在弹出的下拉列表中选择 Photoshop 提供的一个资源库，如这里选择【杂色样本】选项，如图 11-61 所示。

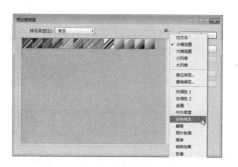

图 11-61　选择【杂色样本】选项

提示　在下拉列表框中选择【复位渐变】选项，可将渐变预设恢复为默认的预设资源。

步骤 4 弹出提示框，单击【追加】按钮，如图 11-62 所示。

图 11-62　单击【追加】按钮

步骤 5 即可载入 Photoshop 提供的"杂色样本"类型的渐变库预设，如图 11-63 所示。

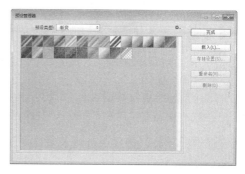

图 11-63　载入【杂色样本】类型的渐变库预设

步骤 6 若要载入外部的预设资源，在【预设管理器】对话框中单击【载入】按钮，弹出【载入】对话框，在其中选择要载入的文件（后缀名为 .grd），如图 11-64 所示。

图 11-64　【载入】对话框

步骤 7 单击【载入】按钮，即可载入外部的预设资源，如图 11-65 所示。

步骤 8 选择渐变工具▤，在选项栏中单击【预设资源】按钮，通过弹出的下拉列表可以看到，此时已成功载入预设资源，如图 11-66 所示。

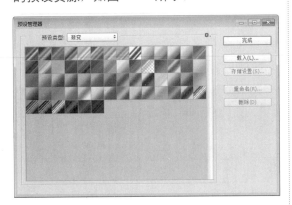

图 11-65　载入外部的预设资源

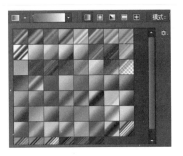

图 11-66　查看载入的预设资源

11.5　高手解惑

小白： 怎样通过快捷键选择工具？

高手： 在 Photoshop 的工具箱中，常用的工具都有相应的快捷键，因此，用户可以通过按下快捷键来选择工具，如果要查看快捷键，可将光标放在一个工具上并停留片刻，就会显示工具名称和快捷键信息。

小白： 在使用菜单命令时，为什么有些命令是灰色不可用的？

高手： 如果菜单中的某些命令显示为灰色，表示它们在当前状态下不能使用。例如，在没有创建选区的情况下，【选择】菜单中的多数命令都不能使用。此外，如果一个命令的名称右侧有 "…" 符号，则表示执行该命令时会弹出一个对话框。

11.6　跟我练练手

练习 1：练习使用 Photoshop 工作界面，并了解工作界面中的菜单栏、选项栏、工具箱、图像窗口、面板和状态栏的作用。

练习 2：练习新建、打开和保存一个图像文件。

练习 3：练习置入文件的方法。

练习 4：练习使用图像辅助工具，包括使用标尺、参考线和对齐功能。

练习 5：练习在 Photoshop 中手动载入预设资源。

第 **12** 章

网页中的
文字设计——
制作网页文字特效

文字是网页中非常重要的视觉元素之一，不仅可以传达信息，还能美化版面、强化主题。因此，掌握输入文字及设置格式的方法，可以使网页更为绚丽。本章就带领大家学习如何制作出吸人眼球的文字特效。

● **本章学习目标（已掌握的在方框中打钩）**

□ 了解文字的类型
□ 掌握输入文字的方法
□ 掌握设置文字格式的方法
□ 掌握文字转换的方法
□ 掌握制作路径文字的方法
□ 掌握制作变形文字的方法

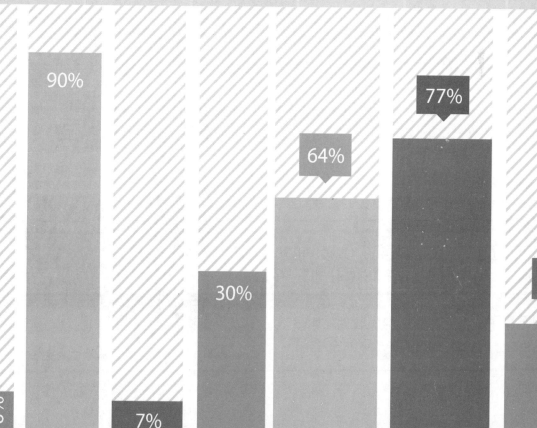

12.1　文字的类型

通常情况下，文字共分为两种类型，即点文字和段落文字。

(1) 点文字。用在文字较少的场合，如标题、产品和书籍的名称等。选择文字工具后，在画布中单击即可输入，文字不会自动换行，若要换行，需按下 Enter 键。

(2) 段落文字。主要用于报纸杂志、产品说明和企业宣传册等。选择文字工具后，在画布中单击并拖动鼠标拖出一个文本框，在其中输入文字即可，段落文字会自动换行。

12.2　输入文字

Photoshop CC 提供了 4 种输入文字的工具，分别用于输入横排、直排的文字或文字选区，如图 12-1 所示。

图 12-1　4 种输入文字的工具

12.2.1 通过文字工具输入文字

文字工具分为横排文字工具和直排文字工具，分别用于输入横排和直排的点文字或段落文字。

1. 输入点文字

下面使用横排文字工具输入横排的点文字，具体的操作步骤如下。

步骤 1 打开随书光盘中的"素材 \ch12\01.jpg"文件，选择横排文字工具，如图 12-2 所示。

步骤 2 在需要输入文字的位置处单击，设置一个插入点，如图 12-3 所示。

图 12-2　光标变为 I 形状

图 12-3　单击鼠标设置一个插入点

步骤 3 在其中输入文字，如图 12-4 所示。

图 12-4　在插入点输入文字

步骤 4 将光标定位在文字外，当变为 ▶ 形状时，单击并拖动鼠标，可调整文字的位置，如图 12-5 所示。

图 12-5　调整文字的位置

步骤 5 按住 Ctrl 键不放，此时点文字四周会出现一个方框，拖动方框上的控制点，可调整文字的大小，如图 12-6 所示。

图 12-6　调整文字的大小

步骤 6 在选项栏中单击 ✔ 按钮，结束文字的输入，此时【图层】面板中会生成一个文字图层，如图 12-7 所示。

> **提示**　若要取消输入，按下 Esc 键，或者在选项栏中单击 ⊘ 按钮。若要删除输入的文字，直接删除文字图层即可。

图 12-7　结束输入后会生成一个文字图层

直排文字工具与横排文字工具的输入方法相同，这里不再赘述。若要重新编辑文字，首先在【图层】面板中选中文字图层，然后选择文字工具，在文字中单击，使其进入编辑状态即可。

2. 输入段落文字

下面使用横排文字工具输入段落文字，具体的操作步骤如下。

步骤 1 打开随书光盘中的"素材 \ch12\02. jpg"文件，选择横排文字工具 T，在图像中单击并拖动鼠标，拖出一个定界框，如图 12-8 所示。

图 12-8　拖出一个定界框

步骤 2 在框中输入文字，当文字到达边界时就会自动换行，如图 12-9 所示。

图 12-9　在框中输入文字

步骤 3 将光标定位在定界框四周的控制点上，当变为箭头形状时，单击并拖动鼠标可调整定界框的大小，如图 12-10 所示。

图 12-10　调整定界框的大小

步骤 4 将光标定位在控制点外，当变为弯曲的箭头形状时，单击并拖动鼠标可旋转文字的角度，如图 12-11 所示。

图 12-11　旋转文字的角度

步骤 5 将光标定位在定界框外，当变为 ▸⊕ 形状时，单击并拖动鼠标可调整定界框的位置，如图 12-12 所示。

图 12-12　调整定界框的位置

步骤 6 在选项栏中单击 ✓ 按钮，结束段落的输入，此时【图层】面板中会生成一个文字图层，如图 12-13 所示。

图 12-13　结束输入后会生成一个文字图层

12.2.2 通过文字蒙版工具输入文字选区

文字蒙版工具分为横排文字蒙版工具和直排文字蒙版工具，分别用于创建横排和直排的文字状选区。下面以使用横排文字蒙版工具为例介绍，具体的操作步骤如下。

步骤 1 打开随书光盘中的 "素材 \ch12\03.jpg" 文件，如图 12-14 所示。

图 12-14　素材文件

步骤 2 选择横排文字蒙版工具 ，进入蒙版状态，在图像中单击，设置一个插入点，并在其中输入文字，如图 12-15 所示。

▶ **提示**　在图像中单击并拖动鼠标，可拖出一个定界框，用于创建段落文字状选区。

步骤 3 在选项栏中单击 ✓ 按钮，结束文字的输入，退出蒙版状态，此时即创建一个文字状的选区，如图 12-16 所示。

图 12-15　设置一个插入点并输入文字

图 12-16　创建一个文字状的选区

步骤 **4**　创建文字状选区后，可以像其他选区一样，对其进行填充、描边等操作，图 12-17 是对选区描边后的效果。

图 12-17　对选区描边后的效果

12.2.3 转换点文字和段落文字

若是点文本，选择【文字】→【转换为段落文本】菜单命令，可将其转换为段落文本。同理，若是段落文本，选择【文字】→【转换为点文本】菜单命令，可将其转换为点文本。

提示　在进行转换操作时，首先要在【图层】面板中选择文字图层，才能进行操作。

注意　将段落文本转换为点文本时，若定界框中的文字超出其边界，将弹出对话框，提示超出边界的文字在转换过程中将被删除，如图 12-18 所示。为了避免该情况，在转换前需调整定界框的大小，使所有文字显示出来。

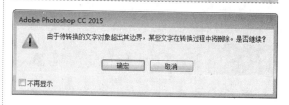

图 12-18　提示超出边界的文字在转换过程中将被删除

12.2.4 转换文字排列方向

选择【文字】→【文本排列方向】菜单命令，在弹出的子菜单中选择【横排】或【竖排】命令，或者单击工具选项栏中的按钮，即可转换文字的排列方向。

图 12-19 所示为点文字的竖排显示效果，图 12-20 所示为段落文字的竖排显示效果。

图 12-19　点文字的竖排显示效果

图 12-20　段落文字的竖排显示效果

12.3 设置文字格式

在输入文字后，还可根据需要设置文字的格式，包括文字字体、字号、颜色、间距、对齐方式等的设置。设置文字格式主要有两种方法，即通过工具选项栏和通过【字符】或【段落】面板。下面分别介绍。

12.3.1 通过选项栏设置格式

在输入文字前或者之后，都可通过文字工具的选项栏设置文字的格式，如图 12-21 所示。

图 12-21　文字工具的选项栏

选项栏中各参数的含义如下。

☆ 按钮：单击该按钮，可转换文字的排列方向。

☆ 【Adobe 黑体 Std R】：设置文字的字体。

☆ 设置字体样式：位于设置文本字体的右侧，用于设置字体的样式，该参数只对部分英文字体有效。

☆ ：此选项用来设置文本的字号。用户既可直接在下拉列表框中选择字号，也可输入具体的数值。

☆ ：此选项用来设置是否消除锯齿。在下拉列表框中共提供了 5 个选项，如图 12-22 所示。【无】选项表示不消除锯齿，效果如图 12-23 所示；【锐利】、【犀利】和【浑厚】3 个选项分别表示轻微消除锯齿、消除锯齿和大量消除锯齿；【平滑】选项表示极大地消除锯齿，效果如图 12-24 所示。

图 12-22　设置是否消除锯齿

图 12-23　不消除锯齿

图 12-24　极大地消除锯齿

 选择【文字】→【消除锯齿】菜单命令，在弹出的子菜单中也可进行同样的操作。

☆ ／／：这些选项用来设置文本的对齐方式。系统会根据插入点的位置来对齐文本，图 12-25 所示是设置插入点的位置，图 12-26、图 12-27 和图 12-28 所示分别是左对齐文本、居中对齐文本和右对齐文本的效果。

图 12-25　设置插入点的位置

图 12-26　左对齐文本

图 12-27　居中对齐文本

图 12-28　右对齐文本

☆ 设置文本颜色：单击颜色块，通过弹出的【拾色器】对话框，可设置文本的颜色。

☆ 　：单击该按钮，通过弹出的【变形文字】对话框，可创建变形文字。

☆ 　：单击该按钮，可显示或隐藏【字符】面板。

☆ 　/　：这两个按钮只在输入文字时显示，分别用于取消和确定文字的输入。

12.3.2 通过字符面板设置文字格式

选择【文字】→【面板】→【字符面板】菜单命令，如图 12-29 所示。将弹出【字符】面板，该面板提供了比文字工具选项栏更多的选项，用于设置文字的字体、字号、字符间距、比例间距等内容，如图 12-30 所示。

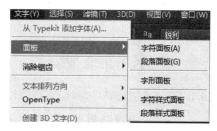

图 12-29　选择【字符面板】命令

图 12-30　【字符】面板

【字符】面板中用于设置字体、字号、颜色的选项与工具选项栏类似，这里不再赘述。下面介绍其他各个参数的含义。

☆ 　：此选项用来设置行距，即文本中各个行之间的垂直距离。

☆ 　：此选项用来设置两个字符的间距。首先需要在两个字符间单击，如图 12-31 所示，然后才能调整这两个字符的间距。其效果如图 12-32 所示。

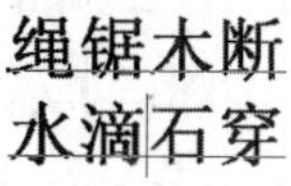

绳锯木断
水滴|石穿

图 12-31　在两个字符间单击

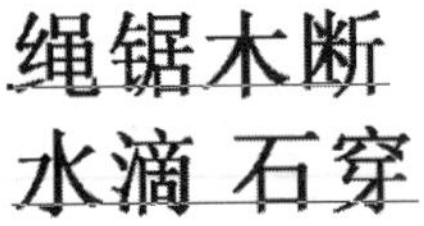

绳锯木断
水滴 石穿

图 12-32　调整这两个字符的间距

☆ 　：此选项用来设置字符的间距。当没有选择字符时，将调整所有字符的间距，如图 12-33 所示；若选择了字符，则调整所选字符的间距，如图 12-34 所示。

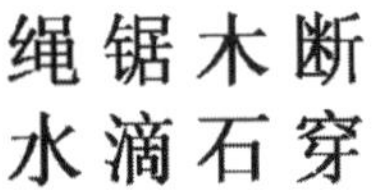

绳 锯 木 断
水 滴 石 穿

图 12-33　没有选择字符时会调整所有字符的间距

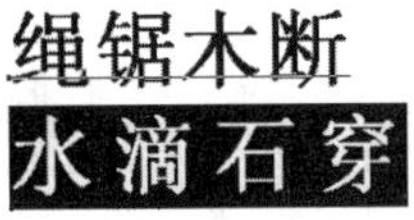

绳锯木断
水 滴 石 穿

图 12-34　选择字符时会调整所选字符的间距

☆ 　：此选项用来设置字符的比例间距。

☆ ＩＴ / Ｔ：这两个选项用来设置字符的高度和宽度。选择要设置的字符后，直接在文本框内输入具体的数值即可，图 12-35 所示为设置宽度Ｔ后的效果，图 12-36 所示为设置高度ＩＴ后的效果。

绳锯木断
水滴石穿

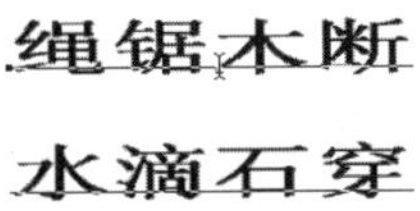

图 12-35　设置字符的宽度

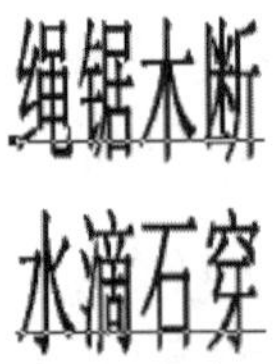

绳锯木断
水滴石穿

图 12-36　设置字符的高度

☆ 　：此选项用来设置基线偏移。图 12-37、图 12-38 和图 12-39 所示分别是设置偏移为 0、50 和 -50 的效果。

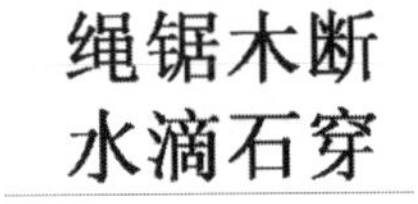

绳锯木断
水滴石穿

图 12-37　基线偏移为 0 的效果

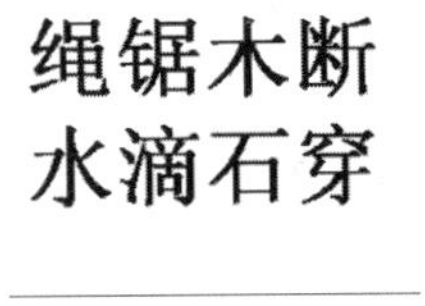

绳锯木断
水滴石穿

图 12-38　基线偏移为 50 的效果

绳锯木断
水滴石穿

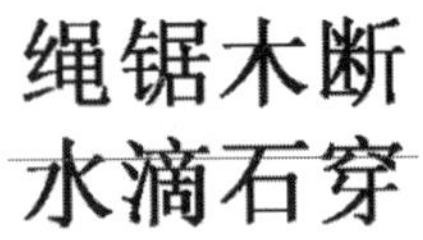

图 12-39　基线偏移为 -50 的效果

☆ Ｔ Ｔ ＴＴ Ｔｒ Ｔ Ｔ Ｔ Ｆ：单击各按钮，可设置文字为粗体、斜体、全部大写字母等特殊的样式。

12.3.3　通过段落面板设置段落格式

选择【文字】→【面板】→【段落面板】菜单命令，将弹出【段落】面板，在其中可设置段落的对齐方式、缩进、段前段后空格等参数，如图 12-40 所示。

图 12-40　【段落】面板

【段落】面板中各参数的含义如下。

☆ /▤/▤：这几个选项用来设置段落文本的对齐方式。图 12-41、图 12-42 和图 12-43 所示分别是左对齐文本▤、居中对齐文本▤和右对齐文本▤的效果。

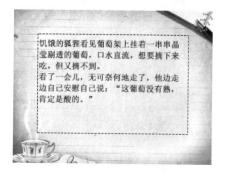

图 12-41　左对齐文本

图 12-42　居中对齐文本

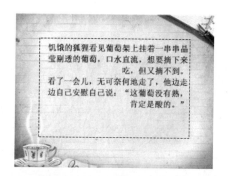

图 12-43　右对齐文本

☆ ▤/▤/▤：这几个选项用来设置段落中最后一行的对齐方式，同时其他行的左右两端将强制对齐。图 12-44、图 12-45 和图 12-46 所示分别是最后一行左对齐、居中对齐和右对齐的效果。

图 12-44　最后一行左对齐

图 12-45　最后一行居中对齐

图 12-46　最后一行右对齐

☆ ▤：单击该按钮，段落的最后一行字符之间将添加间距，使其左右两端强制对齐，如图 12-47 所示。

图 12-47　使左右两端强制对齐

☆ ▤/▤：这两个选项用来设置段落文字与定界框之间的间距（缩进）。图 12-48 和图 12-49 所示分别是设置左缩进▤和右缩进▤后的效果。

图 12-48　左缩进的效果

图 12-50　首行缩进的效果

图 12-49　右缩进的效果

☆　▣：此选项用来设置段落的首行缩进，
　　效果如图 12-50 所示。

☆　▣/▣：这两个选项用来设置段落前和
　　段落后的空格。图 12-51 所示为设置所选
　　段落前空格为 30 点的效果。

图 12-51　设置所选段落前空格为
30 点的效果

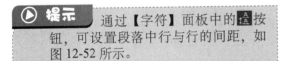
通过【字符】面板中的▣按
钮，可设置段落中行与行的间距，如
图 12-52 所示。

图 12-52　设置段落中行与行的间距

12.4　制作常见特效文字

在了解了输入文字、设置文字格式与文字转换的方法后，下面制作几种常见的特效文字，
包括制作路径文字和制作变形文字。

12.4.1　制作路径文字

路径文字分为两种类型，即绕路径文字和区域文字。绕路径文字是指文字沿着路径排列；
区域文字是指文字放置在封闭路径内部，形成和路径相同的文字块。

1.　制作绕路径文字

使用钢笔工具或形状工具创建一个工作路径，然后沿着该路径输入文字，就可以制作绕路径文字。具体的操作步骤如下。

步骤 **1**　打开随书光盘中的"素材 \ch12\05. jpg"文件，如图 12-53 所示。

图 12-53　素材文件

步骤 **2**　选择钢笔工具，在工具选项栏中选择【路径】选项，然后沿着杯子边缘绘制一条路径，如图 12-54 所示。

图 12-54　沿着杯子边缘绘制一条路径

步骤 **3**　选择横排文字工具，将光标定位在路径的左侧，当光标变为 形状时，单击鼠标进入输入状态，如图 12-55 所示。

图 12-55　单击鼠标进入输入状态

步骤 **4**　此时即可沿着路径输入文字，并且【路径】面板中会新建一个文字路径，如图 12-56 和图 12-57 所示。

图 12-56　沿着路径输入文字

图 12-57　新建一个文字路径

步骤 **5**　在【路径】面板的空白处单击，隐藏文字路径，效果如图 12-58 所示。

图 12-58　隐藏文字路径

当文字没有铺满工作路径时，直接选择工具，然后将光标定位在文字的两端，当光标变为 形状时，向左或向右拖动鼠标，可调整文字在路径上的位置，如图 12-59 所示。若按住左键并向路径的另一侧拖动文字，还可翻转文字，如图 12-60 所示。

图 12-59　调整文字在路径上的位置

图 12-60　翻转文字

2.　制作区域文字

制作区域文字的方法与制作绕路径文字的方法类似，具体的操作步骤如下。

步骤 1　打开随书光盘中的"素材 \ch12\06.jpg"文件，选择自定形状工具 ，在选项栏中选择【路径】选项，然后选择一个心形的形状，在图像中拖动鼠标绘制一个心形路径，如图 12-61 所示。

图 12-61　绘制一个心形路径

步骤 2　将光标定位在形状内部，当光标变为 形状时单击鼠标，此时路径变为文本框，并进入输入状态，如图 12-62 所示。

图 12-62　单击进入输入状态

步骤 3　在其中输入文字，按 Ctrl+Enter 组合键结束编辑，然后在【路径】面板的空白处单击，隐藏路径，区域文字即制作成功，如图 12-63 所示。

图 12-63　制作区域文字

12.4.2　制作变形文字

变形文字是指对文字进行变形处理，Photoshop 提供了多种变形样式，如变为波浪、旗帜等形式。此外，还可自定义样式。具体的操作步骤如下。

步骤 1　打开随书光盘中的"素材 \ch12\07.jpg"文件，如图 12-64 所示。

图 12-64　素材文件

步骤 2　在【图层】面板中单击选中文字图层，如图 12-65 所示。

图 12-65　选中文字图层

步骤 3　选择【文字】→【文字变形】菜单命令，弹出【变形文字】对话框，在【样式】下拉列表框中选择一种变形样式，如这里选择【旗帜】选项，如图 12-66 所示。

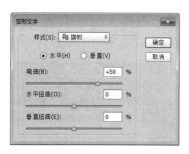

图 12-66 选择【旗帜】选项

图 12-68 将文字变形为弯曲形状

> **提示**　【变形文字】对话框中的【水平】和【垂直】两项用于设置弯曲的方向；【弯曲】、【水平扭曲】和【垂直扭曲】3 项用于设置弯曲的程度。

步骤 4 单击【确定】按钮，即可将文字变形为旗帜形状，如图 12-67 所示。

图 12-67 将文字变形为旗帜形状

步骤 5 在【样式】下拉列表框中选择其他的样式，然后设置弯曲的程度，可将文字变形为其他形式，图 12-68 所示为弯曲形状的文字显示效果，图 12-69 所示为鱼眼形状的文字显示效果。

图 12-69 将文字变形为鱼眼形状

> **提示**　对文字进行变形操作时，有时会弹出提示框，提示无法完成请求，如图 12-70 所示。这是由于某些字体不支持变形操作，只需更换文本字体即可解决该问题。

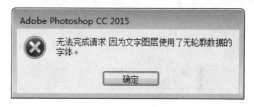

图 12-70 提示无法完成请求

12.5 实战演练——为文本添加外部字体样式

在创建文字时所使用的字体，其实是调用了 Windows 系统中的字体，如果感觉 Photoshop 中文字的样式太单调，还可以自行添加，具体的操作步骤如下。

步骤 1 下载所需要的字体库（后缀名为 .tff），打开后单击【安装】按钮，如图 12-71 所示。

步骤 2 此时该字体会自动安装在 C:\Windows\Fonts 文件夹下，如图 12-72 所示。

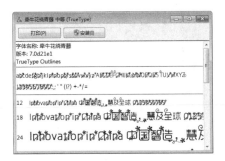

图 12-71　单击【安装】按钮

图 12-72　安装字体

步骤　3 安装完成后，打开 Photoshop 软件，即可为文字应用该字体，如图 12-73 所示。

图 12-73　在软件中为文字应用字体

步骤　4 字体效果如图 12-74 所示。

图 12-74　字体效果

12.6　高手解惑

小白：使用 Photoshop CC 打开外部文件时，提示文件中缺失字体，这是什么原因？

高手：在打开外部文件时，若该文件中的文字使用了系统所没有的字体，将弹出一个提示框，提示文件中缺失字体，如图 12-75 所示。若单击【取消】或【不要解决】按钮，都可关闭该对话框，打开外部文件，此时可查看其中包含的文字，但无法对这些缺失字体的文字进行编辑。要想解决该问题，选择【文字】→【替换所有欠缺字体】菜单命令，使用系统中安装的字体替换文档中欠缺的字体即可。

图 12-75　提示文件中缺失字体

小白： 在做特效字的时候，做完后总是有白色的背景，如何去掉背景色，使得只能看到字，而看不到任何背景？

　　高手： 新建一个透明层，在透明层上在建立文字，并完成其特效效果，输出为 GIF 格式的图片，就能实现背景透明的效果。

12.7　跟我练练手

　　练习 1：使用文字工具输入一段文字。

　　练习 2：通过文字蒙版工具输入文字选区。

　　练习 3：转换点文字和段落文字

　　练习 4：使用各种方法设置文字格式。

　　练习 5：制作路径文字和变形文字。

　　练习 6：从网上下载一个字体库，然后添加外部字体样式。

第13章

网页中迷人的
蓝海——制作网页
按钮与特效边线

按钮是网站设计不可缺少的基础元素之一，按钮作为页面的重要视觉元素，放置在明显、易找、易读的区域是必要的。网页中的边线在一定程度上起到了美化网页的作用。

● **本章要点（已掌握的在方框中打钩）**

☐ 掌握制作常用按钮的方法
☐ 掌握制作装饰边线的方法

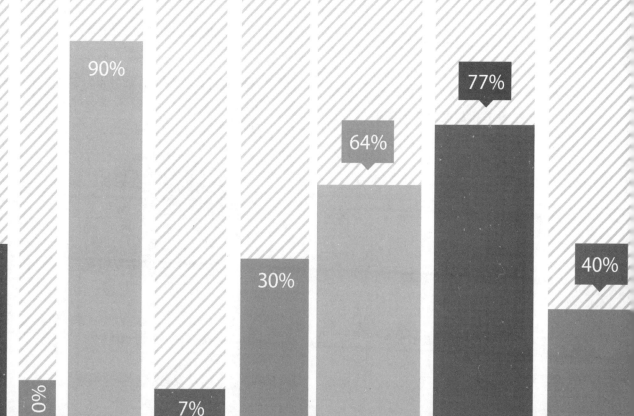

90%

64%

77%

30%

40%

40%

0%

7%

13.1 制作按钮

在个性彰显的今天，互联网也注重个性的发展，不同的网站采用不同的按钮样式，按钮设计得好坏直接影响了整个站点的风格。下面介绍几款常用按钮的制作。

13.1.1 案例 1——制作普通按钮

面对色彩丰富繁杂的网络世界，普通简洁的按钮凭其大方经典的样式得以永存。制作普通按钮的具体操作步骤如下。

步骤 1 打开 Photoshop CC，按 Ctrl+N 组合键，打开【新建】对话框，设置宽"250px"、高"250px"，并命名为"普通按钮"，如图 13-1 所示。

图 13-1 【新建】对话框

步骤 2 单击【确定】按钮，新建一个空白文档。新建【图层 1】，选择【椭圆选框工具】，按住 Shift 键的同时在图像窗口画出一个"200px×200px"的正圆，如图 13-2 所示。

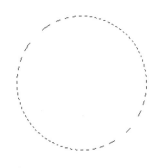

图 13-2 创建圆形选区

步骤 3 选择【渐变工具】，并设置渐变颜色为"R102，G102，B155"到"R230，G230，B255"的渐变，如图 13-3 所示。

图 13-3 设置渐变填充颜色

步骤 4 在圆形选框上方单击并向下拖曳鼠标，填充从上到下的渐变。然后按下 Ctrl+D 组合键取消选区，如图 13-4 所示。

图 13-4 取消选区

步骤 5 新建【图层 2】，再用【椭圆选框工具】，画出一个 "170px×170px" 的正圆，用【渐变工具】进行从下到上地填充，如图 13-5 所示。

图 13-5　绘制圆形并填充颜色

步骤 6 选中【图层 1】和【图层 2】，然后单击下方的【链接】按钮，链接两个图层，如图 13-6 所示。

图 13-6　链接两个图层 6

步骤 7 选择【移动工具】，单击上方工具栏选项中的【垂直居中对齐】和【水平居中对齐】按钮，以【图层 1】为准，对齐【图层 2】，效果如图 13-7 所示。

图 13-7　对齐图层

步骤 8 选中【图层 2】，为图层添加【斜面和浮雕】效果，具体的参数设置如图 13-8 所示。

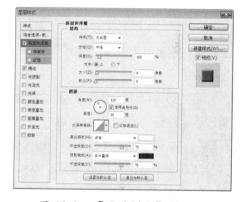

图 13-8　【图层样式】对话框

步骤 9 选中【图层 2】，为图层添加【描边】效果，具体的参数设置如图 13-9 所示。

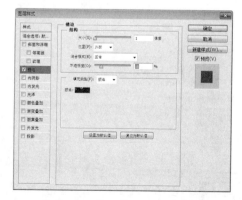

图 13-9　【图层样式】对话框

步骤 10 单击【确定】按钮，完成普通按钮的制作，效果如图 13-10 所示。

图 13-10　制作的按钮

13.1.2　案例 2——制作迷你按钮

信息在网络上有着重要的地位，很多人不想放过可以放一点信息的空间，于是采用迷你按钮，可爱又不失得体，很受年轻人的喜爱。

制作迷你按钮的具体操作步骤如下。

步骤 1 打开 Photoshop CC，按 Ctrl+N 组合键，打开【新建】对话框，设置宽"60px"、高"60px"，并命名为"迷你按钮"，如图 13-11 所示。

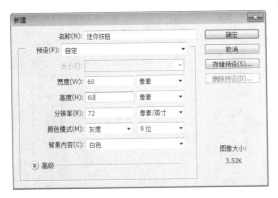

图 13-11　【新建】对话框

步骤 2 单击【确定】按钮，新建一个空白文档。新建【图层 1】，用【椭圆选框工具】在图像窗口画一个"50px×50px"的正圆，

填充橙色"R：255，G：153，B：0"，如图 13-12 所示。

图 13-12　填充图形

步骤 3 选择【选择】→【修改】→【收缩】菜单命令，打开【收缩选区】对话框，设置【收缩量】为"7"像素，如图 13-13 所示。

图 13-13　【收缩选区】对话框

步骤 4 单击【确定】按钮，可以看到收缩之后的效果，然后按 Delete 键删除，可以得到图 13-14 所示的圆环。

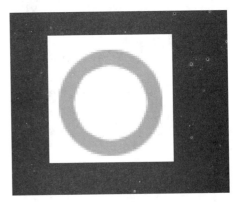

图 13-14　收缩后的效果

步骤 5 双击【图层 1】调出【图层样式】对话框，设置【斜面和浮雕】效果，具体的参数如图 13-15 所示。

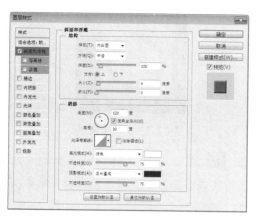

图 13-15　【图层样式】对话框

步骤 6 单击【确定】按钮，得到图 13-16 所示的圆环。

图 13-16　环形图案

步骤 7 新建【图层 2】，用【椭圆选框工具】画一个"36px×36px"的正圆，设置前景色为白色，背景色为灰色（R207，G207，B207），如图 13-17 所示。

图 13-17　【拾色器（背景色）】对话框

步骤 8 按住 Shift 键的同时用【渐变工具】从左上角往右下角拉出渐变。单击上方工具栏

选项中的【垂直居中对齐】和【水平居中对齐】按钮，使其与边框对齐，如图 13-18 所示。

图 13-18　对齐图层

步骤 9 选中【图层 2】并双击，打开【图层样式】对话框，在其中设置【斜面和浮雕】参数，如图 13-19 所示。

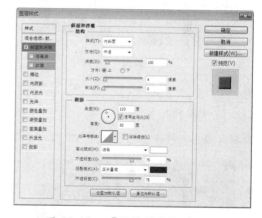

图 13-19　【图层样式】对话框

步骤 10 单击【确定】按钮，得到最终的效果，如图 13-20 所示。

图 13-20　环形图案

步骤 11 选择【自定形状工具】，在上方出现的工具栏选项中选择自己喜欢的形状，在这里选择了"&"形状，如果找不到这个形状，可以单击形状选择菜单右上角的按钮，然后选择【全部】命令调出全部形状，如图 13-21 所示。

图 13-21　调出全部形状

步骤 12 新建【路径 1】，绘制大小合适的形状，再右击【路径 1】，在弹出的下拉菜单中选择【建立选区】命令，如图 13-22 所示。

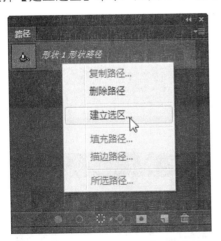

图 13-22　选择【建立选区】命令

步骤 13 新建【图层 3】，在选区内填充上和按钮边框一样的橙色，重复对齐操作，效果如图 13-23 所示。

图 13-23　对齐图层

步骤 14 双击【图层 3】，在弹出的对话框中选中【内阴影】复选框，设置相关参数，如图 13-24 所示。

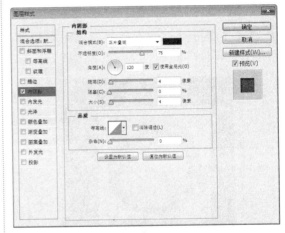

图 13-24　【图层样式】对话框

步骤 15 单击【确定】按钮，得到图 13-25 所示的最终效果。

图 13-25　最终的显示效果

13.1.3　案例 3——制作水晶按钮

水晶按钮可以说是最受欢迎的按钮样式之一，下面就教大家制作一款橘红色的水晶按钮，具体的操作步骤如下。

步骤 **1** 打开 Photoshop，按 Ctrl+N 组合键，打开【新建】对话框，设置宽"15cm"、高"15cm"，并命名为"水晶按钮"，如图 13-26 所示。

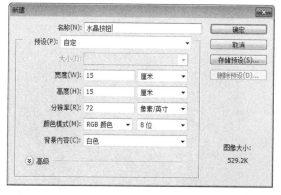

图 13-26　【新建】对话框

步骤 **2** 单击【确定】按钮，新建一个空白文档，如图 13-27 所示。选择【椭圆选框工具】，双击鼠标，在【工具】面板上部出现的选项栏里设置：【羽化】"0 像素"，选中【消除锯齿】复选框，【样式】为"固定大小"，【宽度】为"350 像素"，【高度】为"350 像素"，如图 13-27 所示。

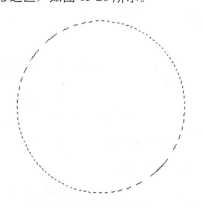

图 13-27　设置参数

步骤 **3** 新建一个【图层 1】，将光标移至图像窗口，单击鼠标左键，画出一个固定大小的圆形选区，如图 13-28 所示。

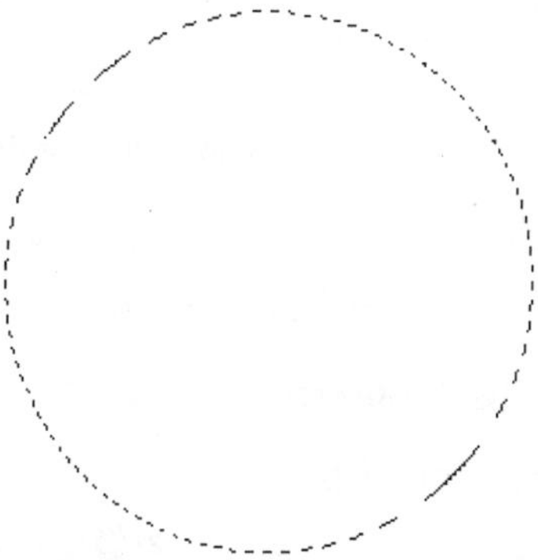

图 13-28　绘制圆形选区

步骤 **4** 选择前景色为"C0、M90、Y100、K0"，设置背景色为"C0、M40、Y30、K0"。选择【渐变工具】，在其工具栏选项中设置过渡色为【前景色到背景色】，渐变模式为【线性渐变】，如图 13-29 所示。

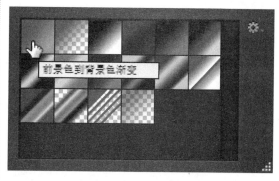

图 13-29　选择渐变样式

步骤 **5** 选择【图层 1】，再回到图像窗口，在选区中按下 Shift 键的同时由上至下画出渐变色，按 Ctrl+D 组合键取消选区，如图 13-30 所示。

图 13-30　渐变填充选区

步骤 **6** 双击【图层 1】，打开【图层样式】对话框，选中【投影】复选框，设置暗调颜色为"C0、M80、Y80、K80"，并设置其他相关参数，如图 13-31 所示。

步骤 **7** 选中【内发光】复选框，设置发光颜色为"C0、M80、Y80、K80"，并设置其他相关参数，如图 13-32 所示。

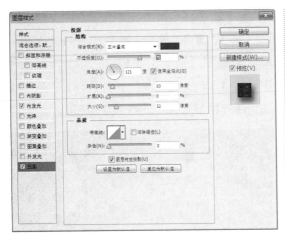

图 13-31　选中【投影】复选框

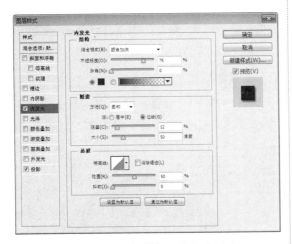

图 13-32　选中【内发光】复选框

步骤 8 单击【确定】按钮，可以看到最终的效果，这时图像中已经初步显示出红色立体按钮的基本模样了，如图 13-33 所示。

图 13-33　红色立体按钮

步骤 9 新建一个【图层 2】，选择【椭圆选框工具】，将工具选项栏中的【样式】设置改为【正常】，在【图层 2】中画出一个椭圆形选区，如图 13-34 所示。

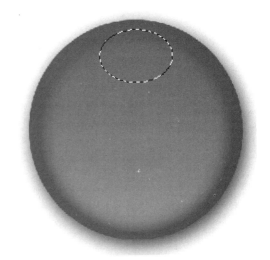

图 13-34　绘制圆形选区

步骤 10 双击【工具】面板中的【以快速蒙版模式编辑】按钮，调出【快速蒙版选项】对话框，设置【蒙版颜色】为蓝色，如图 13-35 所示。

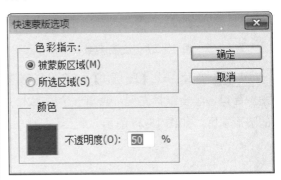

图 13-35　【快速蒙版选项】对话框

步骤 11 单击【确定】按钮。此时，图像中椭圆选区以外的部分被带有一定透明度的蓝色遮盖，如图 13-36 所示。

步骤 12 选择【画笔工具】，选择合适的笔刷大小和硬度，将光标移至图像窗口，用笔刷以蓝色蒙版色遮盖部分椭圆，如图 13-37 所示。

图 13-36　添加蒙版后的效果

图 13-37　遮盖蒙版

步骤 13 单击【工具】面板中的【以标准模式编辑】按钮，这时图像中原来椭圆形选区的一部分被减去，如图 13-38 所示。

图 13-38　获取选区

步骤 14 设置前景色为白色，选择【渐变工具】，在工具选项栏中的【渐变编辑器】中设置渐变模式为【前景到透明】，如图 13-39 所示。

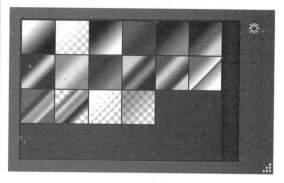

图 13-39　选择渐变样式

步骤 15 按下 Shift 键，同时在选区中由上到下填充渐变，然后按 Ctrl+H 组合键隐藏选区观察效果，如图 13-40 所示。

图 13-40　填充选区

步骤 16 新建一个【图层 3】，按住 Ctrl 键，单击图层面板中的【图层 1】，重新获得圆形选区，在菜单中执行【选择】→【修改】→【收缩】命令，在弹出对话框中设置【收缩量】为"7"像素，将选区收缩，如图 13-41 所示。

步骤 17 选择【矩形选框工具】，将光标移至图像窗口，按下 Alt 键，由选区左上部拖动鼠标到选区的右下部 3/4 处，减去部分选区，如图 13-42 所示。

图 13-41   收缩选区

图 13-42   创建选区

步骤 18 仍用白色作为前景色，并再次选择【渐变工具】，渐变模式设置为【前景到透明】，按 Shift 键的同时在选区中由下到上做渐变填充，之后按 Ctrl+H 组合键隐藏选区观察效果，如图 13-43 所示。

图 13-43   填充选区

步骤 19 选中【图层 3】，选择【滤镜】→【模糊】→【高斯模糊】菜单命令，在对话框的【半径】文本框中填入适当的数值"7"，如图 13-44 所示。

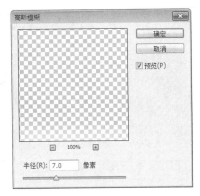

图 13-44   【高斯模糊】对话框

步骤 20 单击【确定】按钮，加上高斯模糊效果，如图 13-45 所示。

图 13-45   应用模糊效果

步骤 21 回到图像窗口，在图层面板中把【图层 3】的【不透明度】设置为"65%"。至此，橘红色水晶按钮就制作完成了，如图 13-46 所示。

图 13-46   调整图层的不透明度

合并所有图层，然后选择【图像】→【调整】→【色相/饱和度】菜单命令，在打开的对话框中选中【着色】复选框，可以对按钮进行颜色的变换，如图 13-47 所示。变换颜色后的水晶按钮如图 13-48 所示。

图 13-47 【色相/饱和度】对话框

文档。背景填充为白色。然后选择【滤镜】→【杂色】→【添加杂色】菜单命令，在打开的对话框中，设置参数【数量】为 400%，【分布】为【高斯分布】，再选中【单色】复选框，如图 13-50 所示。

图 13-49 【新建】对话框

图 13-48 蓝色按钮

图 13-50 【添加杂色】对话框

13.1.4 案例 4——制作木纹按钮

木纹按钮的制作主要是利用滤镜中的滤镜功能来完成的，制作木纹按钮的具体操作步骤如下。

步骤 1 打开 Photoshop，按 Ctrl+N 组合键，新建一个宽 "200px"、高 "100px" 的文件，将它命名为 "木纹按钮"，如图 13-49 所示。

步骤 2 单击【确定】按钮，新建一个空白

步骤 3 单击【确定】按钮，效果如图 13-51 所示。

图 13-51 添加杂色后的效果

步骤 4 选择【滤镜】→【模糊】→【动感模糊】菜单命令,打开【动感模糊】对话框,设置【角度】为"0"或"180"度,【距离】为"999"像素,如图 13-52 所示。

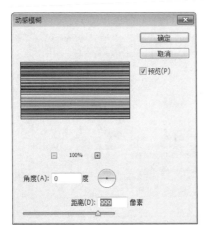

图 13-52 【动感模糊】对话框

步骤 5 单击【确定】按钮,得到图 13-53 所示效果。

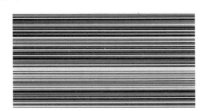

图 13-53 应用动感模糊后的效果

步骤 6 执行【滤镜】→【模糊】→【高斯模糊】菜单命令,打开【高斯模糊】对话框,设置参数【半径】为"1"像素,如图 13-54 所示。

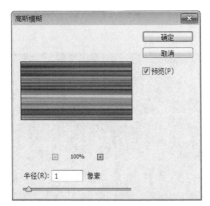

图 13-54 【高斯模糊】对话框

步骤 7 单击【确定】按钮,得到图 13-55 所示的效果。

图 13-55 应用高斯模糊后的效果

步骤 8 按下 Ctrl+U 组合键,弹出【色相/饱和度】对话框,选中【着色】复选框,设置【色相】为"30",【饱和度】为"40",【明度】为"5",如图 13-56 所示。

图 13-56 【色相/饱和度】对话框

步骤 9 单击【确定】按钮,得出效果如图 13-57 所示。

图 13-57 调整色相后的效果

步骤 10 执行【滤镜】→【扭曲】→【旋转扭曲】菜单命令,打开【旋转扭曲】对话框,设置【角度】为"200"度,如图 13-58 所示。

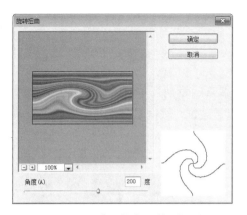

图 13-58 【旋转扭曲】对话框

步骤 11 单击【确定】按钮，得到图 13-59 所示的效果。

图 13-59 应用扭曲后的效果

步骤 12 复制背景图层，新建【路径 1】，选择【圆角矩形工具】，在上方的工具栏选项中设置【半径】为"15 像素"，绘制出按钮外形，对此路径建立选区，选择【选择】→【反选】菜单命令，按 Delete 键删除选区部分，再删除背景图层，如图 13-60 所示。

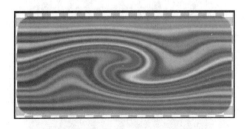

图 13-60 删除多余图案

步骤 13 最后添加图层样式，双击【背景副本】图层，打开【图层样式】对话框，为图层添加【斜面和浮雕】效果，具体的参数设置如图 13-61 所示。

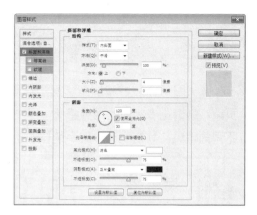

图 13-61 【图层样式】对话框

步骤 14 双击【背景副本】图层，打开【图层样式】对话框，为图层添加【等高线】效果，参数设置如图 13-62 所示。

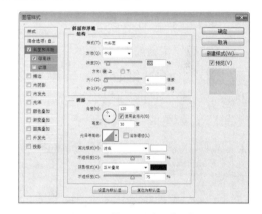

图 13-62 【图层样式】对话框

步骤 15 最后单击【确定】按钮，得到最终效果，如图 13-63 所示。

图 13-63 木纹按钮

▶ **提示** 读者还可以通过更多的图层样式把按钮做得更加精致，甚至可以把它变成红木的，在设计家居网页时或许是种不错的选择。

13.2 制作装饰边线

网页图像的装饰和造型不同于绘画，它不是独立的造型艺术，它的任务是美化网页的页面，给浏览者以美的视觉感受，网页艺术的造型、装饰，根据不同的对象、不同的环境、不同的地域，其在设计方案中的体现也不相同。

13.2.1 案例5——制作 装饰虚线

虚线可以说是在网页中无处不在，但在Photoshop 中没有虚线画笔，这里教大家两个简单的方法。

1. 通过【画笔工具】实现

具体的操作步骤如下。

步骤 1 按 Ctrl+N 组合键，新建一个宽"400px"、高"100px"的文件，将它命名为"虚线1"，如图 13-64 所示。

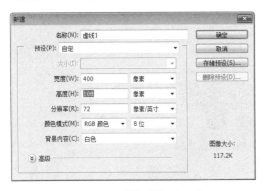

图 13-64 【新建】对话框

步骤 2 选择【画笔工具】，单击上方的工具栏右端的【切换画笔面板】，调出图 13-65 所示的【画笔】面板。

步骤 3 选择【尖角3】画笔，再选中对话框左边的【双重画笔】复选框，选择比【尖角3】粗一些的画笔，在这里选择的是【尖角9】画笔，并设置其他参数，可以看到对话框下部的预览框中已经出现了虚线，如图 13-66 所示。

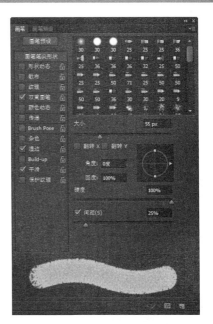

图 13-65 【画笔】面板

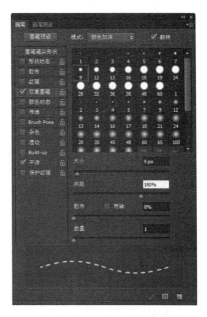

图 13-66 设置画笔参数

步骤 4 新建【图层1】，在图像窗口按住 Shift 键的同时画出虚线，效果如图 13-67 所示。

图 13-67　绘制虚线

提示 通过【画笔工具】实现的虚线并不是很美观，看上去比较随便，而且画出来的虚线的颜色和真实选择的颜色有出入，下面介绍用【定义图案】来实现虚线的制作。

2. 通过【定义图案】实现

步骤 1 按 Ctrl+N 组合键，新建一个宽"16px"、高"2px"的文件，将它命名为"虚线图案"，如图 13-68 所示。

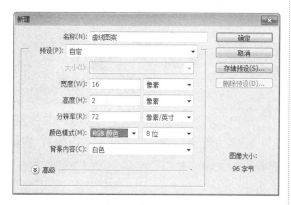

图 13-68　【新建】对话框

步骤 2 放大图像，新建【图层1】，用【矩形选框工具】绘制一个宽"8px"、高"2px"的选区，在【图层1】上填充黑色，取消选区，如图 13-69 所示。

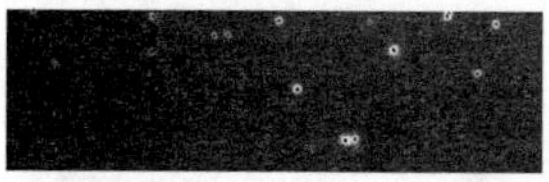

图 13-69　绘制矩形并填充颜色

步骤 3 选择【编辑】→【定义图案】菜单命令，打开【图案名称】对话框，输入图案的名称，然后单击【确定】按钮，如图 13-70 所示。

图 13-70　【图案名称】对话框

步骤 4 按 Ctrl+N 组合键，新建一个宽"400px"、高"100px"的文件，将它命名为"虚线2"，如图 13-71 所示。

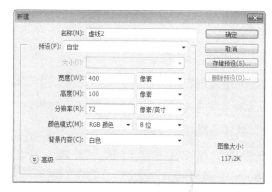

图 13-71　【新建】对话框

步骤 5 新建【图层1】，用【矩形选框工具】绘制一个宽"350px"、高"2px"的选区，如图 13-72 所示。

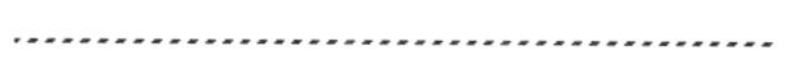

图 13-72　绘制矩形

步骤 6 在选区内右击，在弹出的快捷菜单中选择【填充】命令，打开【填充】对话框，其中【自定图案】选择之前做的"虚线图案"，如图 13-73 所示。

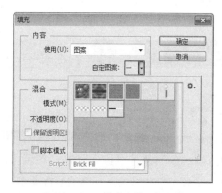

图 13-73　【填充】对话框

步骤 7 单击【确定】按钮，即可填充矩形，然后按下 Ctrl+D 组合键，取消选区，最终的效果如图 13-74 所示。

- -

图 13-74　绘制的虚线

13.2.2 案例6——制作分割线条

内嵌线条在网页设计中应用较多，主要用来反映自然的光照效果和表现界面的立体感。

具体的操作步骤如下。

步骤 1 按 Ctrl+N 组合键，新建一个宽"400px"、高"40px"的文件，将它命名为"内嵌线条"，如图 13-75 所示。

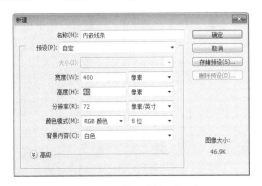

图 13-75　【新建】对话框

步骤 2 新建【图层1】，选择一些中性的颜色填充图层，如这里选择紫色，使线条画在上面可以看得清楚，如图 13-76 所示。

图 13-76　填充紫色

步骤 3 新建【图层2】，选择【铅笔工具】，线宽设置成"1"像素。按住 Shift 键的同时在图像上画一条黑色的直线。画好一条后可以再复制一条并把它们对齐，如图 13-77 所示。

图 13-77　绘制黑色直线

步骤 4 新建【图层3】，把线宽设置成"2"像素，然后再按上面的方法画两条白色的线。把【图层3】拖到【图层2】的下层，然后选择【移动工具】，把两条白色线条拖动到黑色线条的右下角一个像素处，至此，可以看到添加的立体效果，如图 13-78 所示。

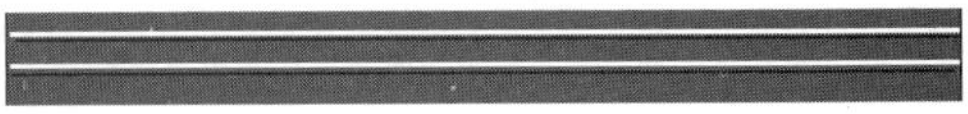

图 13-78　拖动线条

步骤 5 在【图层】面板上设置【图层3】的混合模式为"柔光"，这样装饰性内嵌线条就制作完成了，如图 13-79 所示。

图 13-79　设置图层样式

13.2.3 案例7——制作斜纹区域

用户在浏览网页的时候是否感叹斜纹很多呢？经典的斜纹，永远的时尚，不用羡慕，下面我们也来做一款斜纹线条，同样是通过定义图案实现的。

步骤 1 按 Ctrl+N 组合键，新建一个宽"4px"、高"4px"的文件，将它命名为"斜纹图案"，如图 13-80 所示。

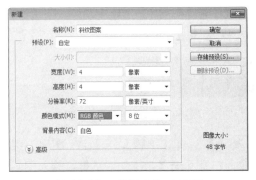

图 13-80　【新建】对话框

步骤 2 放大图像，新建【图层 1】，用【矩形选框工具】选择选区，如图 13-81 所示。

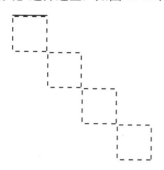

图 13-81 绘制矩形

步骤 3 设置前景色为灰色，按下 Alt+Delete 组合键，填充选区，如图 13-82 所示。

图 13-82 删除选区

步骤 4 选择【编辑】→【定义图案】菜单命令，打开【图案名称】对话框，输入图案的名称，然后单击【确定】按钮，如图 13-83 所示。

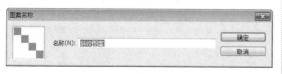

图 13-83 【图案名称】对话框

步骤 5 按 Ctrl+N 组合键，新建任意长宽的文件，将它命名为"斜纹线条"。新建【图层 1】，按 Ctrl+A 组合键全选，右击选区，在弹出的快捷菜单中选择【填充】命令，打开【填充】对话框，【自定图案】选择之前制作的"斜纹图案"，如图 13-84 所示。

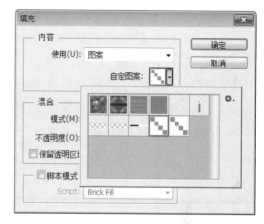

图 13-84 【填充】对话框

步骤 6 单击【确定】按钮，即可得到图 13-85 所示的效果。

图 13-85 斜纹效果

13.3 高手解惑

小白： 在网页中使用图像应该注意哪些问题？

高手： 图像内容应有一定的实际作用，切忌虚饰浮夸。图画可以弥补文字之不足，但并不能够完全取代文字。很多用户把浏览软件设定为略去图像，以求节省时间，他们只看文字。因此，制作主页时，必须注意将图像所连接的重要信息或连接其他页面的指示用文字重复表达几次，同时要注意避免使用过大的图像，如果不得不放置大的图像在网站上，应该把图像的缩小版本的预览效果显示出来，这样用户就不必浪费金钱和时间去下载他们根本不想看的大图像。

小白：设计用图像的色彩模式以什么模式较好？

高手：在 Photoshop CC 中，图像的色彩模式有 RGB 模式、CMYK 模式、GrayScale 模式以及其他色彩模式。对于设计图像模式的采用要看设计图像的最终用途。如果设计的图像要在印刷纸上打印或印刷，最好采用 CMYK 色彩模式，这样在屏幕上所看见的颜色和输出打印颜色或印刷的颜色比较接近。如果设计是用于电子媒体显示（如网页、电脑投影、录像等），图像的色彩模式最好用 RGB 模式，因为 RGB 模式的颜色更鲜艳、更丰富，画面也更好看些。并且图像的通道只有 3 个，数据量小些，所占磁盘空间也较少。如果图像是灰色的，则用 GrayScale 模式较好，因为即使是用 RGB 或 CMYK 色彩模式表达图像，看起来仍然是中性灰颜色，但其磁盘空间大得多。另外，灰色图像在印刷时，如用 CMYK 模式表示，出菲林及印刷时有 4 个版，费用大不说，还可能引起印刷时灰平衡控制不好时的偏色问题，当有一色印刷墨量过大时，会使灰色图像产生色偏。

13.4 跟我练练手

练习 1：制作各种类型的按钮，包括普通按钮、迷你按钮、水晶按钮和木纹按钮。

练习 2：制作各种类型的装饰边线，包括装饰虚线、分割线条和斜纹区域。

第14章

网站中的路标——
制作网页导航条

导航条是网站设计不可缺少的基础元素之一，导航条不仅仅是信息结构的基础分类，也是浏览网站的路标。本章将讲述如何使用 Photoshop CC 制作网页导航条。

● **本章要点（已掌握的在方框中打钩）**

☐ 认识网页导航条

☐ 掌握制作网页导航条的方法

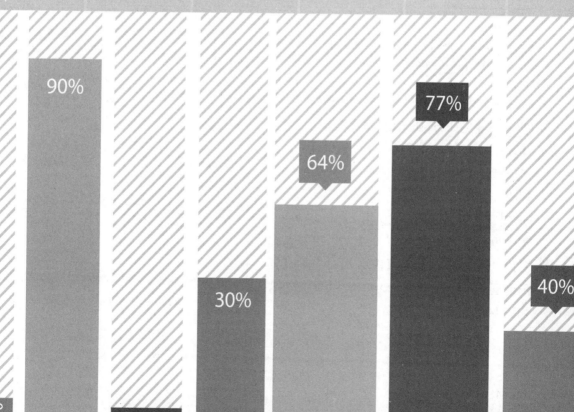

14.1　网页导航条简介

导航条是最早出现在网页上的页面元素之一。它既是网站路标，又是分类名称，是十分重要的。导航条应放置到明显的页面位置，让浏览者在第一时间内看到它并做出判断，确定要进入哪个栏目中去搜索他们所要的信息。

在设计网站导航条的时候，一般来说要注意以下几点。

(1)　网站导航条的色彩要与网站的整体相融合，在色彩的选用上不要求像网站的 Logo、Banner 那样的鲜明色彩。

(2)　放置在网站正文的上方或者下方，这样的放置主要是针对网站导航条，能够为精心设计的导航条提供一个很好的展示空间，如果网站使用的是列表导航，也可以将列表放置在网站正文的两侧。

(3)　导航条层次清晰，能够简单、明了地反映访问者所浏览的层次结构。

(4)　尽可能多地提供相关资源的链接。

14.2　制作网页导航条

导航条的设计根据具体情况可以有多种变化，它的设计风格决定了页面设计的风格。常见的导航条有横排导航、竖排导航等。

14.2.1　案例 1——制作导航条框架

制作横向导航条框架的操作步骤如下。

步骤 1　在 Photoshop CC 操作界面中，选择【文件】→【新建】菜单命令，打开【新建】对话框，在其中设置文档的宽度、高度等参数，如图 14-1 所示。

步骤 2　单击【确定】按钮，即可新建一个宽 "500px"、高 "50px" 的文件，并将其命名为 "导航条"。新建【图层 1】，选择【矩形选框工具】绘制 "500px×30px" 的导航轮廓，如图 14-2 所示。

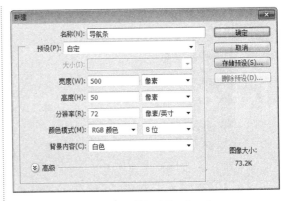

图 14-1　【新建】对话框

图 14-2　创建矩形选区

步骤 **3** 单击工具箱中的前景色色块，将其设置为橘黄色"R234，G151，B77"，然后使用油漆桶工具填充选中的矩形框，如图14-3所示。

图14-3 填充颜色

步骤 **4** 双击图层的缩览图，在弹出的对话框中单击左侧的【渐变叠加】，设置填充颜色，其中中间的颜色为"R77，G142，B186"，两端颜色为"R8，G123，B109"，如图14-4所示。

步骤 **5** 选中【描边】复选框，设置描边的颜色为"R77，G142，B186"，并设置其他参数，如图14-5所示。

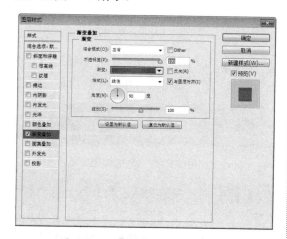

图14-4 【图层样式】对话框

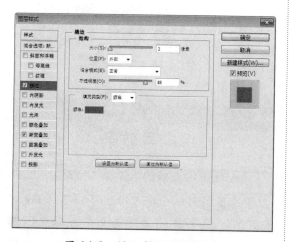

图14-5 添加描边图层样式

步骤 **6** 单击【确定】按钮，可以看到添加之后的颜色，如图14-6所示。

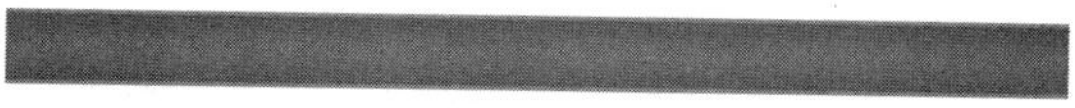

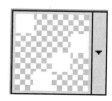

图14-6 绘制的导航条框架

14.2.2 案例2——制作斜纹

制作导航条上的斜纹，具体的操作步骤如下。

步骤 **1** 新建【图层2】，按住Ctrl键的同时单击【图层1】图层读取选区，执行【编辑】→【填充】菜单命令，打开【填充】对话框，在其中设置填充图案，如图14-7所示。

图14-7 设置填充图案

步骤 **2** 单击【确定】按钮，将【不透明度】改为"43%"，得到图14-8所示的效果。

图14-8 填充选区

步骤 **3** 新建一个【图层3】，创建图14-9所示的选区。

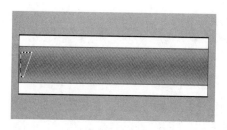

图14-9 创建选区

步骤 **4** 填充渐变色"#366F99"到"#5891BA"，并给图层添加【内阴影】图层样式，参数设置如图14-10所示。

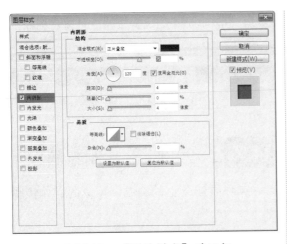

图 14-10　【图层样式】对话框

步骤 5 添加【描边】，颜色为"#4D8EBA"，【位置】选择"内部"，如图 14-11 所示。

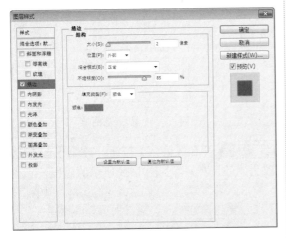

图 14-11　【图层样式】对话框

步骤 6 添加【图层样式】后效果如图 14-12 所示。

图 14-12　图案效果

步骤 7 复制【图层 3】图层，将其移动到与【图层 3】图层对应的位置，如图 14-13 所示。

图 14-13　复制图案

步骤 8 新建【图层 4】，用"#316B94"和白色绘制图 14-14 所示的图像，在不取消选区的情况下转换到【通道】面板，新建"Alpha1"通道，在选区内由上到下填充"白色→黑色→白色"的渐变，再按住 Ctrl 键的同时单击该通道，回到【图层 4】图层，按 Ctrl+Shift+I 组合键进行反选后按 Delete 键删除。

图 14-14　绘制图形

步骤 9 复制几个该图层，分别移动到合适的位置后对齐并合并，如图 14-15 所示。

图 14-15　复制图层

步骤 10 用【横排文字工具】写上各个导航文字，合并后加上【距离】和【大小】分别为"2"像素的投影，最终效果如图 14-16 所示。

图 14-16　输入文字

14.2.3 案例 3——制作纵向导航条

制作垂直导航条的具体操作步骤如下。

步骤 1 新建一个宽"300px"、高"500px"的文件，将它命名为"垂直导航条"，如图 14-17 所示。

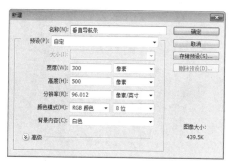

图 14-17 【新建】对话框

步骤 2 单击【确定】按钮,创建一个空白文档。在【工具】箱中单击【前景色】按钮,打开【拾色器（前景色）】对话框,设置前景色为灰色（R229,G229,B229）,如图 14-18 所示。

图 14-18 【拾色器（背景色）】对话框

步骤 3 单击【确定】按钮,按下 Alt+Delete 组合键,填充颜色,如图 14-19 所示。

图 14-19 填充颜色

步骤 4 新建【图层1】,使用矩形选区工具绘制一区域,然后填充为白色,如图 14-20 所示。

图 14-20 绘制矩形并填充白色

步骤 5 双击【图层1】,打开【图层样式】对话框,给该图层添加投影、内阴影、渐变叠加以及描边样式。单击【确定】按钮,即可看到添加图层样式后的效果,如图 14-21 所示。

图 14-21 添加图层样式

步骤 6 选择【工具箱】中的【横排文字工具】,输入导航条上的文字,并设置文字的颜色、大小等属性,如图 14-22 所示。

图 14-22 输入文字

步骤 7 单击【工具箱】中的【自定义形状】按钮，在上方出现的工具栏选项中选择自己喜欢的形状，如图 14-23 所示。

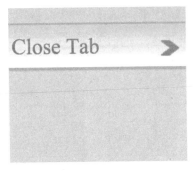

图 14-24　绘制形状

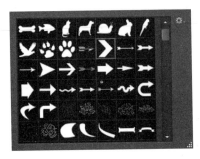

图 14-23　选择形状

步骤 8 新建【路径 1】，绘制大小合适的形状，再右击【路径 1】，在弹出的快捷菜单中选择【建立选区】命令。新建【图层 3】，在选区内填充上和文字一样的颜色，重复对齐操作，效果如图 14-24 所示。

步骤 9 合并除背景图层之外的所有图层，然后复制合并之后的图层，并调整其位置。至此，就完成了垂直导航条的制作，最终的效果如图 14-25 所示。

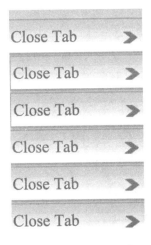

图 14-25　复制图层

14.3 高手解惑

小白：如何使用联机滤镜？

高手：Photoshop 的滤镜是一种植入 Photoshop 的外挂功能模块，在使用 Photoshop 进行处理图片的过程中，如果发现系统预设的滤镜不能满足设计的需要，还可以在 Photoshop CC 操作界面中选择【滤镜】→【浏览联机滤镜】菜单命令，如图 14-26 所示。

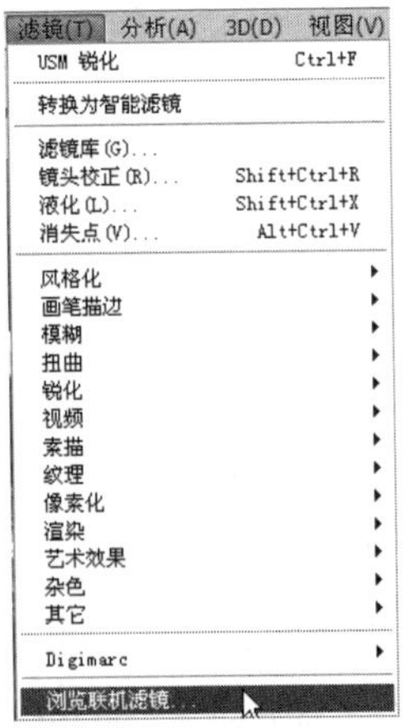

图 14-26　选择【浏览联机滤镜】命令

打开 Photoshop CC 的官方网站，在其中选择需要下载的滤镜插件，然后安装即可。Photoshop 滤镜的安装很简单，一般滤镜文件的扩展名为 .8bf，只要将这个文件复制到 Photoshop 目录下面的 Plug-ins 目录下面就可以了。

小白：如何为 Photoshop 添加特殊的字体？

高手：在 Photoshop CC 中所使用的字体，其实就是调用了 Windows 系统中的字体，如果感觉 Photoshop 中字库文字的样式太单调，则可以自行添加。首先把自己喜欢的字体文件安装在 Windows 系统的 Fonts 文件夹下，这样就可以在 Photoshop CC 中调用这些新安装的字体。

对于某些没有自动安装程序的字体库，可以手工对其进行安装。打开 Windows\Fonts 文件夹，选择【文件】→【安装新字体】菜单命令，弹出一个【添加字体】对话框，把新字体选中之后单击【确定】按钮，新字体就安装成功了。

14.4 跟我练练手

练习 1：制作导航条的框架。

练习 2：制作导航条的斜纹。

练习 3：制作纵向导航条。

第 **4** 篇

精通网页动画设计

第15章

让网页活灵活现——
制作简单网页动画

使用 Flash 可以制作网站动画效果，常见的动画形式为逐帧动画、形状补间动画、补间动画、传统补间动画、引导动画、遮罩动画等。本章就来介绍使用 Flash 制作动画的相关知识。

● **本章要点（已掌握的在方框中打钩）**

☐ 了解 Flash CC 的基本功能
☐ 认识图层和时间轴
☐ 掌握制作常用简单动画的方法

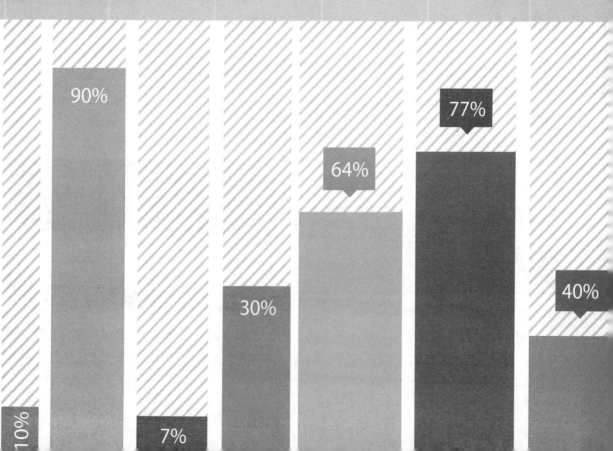

15.1 了解Flash CC

Flash CC 软件是交互创作的业界标准，可用于提供跨个人计算机、移动设备以及几乎任何尺寸和分辨率的屏幕一致呈现的令人痴迷的互动体验。使用 Flash 中的诸多功能，可以创建许多类型的应用程序，如动画、游戏等。

15.1.1 绘制矢量绘图

利用 Flash 的矢量绘图工具，可以绘制出具有丰富表现力的作品。矢量绘图是 Flash 编辑环境的基本功能之一。在它所提供的绘图工具中，不仅有传统的圆、方和直线等绘制工具，而且有专业的贝塞尔曲线绘制工具，如图 15-1 所示。

图 15-1 绘制矢量图

15.1.2 设计制作动画

动画设计是 Flash 最普遍的应用，其基本的形式是"帧到帧动画"，这也是传统手动绘制动画的主要工作方式，如图 15-2 所示。

图 15-2 【时间轴】面板

Flash CC 提供有几种在文档中添加动画的方法。

(1) 补间动画技术。一些有规律可循的运动和变形，只需要制作起点帧和终点帧，并对两帧之间的运动规律进行准确的设置，计算机就能自动地生成中间过渡帧，如图 15-3 所示。

图 15-3 补间动画技术

(2) 通过在时间轴中更改连续帧的内容来创建动画。

可以在舞台中创作出移动对象、旋转对象、增大或减小对象大小、改变颜色、淡入淡出以及改变对象形状等。更改既可以独立于其他更改，也可以和其他更改互相协调，如图 15-4 所示。

图 15-4 【时间轴】面板

15.1.3 强大的编程功能

动作脚本是 Flash CC 的脚本编写语言，可以使影片具有交互性。动作脚本提供了一些元素，可以将这些元素组织到脚本中，指示影片要进行什么操作；可以对影片进行脚本设置，使单击鼠标和按下键盘键之类的事件可以触发这些脚本。

在 Flash 中，可以通过【动作】面板编写脚本。在标准编辑模式下使用该面板，可以通过从菜单和列表中选择选项来创建脚本；在专家编辑模式下使用该面板，可以直接向脚本窗格中输入脚本。在这两种模式下，代码提示都可以帮助完成动作和插入属性及事件，如图 15-5 所示。

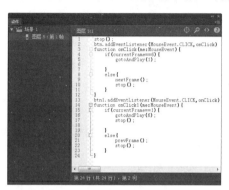

图 15-5　【动作】面板

15.2　Flash CC的工作界面

在使用 Flash CC 软件时，必须了解 Flash CC 的界面布局及各部分功能。在默认情况下，界面布局是由菜单栏、场景、【时间轴】面板、【属性】面板和工具栏等组成，如图 15-6 所示。

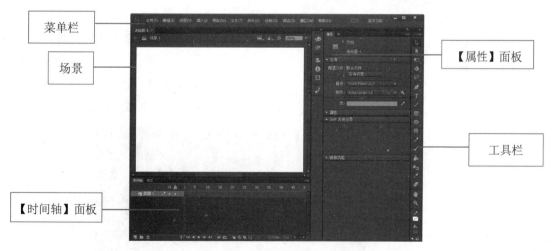

图 15-6　Falsh CC 界面布局

1. 菜单栏

Falsh CC 的菜单栏位于窗口的顶部，主要包括【文件】、【编辑】、【视图】、【插入】、【修改】、【文本】、【命令】、【控制】、【调试】、【窗口】和【帮助】等菜单项，如

图 15-7 所示。通过执行这些菜单中的命令，可以实现不同的功能。

文件(F) 编辑(E) 视图(V) 插入(I) 修改(M) 文本(T) 命令(C) 控制(O) 调试(D) 窗口(W) 帮助(H)

图 15-7　菜单栏

(1)【文件】：主要用于对文件进行新建、打开、保存、关闭、导入、导出和发布打印等操作。

(2)【编辑】：主要用于进行一些基本的操作，如撤销、重复、复制、粘贴和清除等标准编辑命令。此外，还有与时间轴中帧相关的操作。

(3)【视图】：主要用于屏幕显示的控制，如放大、缩小、显示网格及辅助线等，这些操作决定了工作区的显示比例、显示效果和显示区域等。

(4)【插入】：该菜单命令多提供的是插入命令，如向图库中增添元件、向当前场景中增添新的层、向当前层中增添新的帧以及向当前动画中增添新的场景。

(5)【修改】：主要用于修改动画中各种对象的属性，如修改帧、层、场景的属性和修改对象的大小、形状、排列方式等。

(6)【文本】：主要提供处理文本对象的命令，如文本的字体、大小、样式等，从而让影片的内容更加形象、生动。

(7)【命令】：主要用于命令管理。用户可以使用该菜单命令自动完成创建动画过程中的许多日常性重复操作，从而提高工作效率。

(8)【控制】：主要用于对 Flash 动画进行播放、控制和测试等操作。

(9)【调试】：主要提供了影片脚本的调试命令，如设置跳入、跳出、断点等。

(10)【窗口】：主要用于管理窗口中各个控制面板，如打开、闭关、组织和切换各种窗口面板等。

(11)【帮助】：主要用于快速获取帮助信息，包括详细的联机帮助、示例动画、教程等。

场景

场景是进行动画编辑的主要区域，包括舞台和工作区，如图 15-8 所示。

舞台是图形的绘制和编辑区域，是用户在创作时观看自己作品的场所，也是用户对动画中的对象进行编辑、修改的场所。舞台位于工作界面中间，可以在整个场景中绘制或编辑图形，但最终动画仅显示场景白色区域中的内容，而这个区域就是舞台。

舞台之外的深灰色区域称为工作区，在播放动画时此区域不显示。工作区通常用作动画的开始和结束点设置，即动画播放过程中对象进入舞台和退出舞台的位置设置。

图 15-8　舞台和工作区

舞台是 Flash CC 中最主要的可编辑区域，在舞台中可以放置的内容包括矢量图、文本框、按钮、导入的位图图形或视频剪辑等。工作时，可以根据需要改变舞台的属性和形式。工作区中的对象除非进入舞台；否则不会在影片的播放中看到。

3. 【时间轴】面板

对于 Flash 来说，时间轴至关重要，可以说时间轴是动画的灵魂。只有熟悉了时间轴的操作和使用方法，才可以在制作动画的时候得心应手。

　提示　时间轴用于组织和控制文档内容在一定时间内播放的图层数和帧数。与胶片一样，Flash 文件也将时长分为帧。图层就像堆叠在一起的多张幻灯胶片一样，每个图层都包含一个显示在舞台中的不同图像。时间轴的主要组件是图层、帧和播放头。

文档中的图层列在时间轴左侧的列中，每个图层中包含的帧显示在该图层名右侧的一行中。时间轴顶部的时间轴标题指示帧编号，播放头指示当前在舞台中显示的帧。播放 Flash 文件时，播放头从左向右通过时间轴。

时间轴状态显示在时间轴的底部，可显示当前帧频、帧速率以及到当前帧为止的运行时间，如图 15-9 所示。

图 15-9　时间轴

4. 工具栏

Flash CC 的工具栏位于窗口的右侧，其中放置了编辑图形和文本的各种工具，用户可以利用这些工具进行绘图、选取、喷绘、修改以及编排文本等操作。

工具栏主要由工具区、查看区、颜色区和选项区组成，如图 15-10 所示。下面详细介绍工作区中的各个工具名称及功能。

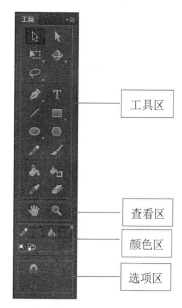

图 15-10　工具栏

工具栏中的各个按钮含义如下。

⑴【选择工具】按钮：选择图形、拖曳、改变图形形状。

⑵【部分选取工具】按钮：选择图形、拖曳和分段选取。

⑶【任意变形工具】按钮：变换图形形状。

⑷【3D 旋转工具】按钮：对影片进行任意角度的旋转。

⑸【套索工具】按钮：旋转图形中需要的部分。

⑹【钢笔工具】按钮：绘制精确的图形和线段。

⑺【文本工具】按钮：用于创建文字。

⑻【线条工具】按钮：制作直线条。

⑼【矩形工具】按钮：制作矩形和圆角矩形。

⑽【椭圆工具】按钮：制作椭圆形。

(11)【多角星形工具】按钮 ：制作多角星形图形。

(12)【铅笔工具】按钮 ：绘制随意的图形和线条。

(13)【刷子工具】按钮 ：制作闭合区域图形或线条。

(14)【颜料桶工具】按钮 ：填充和改变封闭图形的颜色。

(15)【墨水瓶工具】按钮 ：改变线条的颜色、大小和类型。

(16)【滴管工具】按钮 ：在绘图区，吸取自己需要的颜色。

(17)【橡皮擦工具】按钮 ：去除选定区域的图形。

5. 常用面板

Flash CC 以面板形式提供了大量的操作选项，通过一系列的面板可以编辑或修改动画对象。其中常用的面板包括属性面板、库面板和浮动面板，用户在单击这些面板名称后，可以直接使用鼠标拖动到舞台中，从而使这些面板分离到工作窗口。

(1)【属性】面板：可以很方便地查看场景或时间轴上当前选定项的常用属性，从而简化文档的创建过程。另外，还可以更改对象或文档的属性，而不必选择包含这些功能的菜单命令。

(2) 【库】面板：选择【窗口】→【库】菜单命令，或按 Ctrl + L 组合键，即可打开库面板，如图 15-11 所示。在其中可以方便、快捷地查找、组织以及调用库中资源，而且还可以显示动画中数据项的许多信息。库中存储的元素称为元件，可以重复利用。

图 15-11　【库】面板

在浮动面板中，又包括一些常用的面板，如颜色面板、样本面板、对齐面板和变形面板等。

(3)【颜色】面板：单击浮动面板中的【颜色】按钮，如图 15-12 所示。即可打开【颜色】面板，在该面板中可以创建和编辑纯色及渐变填充，调制大量的颜色，以设置笔触色、填充色及透明度等。如果已经在舞台中选定对象，则在【颜色】面板中所做的颜色更改会直接应用到对象中，如图 15-13 所示。

图 15-12　单击【颜色】按钮

图 15-13 【颜色】面板

(4) 样本面板：单击浮动面板中的【样本】按钮，即可打开【样本】面板，在其中可以快速选择要使用的颜色，如图 15-14 所示。

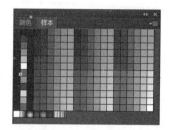

图 15-14 【样本】面板

(5) 对齐面板：单击浮动面板中的【对齐】按钮，即可打开【对齐】面板，在该面板中可以重新调整选定对象的对齐方式和分布，如图 15-15 所示。

图 15-15 【对齐】面板

(6) 变形面板：单击浮动面板中的【变形】按钮，即可打开【变形】面板，在其中可以对

选定对象执行缩放、旋转、倾斜和创建副本等操作，如图 15-16 所示。

图 15-16 【变形】面板

6. 其他面板

在 Adobe Flash CC 中除了上述介绍的常用面板外，还提供了一些其他面板，如场景面板、历史记录面板等。一个动画可以由多个场景组成，在【场景】面板中显示了当前动画的场景数量和先后播放顺序。当动画包含多个场景时，将按照其在【场景】面板中出现的先后顺序进行播放，动画中的"帧"是按"场景"顺序连续编号的。

(1) 场景面板：选择【窗口】→【场景】菜单命令，即可打开【场景】面板，如图 15-17 所示。单击面板下方的 3 个按钮可执行"添加""重制"和"删除"场景等操作；双击场景名称可以对被选中的场景进行重命名；上下拖动被选中的场景，可以调整"场景"的先后顺序。

图 15-17 【场景】面板

（2）　历史记录面板：选择【窗口】→【历史记录】菜单命令，即可打开【历史记录】面板，如图 15-18 所示。在其中记录了自创建或打开某个文档之后，在该活动文档中执行的步骤列表，列表中数目最多为指定的最大步骤数。该面板不显示在其他文档中执行的步骤，其中的滑块最初指向当前执行的上一个步骤。

图 15-18　【历史记录】面板

15.3　Flash CC的基本操作

在 Flash CC 中工作时，可以创建新文档或者打开以前保存的文档，如果要创建新文档或设置现有文档的大小、帧频、背景颜色和其他的属性，可以使用【文档设置】对话框。在创建完文档或编辑完文档后，还可以对该文档进行保存操作。

15.3.1　案例 1——新建 Flash 文件

在制作动画之前，首先要在 Flash CC 中创建一个新文件。新建文件有两种方法：一种是新建空白的动画文件；另一种是新建模板文件。创建好文件后，还可以对文件的属性进行设置以及保存并预览动画。

新建文件的具体操作如下。

步骤 1 启动 Adobe Flash CC，选择【文件】→【新建】菜单命令，如图 15-19 所示。

图 15-19　选择【新建】命令

步骤 2 即可打开【新建文档】对话框，选择【常规】选项卡，然后选择任意一个文件类

型，如这里选择 ActionScript 3.0 选项，此时在右侧的【描述】说明框中将显示当前选择对象的描述信息，如图 15-20 所示。

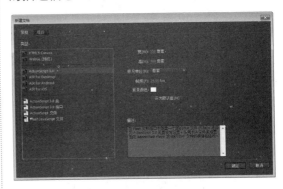

图 15-20　【新建文档】对话框

▶ 提示 【新建文档】对话框的【常规】列表中各个文件类型的含义如下。

（1）　HTML5 Canvas：创建用于 HTML5 Canvas 的动画资源。通过使用帧脚本中的 JavaScript，为用户的资源添加交互性。

（2）　WebGL（预览）：为 WebGL 创建动画资源。此文档类型仅用于创建动画资源，不支持脚本编写和交互性功能。

(3)　ActionScript 3.0：脚本和播放引擎为 3.0 的 Flash 文件。

(4)　AIR for Desktop：将各种网络技术结合在一起开发的桌面版网络程序。

(5)　AIR for Android：使用 AIR for Android 文档为 Android 设备创建应用程序。

(6)　AIR for iOS：使用 AIR for iOS 文档为 Apple iOS 设备创建应用程序。

(7)　ActionScript3.0 类：创建新的 AS 文件 (*.as) 来定义 ActionScript3.0 类。

(8)　ActionScript3.0 接口：创建新的 AS 文件 (*.as) 来定义 ActionScript3.0 接口。

(9)　ActionScript 文件：专门的脚本文件。

(10)　FlashJavaScript 文件：可以和 Flash 社区通信的 JavaScript。

步骤 **3**　单击【确定】按钮，即可新建一个空白文档，如图 15-21 所示。

步骤 **4**　如果在【新建文档】对话框中选择【模板】选项卡，然后选择一个模板选项后，单击【确定】按钮，即可新建一个模板文档，如图 15-22 所示。

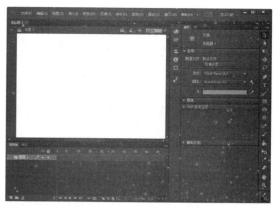

图 15-21　新建空白文档

图 15-22　新建模板文档

15.3.2　案例 2——打开 Flash 文件

若需要打开电脑中存储的 Flash 文件，可以根据以下操作完成。

步骤 **1**　在 Flash CC 的主窗口中，选择【文件】→【打开】菜单命令，打开【打开】对话框，然后在该对话框中找到文件的存储位置并选中该文件，如图 15-23 所示。

步骤 **2**　单击【打开】按钮，即可将选中的 Flash 文件打开，如图 15-24 所示。

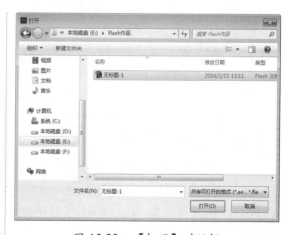

图 15-23　【打开】对话框

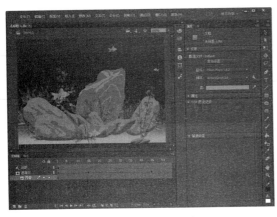

图 15-24　打开选择的 Flash 文件

> **提示**　　依次选择【文件】→【打开最近的文档】菜单命令，即可在弹出的子菜单中显示最近打开过的文档名称（最多 10 个），单击相应的文档名称即可打开该文档。

15.3.3　案例 3——保存和关闭 Flash 文件

保存 Flash 文件的具体操作步骤如下。

步骤 1　在 Flash CC 的主窗口中，选择【文件】→【保存】菜单命令，如图 15-25 所示。

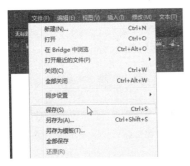

图 15-25　选择【保存】命令

步骤 2　打开【另存为】对话框，然后在该对话框中选择文件保存的路径，并在【文件名】下拉列表框中输入文件保存的名称，如图 15-26 所示。最后单击【保存】按钮，即可将该文件保存。

> **提示**　　用户也可以按 Ctrl+S 组合键保存文件。

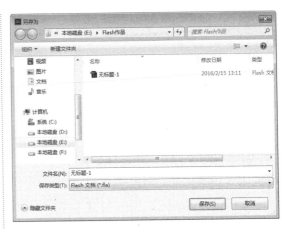

图 15-26　【另存为】对话框

步骤 3　用户也可以在 Flash CC 的主窗口中，选择【文件】→【另存为】菜单命令，如图 15-27 所示。

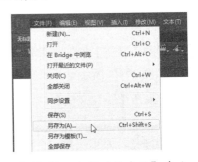

图 15-27　选择【另存为】命令

步骤 4　打开【另存为】对话框，如果以前从未保存过该文档，则应在【文件名】下拉列表框中输入文件名，并选择保存路径，如图 15-28 所示，最后单击【保存】按钮即可。

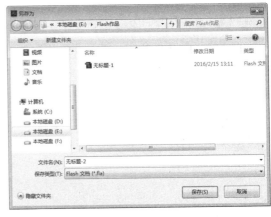

图 15-28　【另存为】对话框

在打开 Flash 文件后，用户如果对该文档进行了编辑，但是又想还原到打开之前的文件版本，只需在 Flash CC 的主窗口中选择【文件】→【还原】菜单命令即可，如图 15-29 所示。

图 15-29　选择【还原】命令

如果需要将 Flash 文件保存为模板，可以通过以下操作完成。

步骤 1 在 Flash CC 的主窗口中，依次选择【文件】→【另存为模板】菜单命令，即可打开【另存为模板警告】对话框，如图 15-30 所示。

图 15-30　【另存为模板警告】对话框

步骤 2 单击【另存为模板】按钮，即可打开【另存为模板】对话框，然后在【名称】文本框中输入模板的名称，在【类别】下拉列表框中选择一种类别或输入一个名称，以便创建新类别，在【描述】文本框中可以输入模板说明（最多 255 个字符），如图 15-31 所示。最后单击【保存】按钮即可。

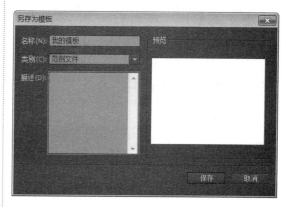

图 15-31　【另存为模板】对话框

打开文档后，如果不再需要编辑或是查看，就可以使用以下 3 种方式将打开的文档关闭。

⑴ 在 Adobe Flash CC 的主窗口中，单击右上角的【关闭】按钮 ❌ ，即可将打开的文档关闭。

⑵ 选中要关闭的动画文档，然后依次选择【文件】→【关闭】菜单命令，即可将其关闭。

⑶ 选中要关闭的动画文档，然后按 Ctrl + W 组合键，即可将选中的动画文档关闭。

> **⊙ 提示**　在关闭文档之前，如果当前文档没有进行保存，将会弹出一个提示对话框，提示用户是否保存后再关闭，如图 15-32 所示。单击【是】按钮，即可打开【另存为】对话框；单击【否】按钮，就可以直接关闭并不保存文档；单击【取消】按钮，则取消执行关闭的操作。

图 15-32　【保存文档】对话框

15.4 使用文本工具

在 Flash CC 中，用户可以使用文本工具为文档中的标题、标签或者其他的文本内容添加文本。

15.4.1 案例 4——利用文本工具输入文字

要在 Flash 中创建文本，可以使用工具栏中的文本工具，然后在绘制出的文本框中输入文字即可，具体的操作如下。

步骤 1 启动 Flash CC，新建一个 Flash 空白文档，然后单击工具栏中的【文本工具】按钮 T，如图 15-33 所示。

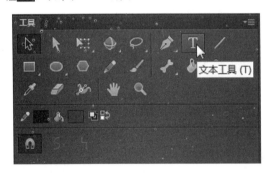

图 15-33 单击【文本工具】按钮

步骤 2 打开文本工具【属性】面板，单击【文本类型】下拉按钮，从弹出的下拉列表中选择【静态文本】选项，如图 15-34 所示。

图 15-34 选择【静态文本】选项

步骤 3 在【属性】面板中单击【改变文本方向】按钮 ，从弹出的下拉列表中选择选择【垂直】选项，如图 15-35 所示。

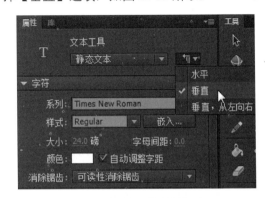

图 15-35 选择【垂直】选项

步骤 4 在舞台上按住鼠标左键拖曳出一个垂直的文本框，然后在文本框中即可输入垂直方向的文字，如图 15-36 所示。

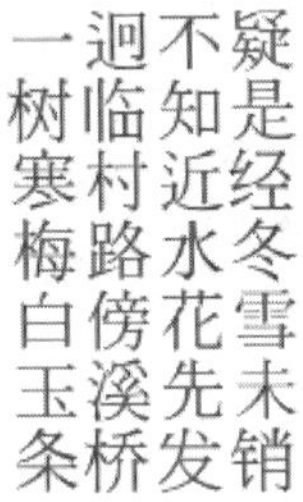

一树寒梅白玉条
迥临村路傍溪桥
不知近水花先发
疑是经冬雪未销

图 15-36 绘制文本框并输入文字

15.4.2 案例 5——设置文本字符属性

单击【文本工具】按钮后，即可打开文本工具【属性】面板，在其中可以设置文本类型。

当文本类型为【静态文本】时，不能输入实例名称，单击【改变文本方向】按钮 ![] 可以改变文本的方向；当文本类型为【动态文本】和【输入文本】时，可以输入实例名称，但此时没有【改变文本方向】按钮 ![] 来改变文本方向。

设置文本字符属性的具体操作如下。

步骤 1 单击工具栏中的【文本工具】按钮 ![T]，然后在打开的文本工具【属性】面板中设置文本类型为【静态文本】，如图 15-37 所示。

图 15-37　设置文本类型

步骤 2 在舞台上单击鼠标绘制一个文本框，并输入文本内容，如图 15-38 所示。

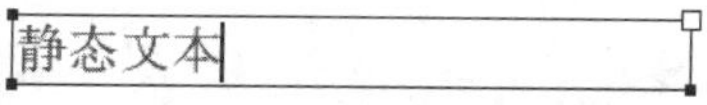

静态文本

图 15-38　绘制文本框并输入文本

步骤 3 选中文本，然后在文本工具【属性】面板中，设置字体的【大小】为“30”、字体的【系列】为“隶书”，如图 15-39 所示。

图 15-39　设置字符的大小和系列

步骤 4 即可将选中的文本设置为图 15-40 所示的效果。

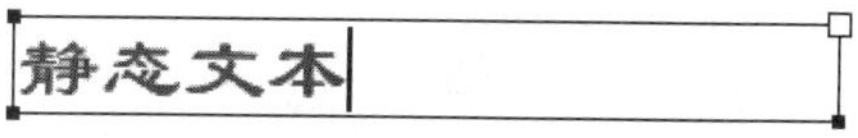

静态文本

图 15-40　字体设置效果

步骤 5 在【字符】列表中，设置【字母间距】为“14”，然后单击【文本（填充）颜色】按钮，从弹出的色块中选择红色，如图 15-41 所示。

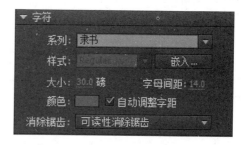

图 15-41　设置文本的颜色和间距

步骤 6 即可更改文本的颜色和字母的间距，如图 15-42 所示。

静　态　文　本

图 15-42　文本颜色和间距设置效果

> **提示**　在【属性】面板的【字符】选项组中，单击 ![] 按钮可以切换上标，单击 ![] 按钮可以切换下标。

15.4.3　案例 6——设置传统文本的段落属性

在【属性】面板的【段落】选项组中，可以设置段落的格式、对齐方式、边距、缩进和间距等效果，如图 15-43 所示。

属性 库
文本工具
静态文本
字符
段落
格式:
间距: 0.0 像素 2.0 点
边距: 0.0 像素 0.0 像素
行为:

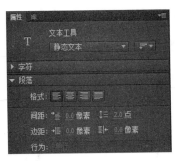

图 15-43　【段落】选项组

各段落格式按钮的具体作用如下。

(1)【左对齐】按钮：使文字左对齐，如图 15-44 所示。

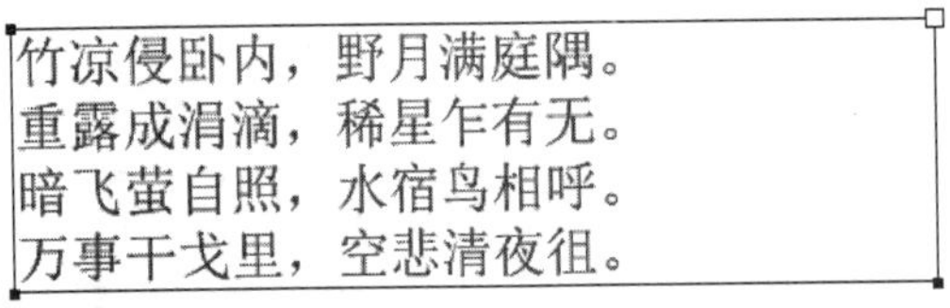
竹凉侵卧内，野月满庭隅。
重露成涓滴，稀星乍有无。
暗飞萤自照，水宿鸟相呼。
万事干戈里，空悲清夜徂。

图 15-44　文本左对齐

(2)【居中对齐】按钮：使文字居中对齐，如图 15-45 所示。

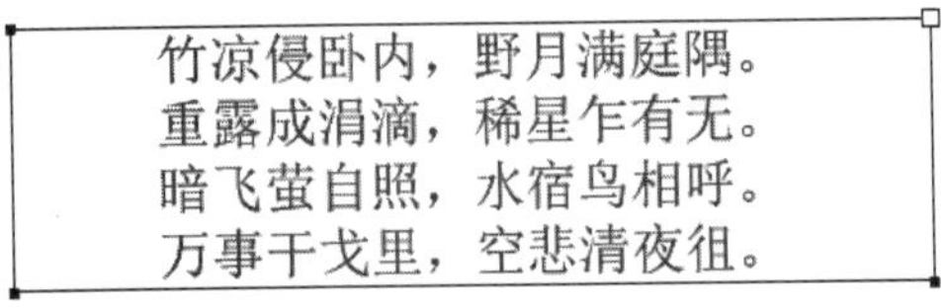
竹凉侵卧内，野月满庭隅。
重露成涓滴，稀星乍有无。
暗飞萤自照，水宿鸟相呼。
万事干戈里，空悲清夜徂。

图 15-45　文本居中对齐

(3)【右对齐】按钮：使文字右对齐，如图 15-46 所示。

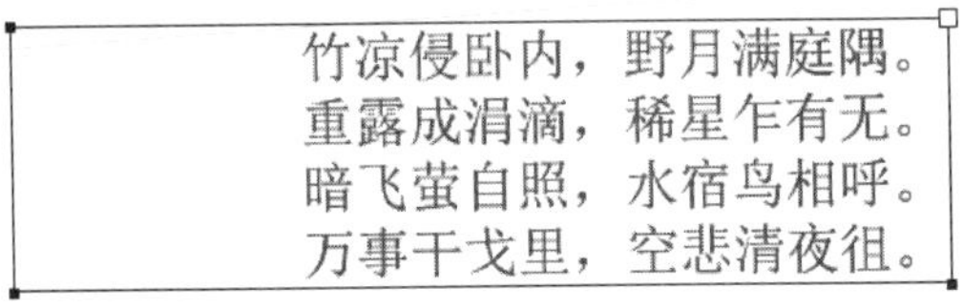
竹凉侵卧内，野月满庭隅。
重露成涓滴，稀星乍有无。
暗飞萤自照，水宿鸟相呼。
万事干戈里，空悲清夜徂。

图 15-46　文本右对齐

(4)【两端对齐】按钮：使文字两端对齐，如图 15-47 所示。

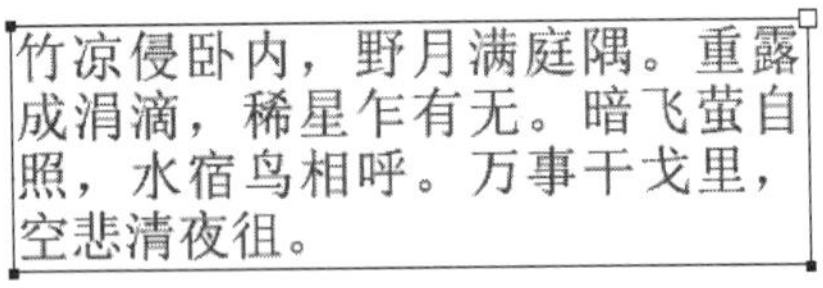
竹凉侵卧内，野月满庭隅。重露
成涓滴，稀星乍有无。暗飞萤自
照，水宿鸟相呼。万事干戈里，
空悲清夜徂。

图 15-47　文本两端对齐

通过调整段落格式下方的【边距】和【间距】，可以编辑格式，如图 15-48 所示。

段落
格式:
间距: 0.0 像素 2.0 点
边距: 0.0 像素 0.0 像素
行为: 单行

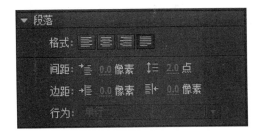

图 15-48　【段落】选项组

15.5 变形文本

用户可以使用对其他对象进行变形的方式来改变文本块。可以缩放、旋转、倾斜和翻转文本块以产生不同的效果。

对文字进行整体变形的具体操作如下。

步骤 1 选择选择工具，然后单击文本框，此时文本框的周围会出现蓝色边框，表示文本框已被选中，如图 15-49 所示。

第16章

动画的核心技术
——使用时间轴、帧和图层

使用 Flash 制作动画的关键元素有图层、时间轴和帧，动画的实现基本上就是对这三大元素的编辑。本章首先对时间轴、帧及图层的概念进行阐述，然后对相关操作进行详细演示，从而为读者日后创作动画打下基础。

● **本章学习目标（已掌握的在方框中打钩）**

☐ 熟悉制作 Flash 动画的基础
☐ 掌握图层的操作基本方法
☐ 熟悉时间轴和帧的概念
☐ 掌握帧的基本操作办法
☐ 掌握制作数字倒计时动画的方法

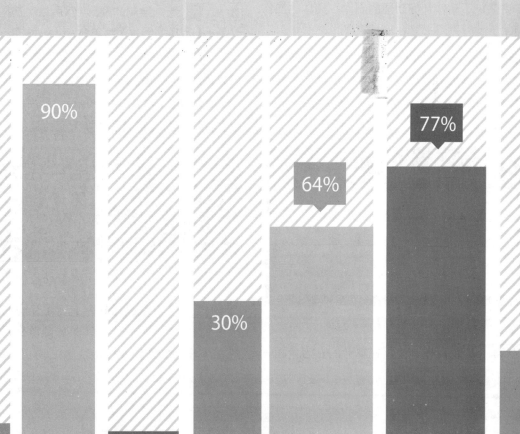

16.1 制作Flash CC动画基础

在 Flash CC 中可以轻松地创建各种丰富多彩的动画效果，并且只需要通过更改时间轴每一帧的内容，就可以在舞台上制作出移动对象、更改颜色、旋转、淡入淡出或更改形状等特效。

16.1.1 案例 1——动作补间动画的制作

动作补间动画就是在一个关键帧上放置一个元件。利用动作补间动画可以实现的动画类型，包括改变这个元件的大小、颜色、位置、透明度等，Flash 根据二者之间帧的值创建的动画。

构成动作动画的元素是元件，包括影片剪辑、图形元件、按钮、文字、位图、组合等，但不能是形状，只有把形状"组合"或转换成"元件"之后，才可以创建动作动画。

下面以制作一个属性渐变的圆形为例，简单讲述一下动作补间动画的制作，具体的操作如下。

步骤 1 启动 Flash CC，然后依次选择【文件】→【新建】菜单命令，即可创建一个新的 Flash 空白文档，最后将该文档保存为"圆的运动轨迹 .fla"文档，如图 16-1 所示。

图 16-1 新建 Flash 文档

步骤 2 使用椭圆工具在舞台的左上角画一个无边框的红色圆形，如图 16-2 所示。

图 16-2 绘制圆形

步骤 3 选中绘制的圆形，然后依次选择【修改】→【转换为元件】菜单命令，即可打开【转换为元件】对话框，在【名称】文本框中输入该元件的名称，如这里输入"圆"，并选择【类型】为【图形】，如图 16-3 所示。最后单击【确定】按钮，即可将圆形转换为元件。

图 16-3 【转换为元件】对话框

步骤 4 依次选择【插入】→【补间动画】菜单命令，然后使用选择工具将圆形拖到舞台的右下角，如图 16-4 所示。

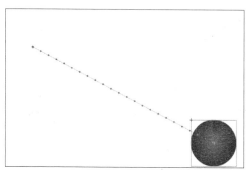

图 16-4　创建补间动画

步骤 5 使用任意变形工具选中右下角的圆形，然后按住 Shift 键的同时拖动鼠标进行等比例的缩小，如图 16-5 所示。

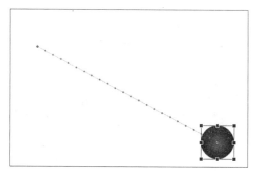

图 16-5　将圆形等比例缩小

步骤 6 在【属性】面板中，单击【色彩效果】卷展栏，然后单击【样式】下拉按钮，从弹出的下拉列表框中选择 Alpha 选项，并将其值设置为"30%"，如图 16-6 所示。

图 16-6　设置色彩效果

步骤 7 设置后的色彩效果如图 16-7 所示。

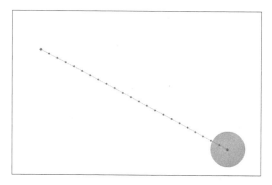

图 16-7　设置后的色彩效果

步骤 8 按 Ctrl + Enter 组合键进行测试，此时即可看到圆形的运动轨迹，如图 16-8 所示。

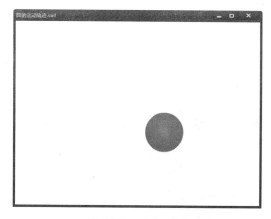

图 16-8　进行测试

16.1.2 案例 2——形状补间动画的制作

形状补间动画适用于图形对象。在两个关键帧之间可以制作出图形变形效果，让一种形状可以随时间而变化成另一种形状；还可以对形状的位置、大小和颜色进行渐变。形状补间动画是对象从一个形状到另一个形状的渐变，用户只需要设置变化前的图形和最终要变为的图形，中间的渐变过程由 Flash 自动生成。

下面以制作一个矩形变成圆形为例，简单讲述形状补间动画的制作，具体的操作如下。

步骤 1 启动 Flash CC，然后依次选择【文件】→【新建】菜单命令，即可创建一个新的 Flash 空白文档，最后将该文档保存为"矩形变圆形 .fla"文档，如图 16-9 所示。

图 16-9　新建 Flash 文档

步骤 2 单击工具栏中的【矩形工具】按钮，然后在打开的矩形工具【属性】面板中，单击【矩形选项】卷展栏，将矩形的角度设置为"12"，如图 16-10 所示。

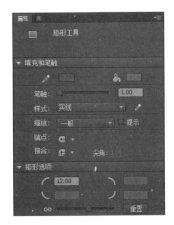

图 16-10　设置矩形角度

步骤 3 将光标移至舞台，然后单击鼠标拖动绘制一个圆角矩形，如图 16-11 所示。

图 16-11　绘制圆角矩形

步骤 4 选中矩形并右击，从弹出的快捷菜单中选择【转换为元件】命令，即可打开【转换为元件】对话框，然后在该对话框中设置元件的名称和类型，如图 16-12 所示。最后单击【确定】按钮，即可将其转换为元件。

图 16-12　【转换为元件】对话框

步骤 5 选中第 30 帧并右击，从弹出的快捷菜单中选择【插入空白关键帧】命令，如图 16-13 所示。

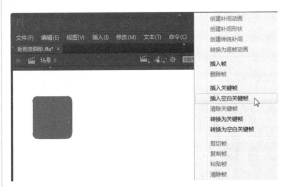

图 16-13　选择【插入空白关键帧】命令

步骤 6 使用椭圆工具在舞台上绘制一个圆形，如图 16-14 所示。

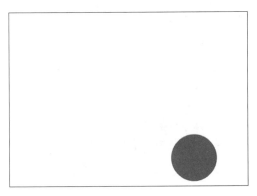

图 16-14　绘制圆形

步骤 7 选择第 1 帧，并选中圆角矩形，然后选择【修改】→【分离】菜单命令，即可将圆角矩形分离，如图 16-15 所示。

图 16-15　分离圆角矩形

步骤 8 选中时间轴上第 1 帧至第 30 帧之间的任意一帧，如这里选择第 15 帧，并右击，从弹出的快捷菜单中选择【创建补间形状】命令，如图 16-16 所示。

图 16-16　选择【创建补间形状】命令

步骤 9 即可完成形状补间动画的制作，如图 16-17 所示。

图 16-17　完成矩形转换成圆形的制作

步骤 10 按 Ctrl + Enter 组合键进行测试，即可看到圆角矩形变成圆形的过程，如图 16-18 所示。

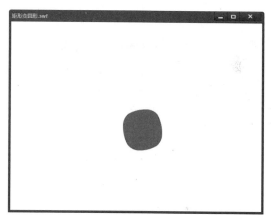

图 16-18　进行测试

16.2　图层操作基础

在 Flash CC 中制作动画时，往往会应用到多个图层，每个图层分别控制不同的动画效果。要创建效果较好的 Flash 动画，就需要为一个动画创建多个图层，以便在不同图层中制作不同的动画，通过多个图层的组合形成复杂的动画效果。

16.2.1　案例 3——创建图层和图层文件夹

Flash 中的各个图层都是相互独立的，拥有独立的时间轴，包含独立的帧，可以在图层中绘制和编辑对象，而不会影响其他层上的对象。在 Flash 中创建图层的方法有以下 3 种。

1. 通过【新建图层】按钮实现

在 Flash CC 的主窗口中，单击【时间轴】面板中的【新建图层】按钮，如图 16-19 所示。

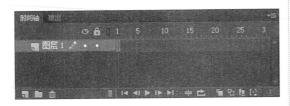

图 16-19　单击【新建图层】按钮

即可新建图层 2，并自动变为当前层，如图 16-20 所示。若不断单击该按钮，则将依次新建图层。

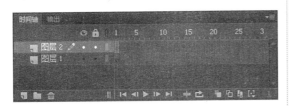

图 16-20　新建图层 2

2. 通过菜单命令实现

在 Flash CC 的主窗口中，依次选择【插入】→【时间轴】→【图层】菜单命令，即可插入新图层，如图 16-21 所示。

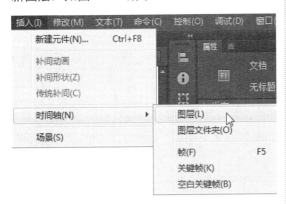

图 16-21　选择【图层】命令

3. 通过快捷菜单实现

右击已有的图层（如图层 1），从弹出的

快捷菜单中选择【插入图层】命令，可新建图层 2，如图 16-22 所示。

图 16-22　选择【插入图层】命令

当在制作的动画中使用较多的图层时，可以使用图层文件夹来管理各种图层，从而提高动画制作效率。在图层文件夹中可以嵌套其他图层文件夹。

新建图层文件夹有以下几种方法。

1. 通过【新建文件夹】按钮实现

单击【时间轴】面板中的【新建文件夹】按钮，如图 16-23 所示。

图 16-23　单击【新建文件夹】按钮

此时新文件夹将出现在所选图层的上面，如图 16-24 所示。

图 16-24　新建文件夹 1

2. 通过菜单命令实现

依次选择【插入】→【时间轴】→【图层文件夹】菜单命令，如图 16-25 所示，即可插入一个新的图层文件夹。

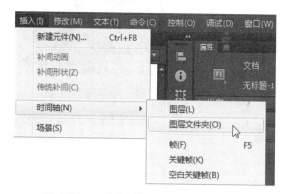

图 16-25 选择【图层文件夹】命令

3. 通过快捷菜单实现

右击已有的图层（如图层 1），从弹出的快捷菜单中选择【插入文件夹】命令，如图 16-26 所示，即可插入一个新的文件夹。

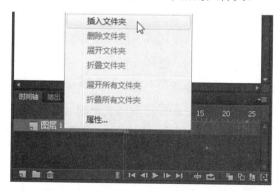

图 16-26 选择【插入文件夹】命令

16.2.2 案例 4——编辑图层

编辑图层，即是对图层进行最常见的基础操作，包括选择图层、重命名图层、移动图层、复制图层和删除图层。

1. 选择图层

选择图层包括选择相邻图层和选择不相邻图层。

1）选择相邻图层

在【时间轴】面板中选中第一个图层之后，

按住 Shift 键并单击要选取的最后一个图层，即可选取两个图层之间的所有相邻图层，如图 16-27 所示。

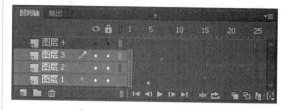

图 16-27 选择相邻的图层

2）选择不相邻图层

在【时间轴】面板中选中任意一个图层之后，按住 Ctrl 键不放的同时依次选择需要选取的图层即可，如图 16-28 所示。

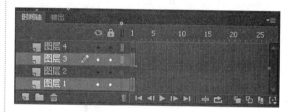

图 16-28 选择不相邻的图层

2. 重命名图层

用户可根据需要对图层进行重命名，重命名图层有两种方法，既可以直接在图层区中重命名图层，也可以在【图层属性】对话框中重命名图层。

1）在图层区中重命名

在【时间轴】面板中，双击要重命名的图层，即可进入编辑状态，如图 16-29 所示。

图 16-29 双击图层 1

在文本框中输入新的名称之后，按 Enter 键，即可重新命名该图层，如图 16-30 所示。

图 16-30　重命名"天空"图层

2）在【图层属性】对话框中重命名

在【时间轴】面板中双击需要重命名的图层前的图标，如图 16-31 所示，即可打开【图层属性】对话框，然后在【名称】文本框中输入图层的新名称，如图 16-32 所示。最后单击【确定】按钮，即可实现图层的重命名操作。

图 16-31　双击图标

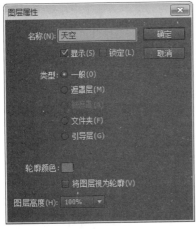

图 16-32　【图层属性】对话框

3. 移动图层

移动图层是指对图层的顺序进行调整，以改变场景中各对象的叠放次序。

在【时间轴】面板中选择要移动的图层之后，按住鼠标左键并进行拖动，图层以一条粗横线表示，如图 16-33 所示。

图 16-33　显示一条粗横线

将粗横线拖动到需要放置的位置后释放鼠标，即可完成图层的移动操作，如图 16-34所示。

图 16-34　移动图层

4. 复制图层

复制图层就是把某一层中所有帧的内容复制到另一图层中。在制作动画时，常常需要在新建图层中创建与原有图层中所有帧内容相类似的内容，此时即可将原图层中的所有内容，复制到新图层中再进行修改，从而避免重复工作。

在【时间轴】面板中选中图层名称，即可选中该图层中所有帧，然后在时间轴右边选中的帧上右击，从弹出的快捷菜单中选择【复制帧】命令，如图 16-35 所示，最后在目标图层的第 1 帧上右击，从弹出的快捷菜单中选择【粘贴帧】命令，如图 16-36 所示，即可复制图层。

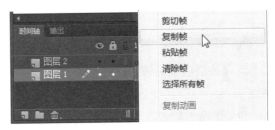

图 16-35　选择【复制帧】命令

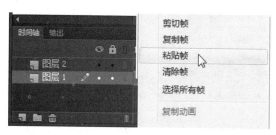

图 16-36　选择【粘贴帧】命令

> **提示**　如果图层的叠放次序不同，则显示和播放的效果也不同，因此，在移动或复制图层时应该注意其显示效果的变化。

5. 删除图层

当不再需要图层中的所有内容时，可以删除该图层。在【时间轴】面板中选择需要删除的图层之后，单击右下方的【删除】按钮，即可将所选图层删除。此外，也可以在选择需要删除的图层之后，按住鼠标左键不放，将其拖动到【删除】按钮上释放鼠标来删除图层。

16.2.3 案例 5——设置图层的状态与属性

一般情况下，在对图层进行操作时可以依据动画设计的需要，对图层的状态与属性进行一些设置，以方便对动画场景的编辑。

1. 显示与隐藏图层

在制作动画时，有时需要单独对某一个图层进行编辑，为了避免操作错误，可以将其他不使用的图层隐藏起来，编辑完成后再将隐藏的图层显示出来。显示与隐藏图层有以下两种方式。

(1) 选中需要被隐藏的图层，然后单击【显示或隐藏所有图层】图标下方的图标，如图 16-37 所示。

图 16-37　单击图标

当其变为图标时，则图标将会变成图标，如图 16-38 所示，图层即被隐藏并且不能对其进行编辑。相反，单击图标，当图标变回图标，图标变成图标时，表示该图层为显示状态，可以对其进行编辑。

图 16-38　图标变成图标

(2) 在制作动画时，若想使不编辑的图层处于隐藏状态，但又能在场景中看到其中图形的具体位置，可用轮廓模式隐藏图层，具体的操作如下。

步骤 1 在【时间轴】面板中，单击【将所有图层显示为轮廓】图标，如图 16-39 所示。

图 16-39　单击【将所有图层显示为轮廓】图标

步骤 2 此时该层将会以轮廓模式显示，如图 16-40 所示。

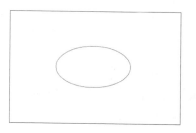

图 16-40　以轮廓模式显示图层

步骤 3 若轮廓颜色与图形颜色相近而不容易分辨，可以双击该层中的图标，即可打开【图层属性】对话框，然后单击【轮廓颜色】后面的按钮，从弹出的颜色面板中选择一种颜色即可，如图 16-41 所示。最后单击【确定】按钮，即可修改成功。

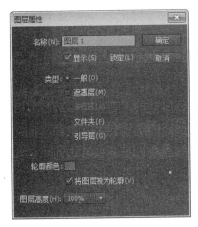

图 16-41　【图层属性】对话框

步骤 4 单击隐藏图层上的【显示】图标，即可显示该层上的图形，如图 16-42 所示。

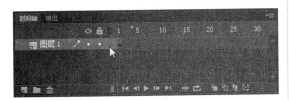

图 16-42　单击【显示】图标

2. 锁定与解锁图层

为了防止误改已编辑好的图层内容，可以锁定图层，在锁定图层之后可以看到该图层中的内容，但不能对其进行编辑。

选中需要被锁定的图层，然后单击【锁定或解除锁定所有图层】图标下方该图层所对应的图标，如图 16-43 所示，即可将该图层设置为锁定状态，如图 16-44 所示。如果要解除该图层的锁定，只需单击图层中的图标即可。

图 16-43　单击图标

图 16-44　设置为锁定状态

3. 设置图层属性

在【图层属性】对话框中可以对图层的属性进行相关设置，如设置图层名称、显示与锁定、图层类型、对象轮廓的颜色和图层高度等。选中任意图层并右击，从弹出的快捷菜单中选择【属性】命令，即可打开【图层属性】对话框，如图 16-45 所示。

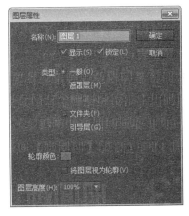

图 16-45　【图层属性】对话框

在【图层属性】对话框中各选项的作用如下。

(1)【名称】文本框：用来修改图层的名称。

(2)【显示】复选框：该复选框被选中时，可显示图层，取消选中该复选框之后可隐藏图层。

(3)【锁定】复选框：该复选框被选中时，可锁定图层，取消选中该复选框之后可解锁图层。

(4)【一般】单选按钮：该选项可将图层设置为普通图层。

(5)【引导层】单选按钮：选中该选项时，可将图层设为引导层。

(6)【遮罩层】单选按钮：选中该选项可将图层设置为遮罩层。

(7)【被遮罩】单选按钮：该单选按钮只有在遮罩层下方的图层才可用。选中该单选按钮可将使图层与其前面的遮罩层建立链接关系，称为被遮罩层。

(8)【轮廓颜色】图标：单击该图标，在弹出的颜色面板中选择图层在轮廓模式时显示的颜色。

(9)【将图层视为轮廓】复选框：该复选框可将图层内容以轮廓模式显示。

16.3 时间轴与帧

在 Flash CC 的【时间轴】面板中，左侧为图层区，右侧就是时间轴，其主要作用就是控制 Flash 动画的播放和编辑。

时间轴用于组织和控制影片内容在一定时间内播放的层数和帧数。在播放 Flash 动画时，将按照制作时设置的播放帧频进行播放。帧频在 Flash 中用来衡量动画播放的速度，通常以每秒播放的帧数为单位（fps，帧 / 秒）。标准的运动图像速度是 24 帧 / 秒，如电视影像。

帧是动画的最基本单位，大量的帧结合在一起就组成了时间轴，播放动画就是依次显示每一帧中的内容。在 Flash 中，不同帧的前后顺序将关系到这些帧中内容在影片播放中的出现顺序。

16.3.1 案例 6——帧的分类

帧在 Flash 中有着不同的分类，类型不同表现形式也会有所不同，帧可以分为以下 4 类。

普通帧

时间轴中的每一个小方格都是一个普通帧，其内容与关键帧的内容完全相同。在动画中增加普通帧可以延长动画的播放时间。普通帧在时间轴上显示为灰色填充的小方格，按 F5 键即可插入普通帧，如图 16-46 所示。普通帧也称为过渡帧，是在时间轴上显示实例对象，但不能对实例对象进行编辑操作的帧。

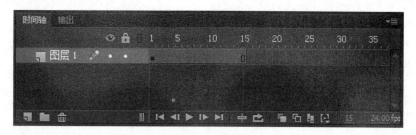

图 16-46　插入普通帧

2. 关键帧

关键帧是带有关键内容的帧，主要用于定义动画的变化环节，是动画中呈现关键性内容或变化的帧。以一个黑色小圆圈表示，按 F6 键即可插入关键帧，如图 16-47 所示。

图 16-47　插入关键帧

在补间动画中可以在动画的重要位置定义关键帧，让 Flash 创建关键帧之间的帧内容；还可以在关键帧之间补间或填充帧，从而生成流畅的动画。因为关键帧可以使用户不用画出每个帧就能够生成连续动画，所以关键帧可以更改补间动画的长度。由于 Flash 文档会保存每一个关键帧中的形状，所以只需要在插图有变化的地方创建关键帧即可。

> **提示**　创建的普通帧和关键帧的画面相同，区别在于关键帧能在其中对画面进行修改和操作。创建的普通帧中会显示前一关键帧中的全部内容，普通帧一般用于延续关键帧中的画面，从而在动画中得到持续画面的效果。

3. 空白关键帧

空白关键帧中没有内容，主要用于在画面与画面之间形成间隔，是以空心的小圆圈表示。空白关键帧是特殊的关键帧，它没有任何对象存在，用户可以在其上绘制图形，一旦在空白关键帧中创建内容，空白关键帧就会自动转变为关键帧，按 F7 键即可创建空白关键帧，如图 16-48 所示。

一般新建图层的第 1 帧都是空白关键帧，如果在其中绘制图形后，则变为关键帧。同理，如果将某关键帧中的对象全部删除，则该关键帧就会转变为空白关键帧。

图 16-48　插入空白关键帧

4. 动作帧

动作帧是指当 Flash 动画播放到该帧时，自动激活某个特定动作的帧。而动作帧上通常都有一个 "a" 标记，如图 16-49 所示。

图 16-49　动作帧

16.3.2 案例 7——插入帧

用户可在时间轴中插入任意多个帧，包括普通帧、关键帧和空白关键帧。

在时间轴中插入普通帧可以采用以下方法。

(1) 在 Flash CC 的主窗口中，依次选择【插入】→【时间轴】→【帧】菜单命令，即可在当前位置插入一个帧。

(2) 在时间轴中需要插入帧的地方右击，从弹出的快捷菜单中选择【插入帧】命令，即可插入一个帧。

(3) 选中时间轴中需要插入帧的位置，按 F5 键，即可快速插入帧。

在时间轴中插入关键帧可以采用以下方法。

(1) 在 Flash CC 的主窗口中，依次选择【插入】→【时间轴】→【关键帧】菜单命令，即可在当前位置插入一个关键帧。

(2) 在时间轴中需要插入关键帧的地方右击，从弹出的快捷菜单中选择【插入关键帧】

命令，即可插入一个关键帧。

(3) 选中时间轴中需要插入关键帧的位置，按 F6 键，即可快速插入关键帧。

在时间轴中插入空白关键帧可以通过以下方式实现。

(1) 在 Flash CC 的主窗口中，选择【插入】→【时间轴】→【空白关键帧】菜单命令，即可在当前位置插入一个空白关键帧。

(2) 在时间轴中需要插入空白关键帧的地方右击，从弹出的快捷菜单中选择【插入空白关键帧】命令，即可插入一个关键帧。

(3) 选中时间轴中需要插入空白关键帧的位置，按 F7 键，即可快速插入空白关键帧。

16.3.3 案例 8——帧标签、注释和锚记

帧标签是一种具有标志性的帧，使用帧标签有助于在时间轴上确认关键帧。当在动作脚本中指定目标帧（如 GOTO）时，帧标签可用来取代帧号码。当添加或移除帧时，帧标签也随着移动，但不管帧号码是否改变，即使修改了帧，也不用再修改动作脚本。

帧标签同影片数据同时输出，所以要避免名称过长，以获得较小的文件体积。设置帧标签只需选中某一帧，在打开的帧【属性】面板中的【名称】文本框中输入名称即可。帧标签上通常都有一个小红旗标记，如图 16-50 所示。

图 16-50　帧标签

帧注释有助于用户对影片的后期操作，还有助于在同一个影片中的团体合作。同帧标签不同的是，帧注释以 "//" 开头，但不能输出到 .swf 文件中，不随影片一起输出，所以用户可以随心所欲地、尽可能详细地写入注释，以方便制作者以后的阅读或其他人的阅读。

设置帧注释，只需选中某一帧，在打开的帧【属性】面板中的【名称】文本框中输入"//"，然后输入注释内容，按 Enter 键即可添加注释。帧注释上通常都有一个绿色的 "//" 标记，如图 16-51 所示。

图 16-51　帧注释

命名锚记可以使影片观看者，使用浏览器中的【前进】按钮和【后退】按钮从一个帧跳到另一个帧，或从一个场景跳到另一个场景，从而使 Flash 影片的导航变得简单。Flash 动画输出时，帧标签包含到 .swf 文件中，因此帧标签不能过长；否则会增加文件的大小。

命名锚记关键帧在时间轴中用锚记图标表示，如果希望 Flash 自动将每个场景的第 1 个关键帧作为命名锚记，可以通过对首选参数的设置来实现。帧锚记上通常都有一个黄色的锚标记，如图 16-52 所示。

图 16-52　帧锚记

16.4 对帧进行操作

在 Flash CC 中制作动画时，其中的大部分操作是对帧的操作。通过编辑帧可以确定每一帧中显示的内容、动画的播放状态和时间等。对帧的操作主要包括设置帧频率，插入与清除帧，帧的移动、删除、复制，以及添加帧标签和更改帧的显示方式等。

16.4.1 案例 9——帧的删除和清除

在制作动画时，如果不再需要所创建的帧，可以将其删除。选中需要被删除的帧，并右击，从弹出的快捷菜单中选择【删除帧】命令即可。

如果只是不再需要所创建帧内的所有内容，可以将其清除。

(1) 清除关键帧：可以将当前帧转化为空白关键帧，选中需要清除的关键帧，并右击，从弹出的快捷菜单中选择【清除关键帧】命令即可。

(2) 清除帧：可以将当前帧转化为普通帧，选中需要清除的帧，并右击，从弹出的快捷菜单中选择【清除帧】命令即可。

16.4.2 案例 10——帧的选取、复制、粘贴和移动

在 Flash CC 中，对帧的基本操作包选取帧、复制帧、粘贴帧和移动帧等。

1. 选取帧

如果需要对帧进行编辑操作，就要先选取帧。选取帧的方法有以下几种。

(1) 用鼠标直接单击时间轴中某一帧，即可选中该帧。

(2) 在按 Ctrl 键的同时单击要选择的帧，则可以选择不连续的多个帧。

(3) 在按 Shift 键的同时单击要选择的帧，则可以选择连续的多个帧。

2. 复制帧

如果在动画中需要使用多个内容完全相同的帧，就可以复制帧。复制帧的方法有以下两种。

(1) 选中要复制的帧，按 Alt 键的同时，按住鼠标左键拖动帧到目标位置再释放鼠标左键，即可将选定帧复制到目标位置。

(2) 选中要复制的帧，并右击，从弹出的快捷菜单中选择【复制帧】命令，然后在目标位置右击，从弹出的快捷菜单中选择【粘贴帧】命令，即可将选中的帧复制到目标位置。

3. 粘贴帧

用户可以对复制的帧或帧序列进行粘贴操作，复制帧以后，选择【编辑】→【时间轴】→【粘贴帧】菜单命令，或在当前选中的帧或帧序列上右击之后，从弹出的快捷菜单中选择【粘贴帧】

命令，即可实现复制帧或帧序列的粘贴。

4. 移动帧

移动帧有两种方法：一种是通过拖动方式移动；另一种是通过快捷菜单方式移动。

第一种方法：选中要移动的帧，按住鼠标左键将其拖动到目标位置后，释放鼠标左键即可。

第二种方法：选中需要移动的帧，并右击，从弹出的快捷菜单中选择【剪切帧】命令，然后在目标位置右击，从弹出的快捷菜单中选择【粘贴帧】命令，即可将帧移动到目标位置。

16.4.3　案例 11——翻转帧与洋葱皮工具

翻转帧可以将选取帧的播放顺序进行颠倒，即将选中的一组连续关键帧进行逆序排列，把关键帧的顺序按照与原来相反的方向重新排列一遍。翻转帧只能作用于连续的关键帧序列，对单个帧或者非关键帧不起作用。

在 Flash CC 的主窗口中，需要将选中关键帧进行翻转时，可先在时间轴上选中要翻转的帧，并右击，然后从弹出的快捷菜单中选择【翻转帧】命令，即可将选中帧的播放顺序翻转。

洋葱皮技术也被称为设置动画的绘图纸外观，简单地说，就是将动画变化的前后几帧同时显示出来，从而能更加容易地查看动画变化效果。使用洋葱皮工具不能直接修改动画中的对象。

在 Flash 中使用洋葱皮工具的具体操作如下。

步骤 1 在【时间轴】面板的底部状态栏中单击【绘图纸外观】按钮，在时间轴上将出现洋葱皮的起始点和终止点，位于洋葱皮之间的帧在舞台中由深至浅显示出来，当前帧的颜色最深，如图 16-53 所示。

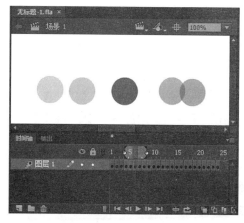

图 16-53　绘图纸外观

步骤 2 单击【绘图纸外观轮廓】按钮和单击【绘图纸外观】按钮的作用类似，区别在于【绘图纸外观轮廓】按钮只显示对象的轮廓线，如图 16-54 所示。

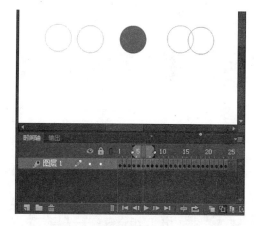

图 16-54　绘图纸外观轮廓

步骤 3 单击【编辑多个帧】按钮，即可对洋葱皮部分区域中的关键帧进行编辑，如改变对象的大小、颜色和位置等，如图 16-55 所示。

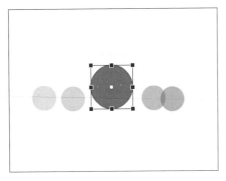

图 16-55　编辑帧

步骤 4 单击【修改标记】按钮，从弹出的下拉菜单中选择对应的命令，即可修改当前

洋葱皮的标记（如这里选择【标记范围5】命令），具体显示效果如图 16-56 所示。

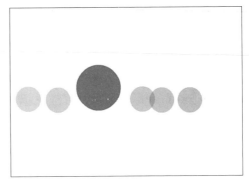

图 16-56　修改绘图纸标记

16.5　实战演练——制作数字倒计时动画

本实例主要通过在不同的关键帧上设置不同的数字，从而制作出倒计时动画的效果，具体的操作如下。

步骤 1 启动 Flash CC，然后依次选择【文件】→【新建】菜单命令，即可创建一个新的 Flash 空白文档，最后将该文档保存为"数字倒计时动画 .fla"文档，如图 16-57 所示。

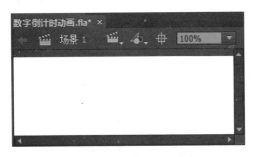

图 16-57　新建 Flash 文档

步骤 2 按 Ctrl+R 组合键打开【导入】对话框，在其中选择需要导入的素材图片，将该图片导入到舞台中，然后将图片和舞台的大小都设置为"454×381"像素，并将图片调整至舞台的中央，如图 16-58 所示。

步骤 3 在"图层 1"的第 21 帧处按 F5 键插入帧，如图 16-59 所示。

图 16-58　导入图片

图 16-59　插入帧

步骤 4 将"图层 1"锁定，并新建一个图层，选中新建图层的第 1 帧，然后选择文本工具，在其【属性】面板中的【字符】菜单命令组内，将【系列】设置为"Lucida Handwriting"，【大小】设置为"85"磅，【颜色】设置为"#F9933"，

如图 16-60 所示。

图 16-60 设置【字符】各项参数

步骤 5 按住鼠标左键在舞台上绘制一个文本框并输入数字"20"，如图 16-61 所示。

图 16-61 输入数字

步骤 6 使用文本工具再在舞台上绘制一个文本框并输入文本"天"，输入完成后，选中输入的文本，在其【属性】面板中将【大小】设置为"45"，【颜色】设置为"00CC33"，效果如图 16-62 所示。

图 16-62 输入文本

步骤 7 在"图层 2"的第 2 帧处插入关键帧，然后使用文本工具选中该帧上的数字，并将其修改为"19"，如图 16-63 所示。

图 16-63 插入关键帧并修改帧上的数字

步骤 8 按照相同的方法，在"图层 2"的第 3 ～ 20 帧处插入关键帧，并修改对应帧上的数字，如图 16-64 所示。

图 16-64 设置关键帧

步骤 9 单击【时间轴】面板底部的【帧频率】按钮，使其处于编辑状态，然后在文本框中输入帧频率"1"，如图 16-65 所示。

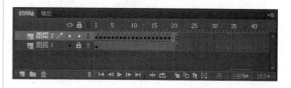

图 16-65 设置帧频率

步骤 10 至此，就完成了数字倒计时动画的制作，按 Ctrl+Enter 组合键进行测试，即可测试数字倒计时动画的播放效果，如图 16-66 所示。

图 16-66　测试效果

16.6 高手解惑

小白：为什么有的时候不能对图层进行编辑？

高手：当出现这一问题时，要先查看需要进行编辑的图层是否处于锁定状态，当图层被锁定时，图标即会变成图标，说明不能对该图层进行编辑。单击该图层后面的图标，即可解除锁定，之后可根据需要对该图层进行编辑。

小白：帧标签、帧注释和帧锚记的区别。

高手：制作者可以通过为帧添加不同的标签，来设置帧以不同的方式标识出来，从而便于查看该帧当前的状态。

帧标签

帧标签通常是在帧上以一个小红旗后跟帧标签名的形式来标记，使用帧标签后，可以对该帧标签进行移动而不破坏 ActionScript 的调用。设置帧标签的方法很简单，只需选中某一帧后，在【属性】面板中的【标签】菜单命令组内，输入帧的名称，然后单击【类型】下拉按钮，从弹出的下拉列表中选择【名称】选项即可，如图 16-67 所示。

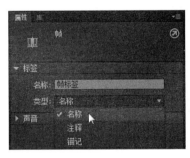

图 16-67　设置帧标签

2. 帧注释

帧注释用来对帧动作进行注释，在帧中以绿色"//"后跟注释内容的形式进行标记，如图 16-68 所示，其长度任意，但不能输出到 .swf 文件中。选择要设置的帧，在【属性】面板中的【标签】菜单命令组内，输入注释内容，然后单击【类型】下拉按钮，从弹出的下拉列表中选择【注释】选项即可，如图 16-69 所示。

图 16-68　帧注释的表现形式

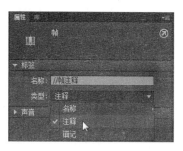

图 16-69　设置帧注释

【类型】下拉按钮，从弹出的下拉列表中选择
【锚记】选项即可，如图 16-71 所示。

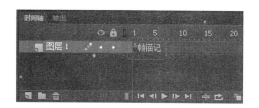

图 16-70　帧注释的表现形式

3.　帧锚记

帧锚记在帧中以黄色锚钉后面跟锚记名称
的形式进行标记，如图 16-70 所示。通过它可
以在观看影片时，从一个帧跳到另一个帧或从
一个场景跳到另一个场景。选择需要设置的帧，
打开【属性】面板，在【标签】菜单命令组内
的【名称】文本框中输入锚记名称，然后单击

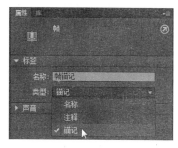

图 16-71　设置帧锚记

16.7　跟我练练手

练习 1：制作一个动作补间动画。

练习 2：制作一个形状补间动画。

练习 3：创建图层和图层文件夹，然后编辑图层的属性和状态。

练习 4：插入帧，然后对帧进行选取、复制、粘贴、移动、删除和清除等操作。

练习 5：制作一个数字倒计时动画。

第**17**章

利用元件和库组织动画素材

本章主要介绍元件和利用元件来组织动画素材的方法，从而方便素材的使用。此外，还为读者介绍了对创建的元件进行改变类型、替换实例和改变颜色等操作以及对实例应用各种滤镜，如投影、模糊、发光等效果的相关内容。

● **本章学习目标（已掌握的在方框中打钩）**

☐ 熟悉元件概述与分类
☐ 掌握创建元件的方法
☐ 掌握使用实例的方法
☐ 掌握使用库面板的方法
☐ 掌握制作绚丽按钮的方法

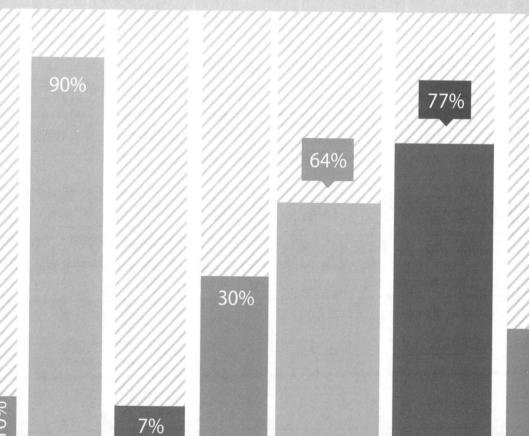

17.1 创建Flash元件

元件是一些可以重复使用的图像、动画或者按钮，它们被保存在库中。在影片中，使用元件可以显著地减小文件的尺寸，还可以加快影片的播放速度，因为一个元件在浏览器上只下载一次。

17.1.1 元件概述与分类

元件是动画中可以反复调用的小部件，一般存放在库中，既可以作为共享资源在文档之间共享，也可以独立于主动画进行播放。简单地说，元件是一个特殊的对象，只需要创建一次，便可在整个文档中重复使用。Flash 中的元件类型包括以下 3 种。

1. 图形元件

图形元件可以是矢量图形、图像或声音，图形元件用于创建可重复使用的图形，既可以是静止图片，也可以是用来创建连接到主时间轴的影片剪辑，还可以是由多个帧组成的动画。图形元件是制作动画的基本元件之一，但图形元件不能添加声音控制和交互动作。

2. 按钮元件

按钮元件是创建动画过程中用到的各类按钮，用于响应鼠标的经过、单击等操作。按钮元件包括"弹起""指针经过""按下"和"单击"等 4 个帧，可以定义各种与按钮状态关联的图形，也可以将动作指定给按钮，使按钮在不同状态下具有不同的动作。

3. 影片剪辑元件

影片剪辑元件相当于一个小型的动画。它有自己的时间轴，可独立于主时间轴播放，主要用来制作可以重复使用的动画片段。影片剪辑可以被看作是时间轴内嵌入的帧动画，可以包含交互式控件、声音甚至其他影片剪辑实例，影片剪辑实例也可以放在按钮元件的时间线中，以创建动画按钮。当播放主动画时，影片元件也不停地进行循环播放。

17.1.2 案例 1——创建元件

在制作不同动画时，使用的元件类型也不同，应该依据元件的功能进行选择。元件类型决定了元件在文档中的作用。用户在创建元件时，既可以从场景中选择若干个对象将其转换为元件，也可以直接创建一个空白元件，再进入编辑区进行编辑。

创建一个空白图形元件的具体操作如下。

步骤 **1** 在 Flash CC 的主窗口中,选择【插入】→【新建元件】菜单命令(或按 Ctrl+F8 组合键),即可打开【创建新元件】对话框,如图 17-1 所示。

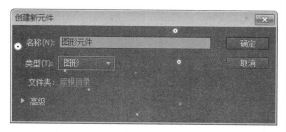

图 17-1 【创建新元件】对话框

步骤 **2** 在【名称】文本框中输入新建元件的名称,然后在【类型】下拉列表框中选择【图形】选项,最后单击【确定】按钮,即可创建一个图形元件,并自动切换到元件编辑模式,如图 17-2 所示。

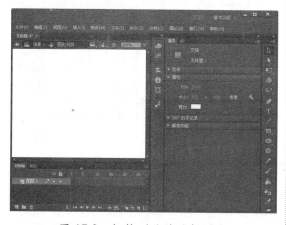

图 17-2 切换到元件编辑模式

用户除了可以直接创建新的图形元件以外,还可以选中场景中的某个对象将其转换为元件,具体的操作如下。

步骤 **1** 在 Flash CC 的主窗口中,选中舞台上需要被转换为元件的对象,然后选择【修改】→【转换为元件】菜单命令(或按 F8 键),即可打开【转换为元件】对话框,如图 17-3 所示。

图 17-3 【转换为元件】对话框

步骤 **2** 在【名称】文本框中输入元件的名称,然后在【类型】下拉列表框中选择【图形】选项,最后单击【确定】按钮,即可将对象转换成元件,如图 17-4 所示。

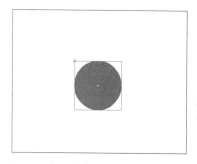

图 17-4 将选中的对象转换为元件

创建影片剪辑元件的具体操作如下。

步骤 **1** 在 Flash CC 的主窗口中,选择【插入】→【新建元件】菜单命令,即可打开【创建新元件】对话框,然后在该对话框中的【名称】文本框中输入新建元件的名称,最后在【类型】下拉列表框中选择【影片剪辑】选项,如图 17-5 所示。

图 17-5 【创建新元件】对话框

步骤 **2** 单击【确定】按钮,即可新建一个影片剪辑元件,如图 17-6 所示。

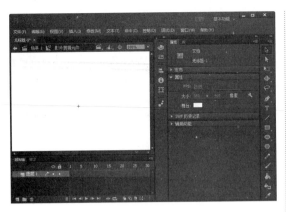

图 17-6　切换到影片剪辑元件编辑模式

步骤 3 选择【文件】→【导入】→【导入到舞台】菜单命令，即可打开【导入】对话框，然后在该对话框中选择需要导入到舞台上的图片，如图 17-7 所示。

图 17-7　【导入】对话框

步骤 4 单击【打开】按钮，即可将选中的图片导入到 Flash 中，如图 17-8 所示。

图 17-8　导入到舞台中

步骤 5 在时间轴中选择第 1 帧，然后选中第一帧中的图形，最后使用任意变形工具将图片缩小，如图 17-9 所示。

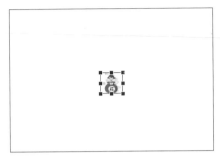

图 17-9　缩小图片

步骤 6 在第 2～10 帧中分别插入关键帧之后，将这些帧中的图形依次放大，完成对"缩放"影片剪辑元件的编辑，如图 17-10 所示。

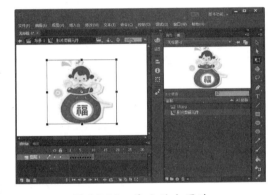

图 17-10　依次放大图片

步骤 7 此时，一个影片剪辑元件就创建完成了，单击窗口上方的"场景 1"，即可退出元件编辑区，回到场景窗口，如图 17-11 所示。

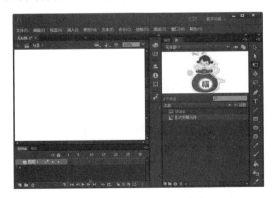

图 17-11　返回到主场景窗口

步骤 8 选择【窗口】→【库】菜单命令，即可打开【库】面板，然后在其中选择刚才建立的影片剪辑元件，并将其拖动到场景中，如图 17-12 所示。

图 17-12　将影片剪辑元件拖到场景中

步骤 9 按 Ctrl + Enter 组合键测试影片，即可看到该影片剪辑元件的效果，如图 17-13 所示。

步骤 10 选择【文件】→【保存】菜单命令，即可打开【另存为】对话框，在该对话框中选择文档保存的路径，并将其重命名为"创建影片剪辑元件"，如图 17-14 所示。最后单击【保存】按钮，即可将该文档保存。

图 17-13　测试影片

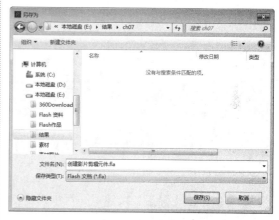

图 17-14　【另存为】对话框

在制作 Flash 动画时，常常需要添加各种按钮，如【开始】按钮、【结束】按钮和【暂停】按钮等，这些按钮都需要通过按钮元件来制作。按钮元件是一种特殊的元件，它具有交互性。按钮元件包括"弹起""指针经过""按下"和"单击"4 个帧，每个帧代表不同的状态。

下面分别来介绍这 4 个帧的含义。

⑴　弹起。在该帧中可创建正常情况下按钮的状态。

⑵　指针经过。在该帧中可以创建当鼠标指针移动到按钮上时按钮的状态，在该帧中必须插入关键帧才能创建。

⑶　按下。在该帧中可以创建当按下鼠标左键时按钮的状态。如当按钮按下时，比未按下时小一些或其颜色变暗，在该帧中也必须插入关键帧才能创建。

⑷　单击。在该帧中可以指定在某个范围内单击鼠标时会影响到按钮，用来表示作用范围，可以不进行设置，也可以绘制一个图形来表示激活的范围。

创建按钮元件的具体操作如下。

步骤 1 启动 Flash CC，然后选择【文件】→【新建】菜单命令，即可创建一个新的 Flash 空白文档，最后将该文档保存为"创建按钮元件 .fla"文档，如图 17-15 所示。

图 17-15　新建 Flash 文档

步骤 2 按下 Ctrl＋F8 组合键，即可打开【创建新元件】对话框，然后在该对话框中的【名称】文本框中输入新建元件的名称，最后在【类型】下拉列表框中选择【按钮】选项，如图 17-16 所示。

图 17-16　【创建新元件】对话框

步骤 3 单击【确定】按钮，即可创建空白按钮元件并自动进入编辑状态，此时可以看到时间轴上有 4 个帧：【弹起】【指针经过】【按下】和【点击】，如图 17-17 所示。

图 17-17　按钮元件编辑窗口

步骤 4 选择时间轴上的"弹起"帧，然后使用椭圆工具在舞台上绘制一个圆形，并输入文字，如图 17-18 所示。

步骤 5 单击"指针经过"帧，并按 F6 键插入关键帧，插入的帧中将显示"弹起"帧中的内容，然后对其中的图形进行调整，改变圆形的颜色，如图 17-19 所示。

图 17-18　编辑"弹起"帧

图 17-19　编辑"指针经过"帧

步骤 6 单击"按下"帧，并按 F6 键插入关键帧，在插入的帧中将显示"指针经过"帧中的内容，对其中的图形进行调整，如图 17-20 所示。

图 17-20　编辑"按下"帧

步骤 7 单击"点击"帧，并按 F6 键插入关键帧，在该帧中可以不进行设置，表示只有当光标移动到该按钮区域时才能起作用，如图 17-21 所示。

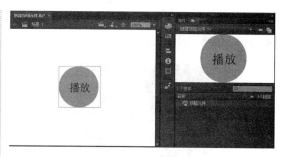

图 17-22 将按钮元件拖到场景中

步骤 9 按 Ctrl + Enter 组合键测试动画，然后将鼠标指针置于按钮上，单击鼠标左键来测试不同状态下的效果，如图 17-23 所示。

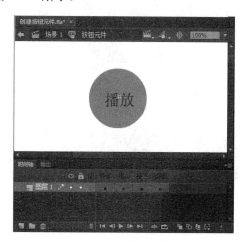

图 17-21 编辑"点击"帧

步骤 8 单击窗口上方的"场景 1"，即可退出元件编辑区回到场景窗口。此时选择【窗口】→【库】菜单命令，即可打开【库】面板，选中刚才建立的按钮元件，并将其拖动到场景中，如图 17-22 所示。

图 17-23 测试影片

17.1.3 案例 2——调用其他文档中的元件

在 Flash CC 主窗口中可以打开其他影片中的库，从而调用这个库中的元件，以提高制作影片的效率。调用其他文档中的元件的具体操作如下。

步骤 1 在 Flash CC 的主窗口中，选择【文件】→【导入】→【打开外部库】菜单命令，即可打开【打开】对话框，然后在该对话框中选择相应的影片文件，如图 17-24 所示。

图 17-24 【打开】对话框

步骤 2 单击【打开】按钮，即可出现所选影片的【库】面板，如图 17-25 所示。

图 17-25　所选影片的【库】面板

步骤 3 在【库】面板中选择相应的元件并将其拖曳到舞台中，这时，即可将该元件复制到当前影片的库中，如图 17-26 所示。

图 17-26　将元件拖到舞台中

17.2　使用实例

元件创建完成，接下来就可以在影片中使用该元件的实例。在元件编辑时实际已经进行了创建实例的操作，如将图形元件、按钮元件和影片剪辑元件拖放到场景中即可创建一个实例。

17.2.1　案例 3——为实例另外指定一个元件

为实例另外指定一个元件，会使舞台上出现一个完全不同的实例，而原来的实例属性不会改变。

为实例另外指定一个元件的具体操作如下。

步骤 1 在 Flash CC 的主窗口中，选中舞台中的实例，如图 17-27 所示。

图 17-27　选中实例

步骤 2 选择【修改】→【元件】→【交换元件】菜单命令，即可打开【交换元件】对话框，然后在该对话框中选择要交换的元件，如图 17-28 所示。

图 17-28　【交换元件】对话框

步骤 3　单击【确定】按钮，即可指定另一个元件，如图 17-29 所示。

图 17-29　指定另一个元件

17.2.2　案例 4——改变实例

在 Flash CC 中，实例类型是可以互相转换的，通过改变实例类型可重新定义其在动画中的行为。在【属性】面板的【实例行为】下拉列表框中，提供了"按钮""图形"和"影片剪辑" 3 种实例类型，如图 17-30 所示。当改变实例类型之后，其【属性】面板也会进行相应的变化。

图 17-30　【实例行为】下拉列表

当选择【影片剪辑】和【按钮】选项时，都会出现【实例名称】文本框，在其中可以为实例取一个名字，以便在影片中控制这个实例。

如果选择【图形】选项，则在【循环】选项卡中出现循环下拉菜单，包括【循环】、【播放一次】和【单帧】3 个选项，其具体的含义如下。

(1)　循环。将包含在当前实例中的序列动画循环播放，循环的次数同实例所占的帧数相当。

(2)　播放一次。播放动画一次。

(3)　单帧。显示序列动画的任何一帧。

每个元件实例都可以有自己的色彩效果，在【属性】面板中可以设置不同的实例颜色和透明度，来改变实例的色彩。在舞台上选中实例之后，在其【属性】面板的【色彩效果】选项卡中，单击【颜色样式】下拉按钮，即可从弹出的下拉列表中选择相应的颜色设置，如图 17-31 所示。

图 17-31　【颜色样式】下拉列表

其中各选项的含义如下。

(1)　无。不设置颜色效果。

(2)　亮度。用于调整实例的明暗对比度，设置范围为 −100%～100%。可以直接输入数值，也可以拖动右侧的滑块来设置数值，图 17-32 所示为将亮度设置为 50% 的效果，如图 17-33 所示为将亮度设置为 −50% 的效果。

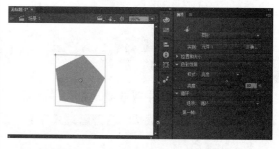

图 17-32　亮度设置为 50% 的效果

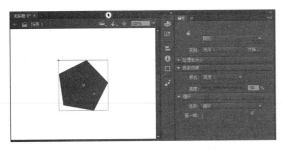

图 17-33　将亮度设置为 -50% 的效果

（3）色调。用相同的色相为实例着色，如图 17-34 所示。要设置【色调】百分比（从透明（0%）到完全饱和（100%）），则可拖动滑块或直接在后面的文本框中输入数值；如果要选择颜色，则在各自的框中输入红、绿和蓝色的值或单击颜色控件后从颜色面板中选择一种颜色。

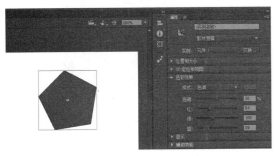

图 17-34　设置色调效果

（4）高级。分别调节实例的红色、绿色、蓝色和透明度值。对于在位图上创建和制作具有微妙色彩效果的动画，该选项非常适用。在【属性】面板【色彩效果】选项卡中，单击【颜色样式】下拉按钮，从弹出的下拉列表中选择【高级】选项，即可打开【高级】设置面板，如图 17-35 所示。左侧控件使用户可以按指定百分比改变颜色或透明度的值；右侧控件使用户可以按常数值改变颜色或透明度的值。

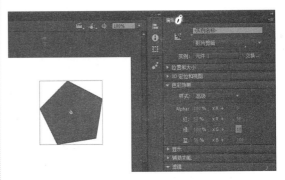

图 17-35　【高级】设置面板

（5）Alpha。用来调节实例的透明度，调节范围为 0%（透明）～ 100%（完全饱和）。若要调整 Alpha 值，可以拖动滑块或者直接在其后面的文本框中输入数值，如图 17-36 所示。

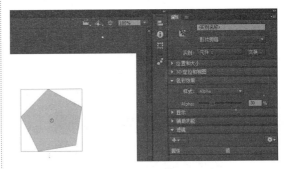

图 17-36　设置透明度

17.3　使用"库"面板

【库】面板中存放着动画作品的所有元素，包括位图图形、声音文件和视频剪辑等。灵活使用【库】面板，合理管理【库】中的元素，对动画制作无疑是极其重要的。

17.3.1　认识"库"面板

在动画制作过程中，【库】面板是使用频率最高的面板之一。选择【窗口】→【库】菜单命令或按 Ctrl+L 组合键即可打开【库】面板，如图 17-37 所示。

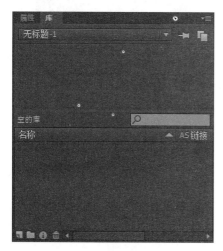

图 17-37　【库】面板

下面来认识一下【库】面板的组成部分。

(1) 库元素的名称。库元素的名称要与源文件的文件名称对应。

(2) 选项菜单。单击右上角的按钮，即可弹出图 17-38 所示的下拉菜单，从中选择需要执行的命令即可。

图 17-38　下拉菜单

(3) 搜索文本框。在搜索文本框中输入要找的项目，即可快速定位到需要查找的项目。

(4) 元件排列顺序按钮。箭头朝上的按钮

代表当前的排列是按升序排列，箭头朝下的按钮代表当前的排列是按降序排列。

(5) 【新建元件】按钮。单击该按钮，即可打开【创建新元件】对话框，如图 17-39 所示，在其中设置新建元件的名称及类型，然后单击【确定】按钮即可进入该元件的编辑模式中。

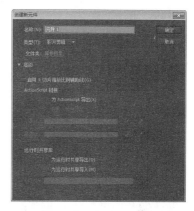

图 17-39　【创建新元件】对话框

(6) 【新建文件夹】按钮。如果在动画制作过程中使用了较多的元件，可以分门别类地建立文件夹以便于进行管理。

(7) 【属性】按钮。单击该按钮，即可在打开的【元件属性】对话框中查看所选元件的属性，在其中还可以更改元件名及类型。

(8) 【删除】按钮。单击该按钮，即可将选择的元件或文件夹删除。

17.3.2　案例 5——库的管理与使用

使用【库】面板可以组织文件夹中的库项目，查看项目在文档中使用的频率、修改日期和类型等，还可按照类型对项目进行升序或降序排序。

 1. 创建库元素

库元素常见的类型包括图形、按钮、影片剪辑、媒体声音、视频、字体和位图等。前面

3 种是在 Flash 中产生的元件，后面两种是导入素材后产生的。

创建库元素可通过以下几种方式实现。

(1) 选择【插入】→【新建元件】菜单命令或按 Ctrl+F8 组合键，如图 17-40 所示，即可打开【创建新元件】对话框，在其中可以创建一个新元件。

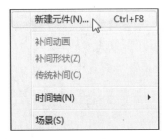

图 17-40　选择【新建元件】命令

(2) 在【库】面板中，单击██按钮，从弹出的下拉菜单中选择【新建元件】命令即可。

(3) 单击【库】面板下方的【新建元件】按钮██。

(4) 转换为元件。选中舞台上的图像或动画，并右击，从弹出的快捷菜单中选择【转换为元件】命令。

除了在 Flash 中创建元件以外，还可以导入外部素材。选择【文件】→【导入】→【导入到库】菜单命令，即可将外部的视频、声音和位图等素材导入到库中。

2. 重命名库元素

【库】面板中的元素名称是可以根据需要修改的，方法很简单，可以通过以下几种方式实现。

方法 1：双击文件名

步骤 **1** 选中【库】面板中需要重命名的元件，如图 17-41 所示。

步骤 **2** 双击该影片剪辑元件，使其处于编辑状态，然后在文本框中输入新的名称即可，

如图 17-42 所示。

图 17-41　选中需要重命名的元件

图 17-42　元件处于可编辑状态

方法 2：在快捷菜单中修改

步骤 **1** 选中需要重命名的元件并右击，从弹出的快捷菜单中选择【重命名】命令，如图 17-43 所示。

图 17-43　选择【重命名】命令

步骤 2 在输入框中输入新的元件名称即可。

方法 3：在【元件属性】对话框中修改

步骤 1 选中需要重命名的元件并右击，从弹出的快捷菜单中选择【属性】命令，如图 17-44 所示。

步骤 2 即可打开【元件属性】对话框，如图 17-45 所示，在【名称】文本框中可对元件进行重命名，单击【确定】按钮，即可完成元件重命名操作。

图 17-44 选择【属性】命令　　　图 17-45 【元件属性】对话框

3. 创建库文件夹

单击【库】面板中的【新建文件夹】按钮，即可创建一个文件夹，将元件分别拖曳到不同的文件夹中，以便于管理。

> **提示** 要选中相邻的多个文件，可以先按住 Shift 键，再分别选中首尾文件；如果要选取不相邻的多个文件，可以先按住 Ctrl 键，再分别选中需要的文件。

4. 使用库文件

库文件可以反复地出现在影片的不同画面中，它们对整个影片的尺寸影响不大，因此被引用的元件就成为实例。

使用库文件的方法很简单，只需要将选择的库文件拖入舞台即可。既可以从预览窗口拖入，也可以从库文件列表中直接拖入。

17.4 实战演练——制作绚丽网页按钮

通过本章的学习，本实例将充分使用 Flash CC 提供的元件和库的功能来完成元件的建立和编辑，从而制作出一个绚丽的按钮。制作绚丽按钮的具体操作如下。

第一步：设置影片属性

步骤 1 启动 Flash CC，然后依次选择【文件】→【新建】菜单命令，即可创建一个新的 Flash 空白文档，最后将该文档保存为"绚丽按钮 .fla"文档，如图 17-46 所示。

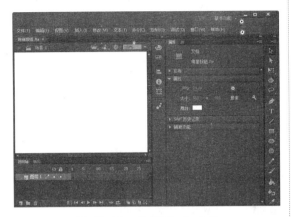

图 17-46　新建 Flash 文档

步骤 2 在 Flash CC 的主窗口右侧的【属性】面板中，单击【属性】选项卡，然后将舞台的大小设置为"250×150 像素"，此时，舞台即可变小，如图 17-47 所示。

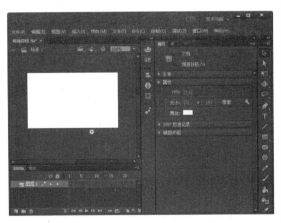

图 17-47　设置舞台的大小

第二步：创建按钮元件

步骤 1 按 Ctrl+ F8 组合键打开【创建新元件】对话框，在【名称】文本框中输入新建元件的名称"按钮元件"，然后在【类型】下拉列表框中选择【按钮】选项，如图 17-48 所示。

图 17-48　【创建新元件】对话框

步骤 2 单击【确定】按钮，即可进入按钮元件的编辑模式，如图 17-49 所示。

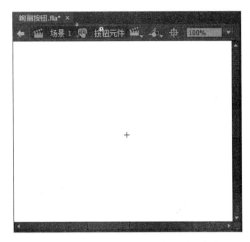

图 17-49　进入按钮元件编辑模式

步骤 3 选择【文件】→【导入】→【导入到舞台】菜单命令，即可打开【导入】对话框，然后在该对话框中选择需要导入到舞台上的图片，如图 17-50 所示。

图 17-50　【导入】对话框

步骤 4 单击【打开】按钮，即可将选择的图片导入到舞台中，然后使用任意变形工具调整图形的位置和尺寸，如图 17-51 所示。

图 17-51　将图片导入到舞台

第三步：创建影片剪辑

步骤 1 按 Ctrl + F8 组合键，即可打开【创建新元件】对话框，在【名称】文本框中输入新建元件的名称"影片剪辑元件"，然后在【类型】下拉列表框中选择【影片剪辑】选项，如图 17-52 所示。

图 17-52　【创建新元件】对话框

步骤 2 单击【确定】按钮，即可进入影片剪辑元件的编辑模式，如图 17-53 所示。

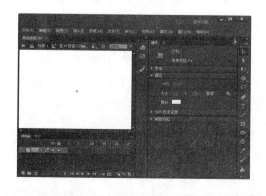

图 17-53　进入影片剪辑元件编辑模式

步骤 3 将【库】面板中的图片拖到舞台的中央，如图 17-54 所示。

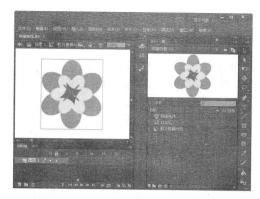

图 17-54　将库中的图片拖到舞台中央

步骤 4 选中"图层 1"的第 16 帧，并右击，从弹出的快捷菜单中选择【插入帧】命令，即可将"图层 1"的帧延续到第 16 帧，如图 17-55 所示。

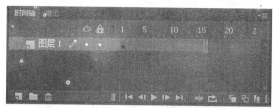

图 17-55　插入普通帧

步骤 5 单击【时间轴】面板中的【新建图层】按钮，即可在"图层 1"的上方增加一个新的"图层 2"，如图 17-56 所示。

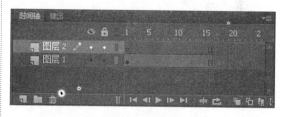

图 17-56　新建图层 2

步骤 6 将【库】面板中的图片拖到舞台的中央，并将其转换为元件，然后选中"图层 2"的第 16 帧，从弹出的下拉菜单中选择【插入关键帧】命令，即可在第 16 帧处插入一个关键帧，如图 17-57 所示。

步骤 7 选中"图层 2"中的第 15 帧，并使用任意变形工具选中舞台上的元件，然后按住

Shift 键等比例缩小元件,最后将它放置于右下角,如图 17-58 所示。

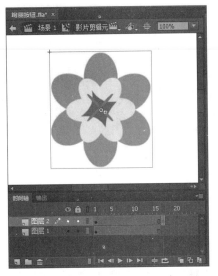

图 17-57　在第 16 帧处插入一个关键帧

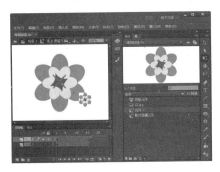

图 17-58　将缩小的元件放置在右下角

步骤 8 单击【属性】面板中的【色彩效果】选项卡,然后在【颜色样式】下拉列表框中选择 Alpha 选项,并设置 Alpha 值为 30%,此时图形已经变成半透明,如图 17-59 所示。

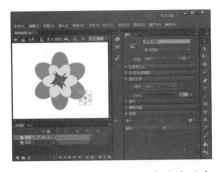

图 17-59　设置右下角元件的透明度

步骤 9 选中"图层 2"中的第 1 帧,并右击,从弹出的快捷菜单中选择【创建传统补间】命令,这样一段向右下角逐渐移动渐变、颜色渐变和大小渐变的动画就完成了,如图 17-60 所示。

图 17-60　创建传统补间

步骤 10 重复以上的几个步骤,完成向花朵的各个角度逐渐移动渐变、颜色渐变和大小渐变的动画,如图 17-61 所示。

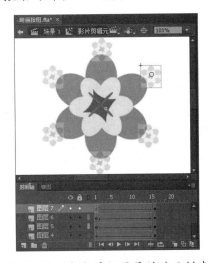

图 17-61　完成其他图层的动画创建

第四步:创建绚丽按钮动画

步骤 1 双击【库】面板中的"按钮元件",即可进入按钮元件编辑模式,如图 17-62 所示。

步骤 2 选中"图层 1"中的"指针经过"帧,并右击,从弹出的快捷菜单中选择【插入空白关键帧】命令,即在该帧处插入一空白关键帧,如图 17-63 所示。

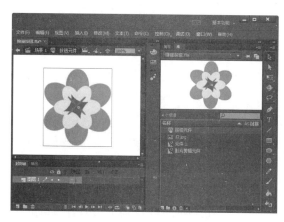

图 17-62　进入按钮元件编辑模式

图 17-63　插入空白关键帧

步骤 3 选中"指针经过"帧，然后从【库】面板中将"影片剪辑元件"拖入到舞台，并把它放置于舞台的中央，如图 17-64 所示。

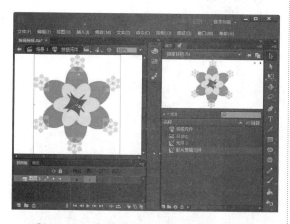

图 17-64　将影片剪辑元件拖到舞台中央

步骤 4 分别在"按下"帧和"点击"帧处插入一个与"弹起"帧相同的关键帧，如图 17-65 所示。

图 17-65　插入关键帧

步骤 5 单击编辑区右上角的【场景 1】按钮，进入到主窗口中，然后从【库】面板中拖入刚编辑完的"按钮元件"，并把它放置于工作区的中央，如图 17-66 所示。

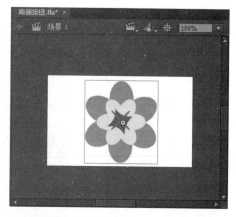

图 17-66　将"按钮元件"拖到场景中

步骤 6 按 Ctrl+ Enter 组合键测试影片，从中即可看到"按钮元件"产生的效果，如图 17-67 所示。

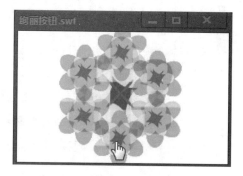

图 17-67　测试影片

17.5 高手解惑

小白： 如何将影片剪辑元件转换为按钮元件？

高手： 通常情况下，通过更改元件属性的方式，可直接将影片剪辑元件转换为按钮元件，如果转换按钮元件的帧长度超过4帧，就会导致按钮状态混乱，所以应该将其控制在4帧之内。

小白： 如何快速删除应用的多个滤镜效果？

高手： 如果为某个对象同时应用了多个滤镜，要想一次性删除对象应用的所有滤镜，只需在【属性】面板中的【滤镜】选项组内，单击【添加滤镜】按钮，从弹出的下拉菜单中选择【删除全部】命令即可，如图17-68所示。

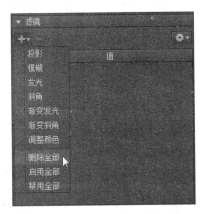

图 17-68 选择【删除全部】命令

17.6 跟我练练手

练习1：制作一个动作补间动画。

练习2：制作一个形状补间动画。

练习3：创建图层和图层文件夹，然后编辑图层的属性和状态。

练习4：插入帧，然后对帧进行选取、复制、粘贴、移动、删除和清除等操作。

练习5：制作一个数字倒计时动画。

第18章

制作动态网站
Logo 与 Banner

Logo 是指站点中使用的标志或者徽标，用来传达站点、公司的理念。Banner 是指居于网页头部，用来展示站点主要宣传内容、站点形象或者广告内容的部分，Banner 部分的大小并不固定。本章就来介绍制作动态网站 Logo 与 Banner 实例。

● **本章要点（已掌握的在方框中打钩）**

☐ 掌握制作滚动文字 Logo 的方法
☐ 掌握制作产品 Banner 的方法

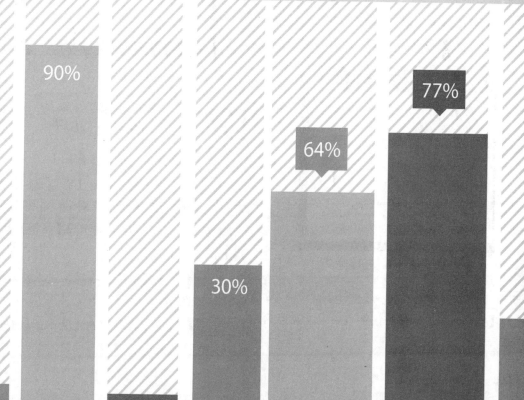

18.1 制作滚动文字Logo

制作滚动文字 Logo 的操作步骤如下。

18.1.1 设置文档属性

设置文档属性的操作步骤如下。

步骤 1 在 Flash CC 操作界面中选择【文件】
→【新建】菜单命令，打开【新建文档】对话
框，在【常规】选项卡中设置文档的参数，如
图 18-1 所示。

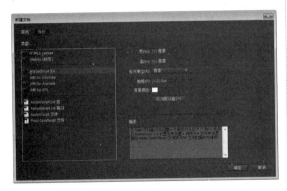

图 18-1　【新建文档】对话框

步骤 2 单击【确定】按钮，即可新建一个
空白文档，如图 18-2 所示。

图 18-2　空白文档

步骤 3 选择【修改】→【文档】菜单命令，
打开【文档设置】对话框，在其中设置文档的
尺寸，如图 18-3 所示。

图 18-3　【文档设置】对话框

步骤 4 设置完毕后，单击【确定】按钮，
即可看到设置文档属性后的显示效果，如
图 18-4 所示。

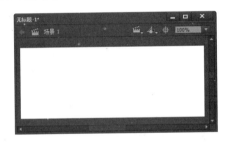

图 18-4　修改后空白文档

18.1.2 制作文字元件

制作文字元件的操作步骤如下。

步骤 1 选择【插入】→【新建元件】菜单
命令，打开【创建新元件】对话框，在【名称】
文本框中输入"文本"，并选择【类型】为【图
形】，如图 18-5 所示。

步骤 2 单击【确定】按钮，进入文本编辑
状态，如图 18-6 所示。

步骤 3 选择工具箱中的【文本工具】，然

后选择【窗口】→【属性】菜单命令，打开【属性】面板，在其中设置文本的属性，具体的参数设置如图 18-7 所示。

图 18-5 【创建新元件】对话框

图 18-6 文本编辑状态

图 18-7 【属性】面板

步骤 4 单击【属性】面板中的【关闭】按钮，返回到文本编辑状态，在其中输入文字，如图 18-8 所示。

图 18-8 输入文字

18.1.3 制作滚动效果

制作文字滚动效果的操作步骤如下。

步骤 1 单击【场景 1】，进入场景。然后选择【窗口】→【库】菜单命令，将【库】面板中的元件拖曳到场景中，如图 18-9 所示。

图 18-9 拖曳元件

步骤 2 在【时间轴】面板中右击第 20 帧，在弹出的快捷菜单中选择【插入关键帧】命令，插入关键帧，如图 18-10 所示。

图 18-10 插入关键帧

步骤 3 选择【图层 1】中的第 1 帧，然后选择【窗口】→【属性】菜单命令，打开【属性】面板，在其中设置色彩效果的相关参数，具体的设置参数如图 18-11 所示。

图 18-11 【属性】面板

步骤 **4** 设置完毕后，返回到 Flash CC 窗口，在【时间轴】面板中选择第 1 帧到第 20 帧之间的任意一帧并右击，在弹出的快捷菜单中选择【创建传统补间】命令，创建传统补间动画，如图 18-12 所示。

图 18-12　创建传统补间动画

步骤 **5** 选中第 20 帧并右击，在弹出的快捷菜单中选择【复制帧】命令，即可复制第 20 帧的内容，如图 18-13 所示。

图 18-13　选择【复制帧】命令

步骤 **6** 单击【时间轴】面板中的【新建图层】按钮，新建一个图层。选中第 1 帧并右击，在弹出的快捷菜单中选择【粘贴帧】命令，粘贴复制的帧，如图 18-14 所示。

图 18-14　选择【粘贴帧】命令

步骤 **7** 选中【图层 2】，在图层 2 中的第 20 帧处右击鼠标，在弹出的快捷菜单中选择【插入关键帧】命令，插入一个关键帧，如图 18-15 所示。

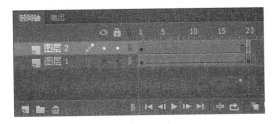

图 18-15　插入关键帧

步骤 **8** 选中工具箱中的【自由变换工具】，对场景中的【图层 2】中的第 20 帧处的图形做自由变化，具体的参数在【属性】面板中可以设置，如图 18-16 所示。

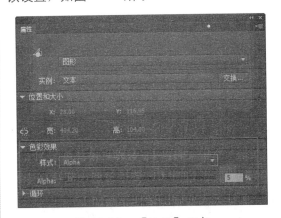

图 18-16　【属性】面板

步骤 **9** 设置完毕后，返回到 Flash CC 窗口，在【时间轴】面板中选择【图层 2】中的第 1 帧到第 20 帧之间的任意一帧并右击，在弹出的快捷菜单中选择【创建传统补间】命令，创建传统补间动画，如图 18-17 所示。

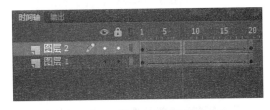

图 18-17　创建传统补间动画

步骤 10 按下 Ctrl+Enter 组合键，即可预览文字滚动效果，如图 18-18 所示。

图 18-18 预览动画

18.2 制作产品Banner

网页中除了文字 Logo 外，常常还会放置动态 Banner，来吸引浏览者的眼球，本节就来制作一个产品 Banner。

18.2.1 制作文字动画

制作文字动画的操作步骤如下。

步骤 1 在 Flash CC 操作界面中新建一个空白文档。双击"图层 1"名称，将其更名为"文字"，如图 18-19 所示。

图 18-19 【时间轴】面板

步骤 2 单击【工具】面板中的【文本工具】 **T**，在【属性】面板中设置文本类型为【静态文本】，字体为"Arial Black"，字体大小为"50"，颜色为"红色"，如图 18-20 所示。

步骤 3 在舞台中间位置输入文字"MM"。选择【修改】→【转换为元件】菜单命令，弹出【转换为元件】对话框，设置元件【类型】为【图形】，如图 18-21 所示。

步骤 4 单击【确定】按钮，即可将文字转换为图形，如图 18-22 所示。

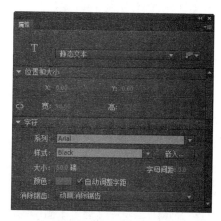

图 18-20 【属性】面板

图 18-21 【转换为元件】对话框

图 18-22 文字变为图形

311

步骤 5 选中"文字"图层的第10帧并右击，在弹出的快捷菜单中选择【插入关键帧】命令，如图 18-23 所示。

图 18-23 插入关键帧

步骤 6 选中第1帧，将舞台上的文字"MM"垂直向上移动到舞台的上方（使其刚出舞台），然后选中第1帧并右击，在弹出的快捷菜单中选择【创建传统补间】命令，如图 18-24 所示。

图 18-24 创建传统补间动画

步骤 7 选择"文字"图层的第1帧，然后选择文字"MM"。打开【属性】面板，在【色彩效果】选项组的【样式】下拉列表框中选择 Alpha 选项，设置 Alpha 值为 0，如图 18-25 所示。

图 18-25 【属性】面板

步骤 8 选择第49帧，按F5键插入帧，使

动画延续到第49帧，如图 18-26 所示。

图 18-26 延续动画帧

步骤 9 新建一个图层，并命名为"文字1"，然后单击第10帧，按F7键插入空白关键帧，如图 18-27 所示。

图 18-27 插入空白关键帧

步骤 10 单击【工具】面板中的【文本工具】T，在【属性】面板中设置其文本类型为【静态文本】，字体为"Arial"，字体大小为"30"，颜色为"黑色"，如图 18-28 所示。

图 18-28 【属性】面板

步骤 11 在舞台上输入文字"SU"，再次在文字的下方位置输入文字"SU"，颜色设置为灰色，如图 18-29 所示。

图 18-29 输入文字

步骤 12 选中输入的文字, 选择【修改】→【转换为元件】菜单命令, 将输入的文字转换为图形元件, 如图 18-30 所示。

图 18-30　【转换为元件】对话框

18.2.2　制作文字遮罩动画

制作文字遮罩动画的操作步骤如下。

步骤 1 选择 "文字 1" 图层的第 15 帧并右击, 在弹出的快捷菜单中选择【转换为关键帧】命令, 将其和文字 "MM" 的左边对齐; 然后选择第 10 帧并右击, 在弹出的快捷菜单中选择【创建传统补间】命令; 接着选择第 49 帧, 按 F5 键插入帧, 如图 18-31 所示。

图 18-31　插入帧

步骤 2 新建一个图层, 并命名为 "遮罩 1"。选择第 1 帧, 单击【工具】面板中的矩形工具, 在舞台上绘制一个矩形, 放在 "SU" 文字的左侧, 如图 18-32 所示。

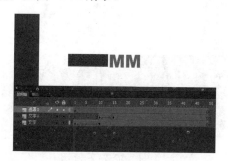

图 18-32　绘制矩形

步骤 3 右击图层 "遮罩 1" 名称, 在弹出的快捷菜单中选择【遮罩层】命令, 如图 18-33 所示。

图 18-33　创建遮罩层

步骤 4 同理, 制作出文字 "MM" 右侧 "ERROOM" 文字的遮罩动画, 如图 18-34 所示。

图 18-34　制作其他文字的遮罩动画

18.2.3　制作图片动画

制作图片动画的操作步骤如下。

步骤 1 选择【文件】→【导入到库】菜单命令, 打开【导入到库】对话框, 在其中选择需要导入到库的图片, 如图 18-35 所示。

图 18-35　【导入到库】对话框

步骤 2 单击【打开】按钮，即可将图片导入到库中，如图 18-36 所示。

图 18-36 【库】面板

步骤 3 新建一个图层，将其命名为"图片1"。选中第 27 帧并右击，按 F7 键插入空白关键帧，将库中的"1"图片拖到舞台上，并调整其大小和位置，然后选择【修改】→【转换为元件】菜单命令，将图片转换为图形元件，如图 18-37 所示。

图 18-37 添加图片

步骤 4 选中第 32 帧并右击，在弹出的快捷菜单中选择【转换为关键帧】命令，然后选择第 27 帧并右击，在弹出的快捷菜单中选择【创建补间动画】命令，接着选择第 49 帧，如图 18-38 所示。

图 18-38 创建补间动画

步骤 5 单击"图片 1"图层的第 27 帧，在

舞台上选中图片"1"。打开【属性】面板，在【色彩效果】选项组的【样式】下拉列表框中选择 Alpha 选项，设置 Alpha 值为 0，如图 18-39 所示。

图 18-39 【属性】面板

步骤 6 最后，图片的显示效果如图 18-40 所示。

图 18-40 图片显示效果

步骤 7 同理，创建另外两张图片的动画效果，如图 18-41 所示。

图 18-41 添加其他图片

步骤 8 按下 Ctrl+Enter 组合键，即可预览动画效果，如图 18-42 所示。

图 18-42　预览动画

18.3　高手解惑

小白：如何使网页 Banner 更具吸引力？

高手：常见的方法如下。

⑴　使用简单的背景和文字。制作时注意构图要简单，颜色要醒目，角度要明显，对比要强烈。

⑵　巧妙地使用文字，使文本和 Banner 中的其他元素有机地结合起来，充分利用字体的样式、形状、粗细及颜色等来补充和加强图片的力量。

⑶　使用深色的外围边框，因为在站点中应用 Banner 时，大都不为 Banner 添加轮廓。如果 Banner 的内容都集中在中央，那么边缘就会过于空白。如果没有边框，Banner 就会和页面融为一体，从而降低 Banner 的注目率。

小白：如何快速选择文本工具？

高手：有时为了在舞台上添加文本，需要使用文本工具，虽然可以单击【工具】面板中的【文本工具】选择，但是直接按 T 键却可以快速选择文本工具。

18.4　跟我练练手

练习 1：制作滚动文字 Logo。

练习 2：制作产品 Banner。

第5篇

综合网站开发实战

第19章

综合案例实战 1——Photoshop CC 设计网页

网页设计是 Photoshop 的一种拓展功能，是网站程序设计的好搭档。本章就来介绍如何使用 Photoshop 设计网页。

● **本章要点（已掌握的在方框中打钩）**
- ☐ 掌握设计网页 Logo 的方法
- ☐ 掌握设计网页导航栏的方法
- ☐ 掌握设计网页 Banner 的方法
- ☐ 掌握设计网页正文的方法
- ☐ 掌握设计网页页脚的方法
- ☐ 掌握对网页进行切片处理的方法

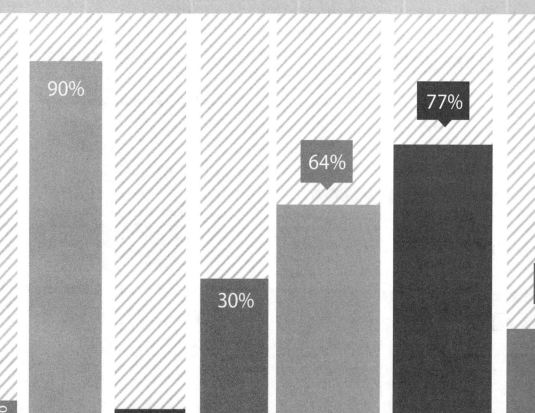

19.1 设计网页Logo

网页 Logo 是一个网站的标志，Logo 设计得好与坏直接关系到一个网站的整体形象，下面就来介绍如何使用 Photoshop 设计在线购物网站的网页 Logo。

具体的操作步骤如下。

步骤 1 打开 Photoshop CC 工作界面，选择【文件】→【新建】菜单命令，打开【新建】对话框，在其中输入相关参数，如图 19-1 所示。

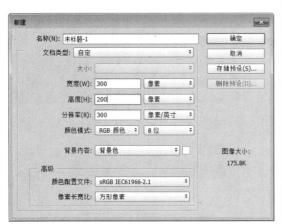

图 19-1 【新建】对话框

步骤 2 单击【确定】按钮，即可新建一个空白文档，如图 19-2 所示。

图 19-2 新建一个空白文档

步骤 3 选择【文件】→【存储】菜单命令，在打开的【另存为】对话框中输入文件的名称，并选择存储的类型，如图 19-3 所示。

步骤 4 单击工具箱中的【横排文字工具】按钮，在空白文档中输入网页 Logo 文字"我

爱美妆"，选择"我爱"两个字，在【字符】面板中设置字符的参数，如图 19-4 所示。

图 19-3 【另存为】对话框

图 19-4 【字符】面板

步骤 5 选择"美妆"两个字，在【字符】面板中设置相关参数，如图 19-5 所示。

图 19-5　【字符】面板

步骤 6　设置完毕后，返回到图像工作界面中，可以看到最终的显示效果，如图 19-6 所示。

我爱美妆

图 19-6　设置后的文字效果

步骤 7　双击【我爱美妆】文字图层，打开【图层样式】对话框，在其中选中【投影】复选框，并设置相关参数，如图 19-7 所示。

图 19-7　【图层样式】对话框

步骤 8　设置完毕后，单击【确定】按钮，即可为文字添加投影样式，如图 19-8 所示。

我爱美妆

图 19-8　投影样式

步骤 9　单击工具箱中的【横排文字工具】按钮，在文档中输入 "MEIZHUANG.COM"，然后在【字符】面板中设置该文字的参数，如图 19-9 所示。

图 19-9　【字符】面板

步骤 10　返回到图像工作界面中，可以看到文字的显示效果，然后使用【移动工具】调整该文字的位置，如图 19-10 所示。

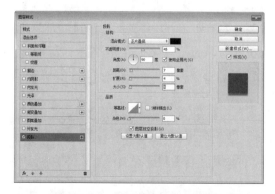

我爱美妆
MEIZHUANG.COM

图 19-10　文字的显示效果

步骤 11　双击 "MEIZHUANG.COM" 文字所在图层，打开【图层样式】对话框，在其中选中【投影】复选框，并设置相关参数，如图 19-11 所示。

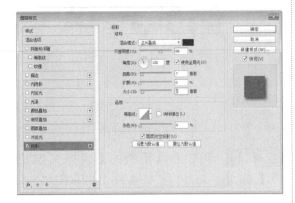

图 19-11 【图层样式】对话框

步骤 12 单击【确定】按钮，即可为该文字添加投影效果，如图 19-12 所示。

图 19-12 文字投影效果

步骤 13 在【图层】面板中选中文字所在图层并右击，在弹出的快捷菜单中选择【栅格化文字】命令，将文字图层转化为普通图层，如图 19-13 所示。

图 19-13 【图层】面板

步骤 14 再次选中文字所在的两个图层并右击，在弹出的快捷菜单中选择【合并图层】命令，将文字图层合并为一个图层，如图 19-14 所示。

图 19-14 合并图层

步骤 15 双击【背景】所在图层，即可打开【新建图层】对话框，然后单击【确定】按钮，即可将背景图层转化为普通图层，名称为"图层 0"，如图 19-15 所示。

图 19-15 【新建图层】对话框

步骤 16 选中【图层 0】，然后将其拖曳至【图层删除】按钮之上，将该图层删除，即可完成网页透明 Logo 的制作，如图 19-16 所示。

图 19-16 删除图层

19.2 设计网页导航栏

导航栏是一个网页的菜单，通过它可以了解到整个网站的内容分类，设计网页导航栏的操作步骤如下。

步骤 1 新建一个大小为 1024×36 像素 / 英寸，分辨率为 300 像素 / 英寸，背景为黑色的文档，并将其保存为"导航栏 .psd"文件，如图 19-17 所示。

图 19-17　新建文件

步骤 2 新建一个图层，使用【矩形选框工具】在新图层中绘制一个矩形选区，然后使用【油漆桶工具】为矩形选区填充为玫红色（R：237、G：20、B：91），如图 19-18 所示。

图 19-18　新建图层

步骤 3 使用工具箱中的【横排文字工具】在文档中输入网页的导航栏文字，这里输入"特卖精选"，并根据需要调整文字的颜色为白色，字体为 STXihei，大小为 5pt，如图 19-19 所示。

图 19-19　添加文字

步骤 4 根据实际需要，复制多个文字图层，并调整文字图层的位置，最终的效果如图 19-20 所示。至此，一个简单的在线购物网页的导航栏就制作完成了。

图 19-20　复制多个文字图层

19.3 设计网页的Banner

网页的 Banner 主要用于展示网站最近的活动，在线购物网站的 Banner 主要用于展示最近的产品销售活动。设计在线购物网站 Banner 的操作步骤如下。

步骤 1 在 Photoshop CC 的工作界面中选择【文件】→【打开】菜单命令，在打开的【打开】对话框中选择素材文件 Banner.psd 文件，如图 19-21 所示。

图 19-21　打开素材

步骤 2 打开素材文件"图片 1.jpg"，使用【移动工具】将该图片移动到文件 Banner 中，然后使用【自由变换】工具将该图片进行自由变换，并调整其至合适位置，如图 19-22 所示。

图 19-22　自由变换图片

步骤 3 双击图片 1 所在的图层，打开【图层样式】对话框，在其中选中【投影】复选框，并设置其中的参数，如图 19-23 所示。

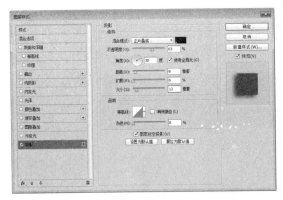

图 19-23　【图层样式】对话框

步骤 4 单击【确定】按钮，返回到 Banner 文档中，即可为图片 1 添加投影效果，如图 19-24 所示。

图 19-24　添加投影效果

步骤 5 参照步骤 2 的操作方法，将素材图片 2.jpg、图片 3.jpg 添加到 Banner 文件中，并使用【移动工具】和【自由变换工具】调整图片的位置和大小，如图 19-25 所示。

图 19-25　添加图片 3

步骤 6 新建一个图层，然后使用【矩形选框工具】在图层中绘制一个矩形，并将其填充为橘色（R：227、G：106、B：87），如图 19-26 所示。

图 19-26　绘制矩形

步骤 7 使用【多边形套索工具】为两端添加三角形选区，然后按下键盘上的 Delete 键将其删除，如图 19-27 所示。

图 19-27　添加三角形选区

步骤 8 新建一个图层，然后单击工具箱中的【直线工具】，绘制一条直线，并设置直线的颜色为白色，如图 19-28 所示。

图 19-28 绘制直线

步骤 9 选中直线所在图层，将其拖曳至【新建图层】按钮之上，复制直线所在图层，然后使用【移动工具】调整直线所在位置，如图 19-29 所示。

图 19-29 复制图层

步骤 10 单击工具箱中的【横排文字工具】按钮，在文档中输入文字，在【字符】面板中设置文字的大小、字形、颜色等，如图 19-30 所示。

图 19-30 【字符】面板

步骤 11 在【图层】面板中调整图层的组合方式为【叠加】，如图 19-31 所示。

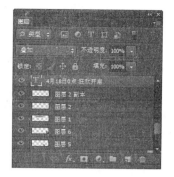

图 19-31 【图层】面板

步骤 12 返回到 Banner 文档的工作界面中，可以看到最终的显示效果如图 19-32 所示。

图 19-32 最终效果

步骤 13 单击工具箱中的【横排文字工具】，在 Banner 文档界面中输入活动内容文字，并在【字符】面板中设置文字的大小、颜色、字体样式等，如图 19-33 所示。

图 19-33 【字符】面板

步骤 14 双击文字所在图层，在打开的【图层样式】对话框中选中【外发光】复选框，为文字图层添加外发光效果，如图 19-34 所示。

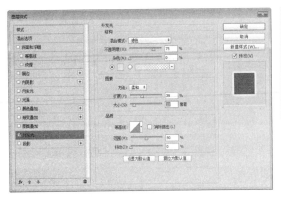

图 19-34　【图层样式】对话框

步骤 15 单击【确定】按钮，返回到 Banner 文档工作界面，可以看到添加的文字效果如图 19-35 所示。

图 19-35　添加的文字效果

步骤 16 新建一个图层，使用【矩形选框工具】在图层中绘制一个矩形，并填充颜色为橘色（R：227、G：106、B：87），如图 19-36 所示。

图 19-36　绘制一个矩形

步骤 17 双击矩形所在的图层，打开【图层样式】对话框，为该图层添加【斜面和浮雕】和【投影】效果，具体的参数如图 19-37 和图 19-38 所示。

步骤 18 单击【确定】按钮，返回到 Banner 文档工作界面中，可以看到应用图层样式后的效果，如图 19-39 所示。

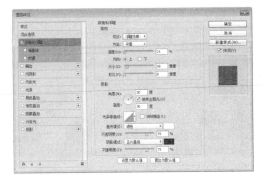

图 19-37　【图层样式】对话框

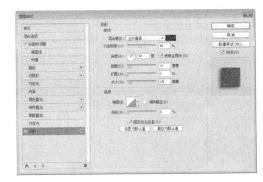

图 19-38　添加【投影】效果

图 19-39　应用图层样式后的效果

步骤 19 使用【横排文字工具】在文档中输入文字，并调整文字的位置，然后在【字符】面板中调整文字的字体样式、颜色和大小等，最终的效果如图 19-40 所示。

图 19-40　设置的文字效果

步骤 20 新建一个图层，使用工具箱中的【自定义形状工具】在文档中绘制一个心形形状，添加形状的颜色为橘色（R：227、G：106、B：87），如图 19-41 所示。

图 19-41 绘制一个心形形状

步骤 21 双击心形所在图层，在打开的【图层样式】对话框中选中【投影】复选框，为图层添加投影效果，如图 19-42 所示。

图 19-42 添加投影效果

步骤 22 使用【横排文字工具】在文档中输入文字"上不封顶"，然后调整文字的位置，并在【字符】面板中设置文字的字体样式、大小、颜色等，最终的显示效果如图 19-43 所示。

图 19-43 添加文字效果

步骤 23 至此，在线购物网页的 Banner 就制作完成了，然后选择【文件】→【存储为】菜单命令，打开【另存为】对话框，在其中设置文件的保存类型为 .jpg，如图 19-44 所示。

图 19-44 【存储为】对话框

19.4 设计网页正文部分

网页的正文是整个网页设计的重点，在线购物网站的正文主要用于显示产品的销售信息，下面就来设计网页的正文部分内容。

19.4.1 设计正文导航

为了更好地展示网页的正文内容，一般在正文上面会显示正文的导航，如在线购物网站的导航为产品的分类。

设计正文导航的操作步骤如下。

步骤 1 新建一个大小为 1024×92 像素、背景为白色、分别率为 300 像素/英寸的空白文档，并将其保存为导航按钮 .psd，如图 19-45 所示。

图 19-45 新建导航按钮文件

步骤 2 新建一个图层，然后单击工具箱中的【矩形选框工具】，再在属性栏中设置矩形选框工具的参数,这里设置样式为【固定大小】,宽度为 1024,高度为 7 像素,如图 19-46 所示。

图 19-46　矩形选框工具

步骤 3 单击空白文档,在其中绘制一个矩形选框,然后使用【油漆桶工具】,将选框填充为黑色,并调整至合适位置,如图 19-47 所示。

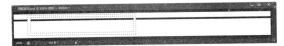

图 19-47　绘制一个矩形选框

步骤 4 新建一个图层,然后单击工具箱中的【矩形选框工具】按钮,在文档中绘制两个矩形选框,如图 19-48 所示。

图 19-48　绘制两个矩形选框

步骤 5 设置前景色为灰色（R：197、G：197、B：197）,使用【油漆桶工具】将选区填充为灰色,如图 19-49 所示。

图 19-49　填充选区

步骤 6 使用【魔棒工具】选中灰色矩形中间的矩形,如图 19-50 所示。

图 19-50　选中矩形

步骤 7 使用【油漆桶工具】将选中的灰色矩形填充为白色,如图 19-51 所示。

图 19-51　填充矩形

步骤 8 新建一个图层,使用【矩形选框工具】在文档中绘制一个 10×10 像素的正方形,并将其填充为黑色,如图 19-52 所示。

图 19-52　填充矩形为黑色

步骤 9 复制 4 个黑色正方形所在的图层,并调整至合适的位置,如图 19-53 所示。

图 19-53　复制 4 个正方形

步骤 10 单击工具箱中的【横排文字工具】按钮,在文档中输入文字"Point 1",并在【字符】面板中设置文字的字体样式为"Times New Roman"、大小为"10pt"、颜色为"黑色",如图 19-54 所示。

图 19-54　输入文字

步骤 11 再使用【横排文字工具】在文档中输入文字"全部特卖",然后设置文字的字体样式为"STZhongsong"、大小为"9pt"、颜色为"红色（R：255、G：112、B：163）",最后将其保存起来,如图 19-55 所示。

图 19-55　输入文字

步骤 12 根据需要再制作其他正文内容的导航按钮,如图 19-56 所示。

图 19-56　多个导航按钮

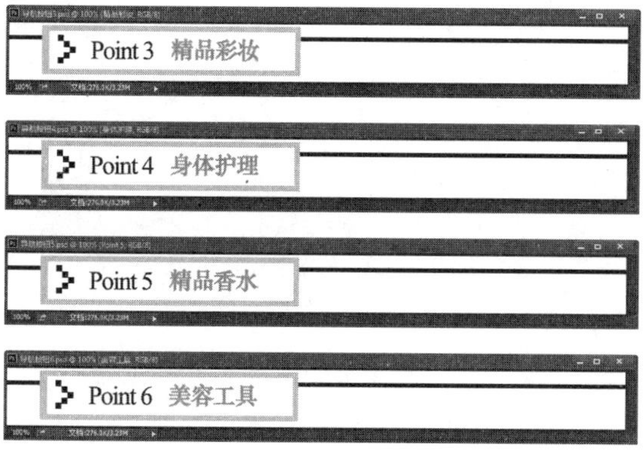

Point 3　精品彩妆

Point 4　身体护理

Point 5　精品香水

Point 6　美容工具

图 19-56　多个导航按钮（续）

19.4.2　设计正文内容

在线购物网页的 6 部分正文内容，分别为全部特卖、面部护肤、精品彩妆、身体护理、精品香水、美容工具，由于这 6 部分的正文内容在形式上一样，这里以设计身体护理这部分内容为例，来介绍在线购物网页正文内容的设计步骤。

具体的操作步骤如下。

步骤 1 新建一个大小为 230×380 像素、分辨率为 300 像素 / 英寸、背景为白色的文档，并将其保存为身体护理 .psd，如图 19-57 所示。

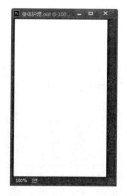

图 19-57　新建文件

步骤 2 打开素材文件身 3.jpg 文件，然后使用【移动工具】将其移动到身体护理 1.psd 文件中，并使用【自由变换工具】调整图片的大小与位置，如图 19-58 所示。

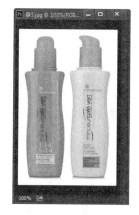

图 19-58　打开图片素材

步骤 3 使用工具箱中的【横排文字工具】在文档中输入该产品的说明性文字，然后在【字符】面板中设置文字的字体样式、大小以及颜色等，如图 19-59 所示。

图 19-59　【字符】面板

步骤 4 返回到文档中，可以看到添加文字的显示效果，如图 19-60 所示。

图 19-60　添加文字效果

步骤 5 使用【横排文字工具】在文档中输入该产品的价格信息，并调整文字的大小、字体样式以及颜色等，如图 19-61 所示。

步骤 6 新建一个图层，使用【矩形选框工具】在该图层中绘制一个矩形，并填充矩形为玫红色（R：244、G：92、B：143），如图 19-62 所示。

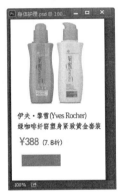

图 19-61　输入
价格信息

图 19-62　绘制
一个矩形

步骤 7 双击矩形所在的图层，打开【图层样式】对话框，在其中选中【斜面和浮雕】复选框，为图层添加斜面和浮雕效果，如图 19-63 所示。

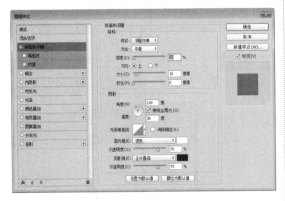

图 19-63　【图层样式】对话框

步骤 8 在【图层样式】对话框中选中【投影】复选框，在其中设置投影的相关参数，为图层添加投影效果，如图 19-64 所示。

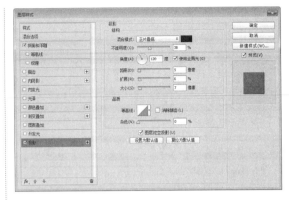

图 19-64　添加投影效果

步骤 9 设置完毕后，单击【确定】按钮，返回到文档中，可以看到最终的显示效果，如图 19-65 所示。

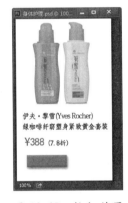

图 19-65　按钮效果

步骤 10 参照上述制作玫红色按钮的方法，再制作一个按钮，该按钮的颜色为灰色，如图 19-66 所示。

图 19-66　制作灰色按钮

步骤 11 使用【横排文字工具】在文档中输入按钮上的文字，在玫红色按钮上输入"放入购物车"，在灰色按钮上输入"查看"，并为文字图层添加相应的图层样式,如图 19-67 所示。

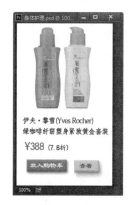

图 19-67　添加文字

步骤 12 单击工具箱中的【自定义形状】按钮，在形状预设面板中选择【会话 8】形状，如图 19-68 所示。

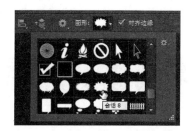

图 19-68　自定义形状

步骤 13 在文档中绘制会话 8 形状，并填充形状的颜色为红色，如图 19-69 所示。

图 19-69　填充形状的颜色

步骤 14 双击形状所在的图层，打开【图层样式】对话框，在其中选中【投影】复选框，并设置相应的参数，如图 19-70 所示。

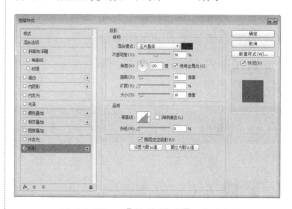

图 19-70　【图层样式】对话框

步骤 15 单击【确定】按钮，为图层添加投影效果，如图 19-71 所示。

步骤 16 使用【横排文字工具】在文档中输入文字"包邮！"，并调整文字的大小、颜色、字体样式等，如图 19-72 所示。至此，正文中身体护理 1 模块就设计完成了。

图 19-71　添加　　　图 19-72　添加

投影效果　　　　　　文字效果

> **注意** 参照上述制作身体护理文件的步骤，可以制作其他正文中的产品模块，这里不再赘述。

19.5 设计网页页脚部分

一般网页的页脚部分与导航栏在设计风格上是一致的，其显示的主要内容为公司的介绍、友情联系等文字超级链接等，设计网页页脚的操作步骤如下。

步骤 1 打开已经制作好的网页导航栏，如图 19-73 所示。

图 19-73 打开导航栏文件

步骤 2 在【图层】面板中选中玫红色矩形所在的图层并右击，在弹出的快捷菜单中选择【删除图层】命令，将其删除，如图 19-74 所示。

图 19-74 删除图层

步骤 3 然后将导航栏文件另存为页脚 2 文件，选中文档中各个文字，根据需要修改这些文字，最终的效果如图 19-75 所示。

图 19-75 修改文字

步骤 4 新建一个图层，选中工具箱中的【直线工具】按钮，在文件中绘制一个竖直直线，并填充为白色，如图 19-76 所示。

图 19-76 绘制一个竖直直线

步骤 5 复制白色直线所在的图层，然后调整白色直线至合适位置，如图 19-77 所示。至此，网页的页脚就制作完成了，将其保存为 JPG 格式的文件即可。

图 19-77 完成页脚的制作

19.6 组合在线购物网页

当网页中需要的内容都设计完成后，下面就可以在 Photoshop 中组合网页了，具体的操作步骤如下。

步骤 1 选择【文件】→【新建】菜单命令，打开【新建】对话框，在其中设置相关参数，如图 19-78 所示。

图 19-78 【新建】对话框

步骤 2　单击【确定】按钮，创建一个空白文档，如图 19-79 所示。

图 19-79　创建空白文档

步骤 3　打开素材文件 Logo.jpg，使用【移动工具】将其移动到网页文档中，并调整 Logo 的位置，如图 19-80 所示。

图 19-80　调整 Logo 的位置

步骤 4　打开素材文件导航栏 .jpg，使用【移动工具】将其移动到网页文档中，并调整导航栏至合适位置，如图 19-81 所示。

图 19-81　打开素材文件

步骤 5　打开素材文件 Banner.jpg，使用【移动工具】将其移动到网页文档中，并调整 Banner 至合适位置，如图 19-82 所示。

图 19-82　打开素材文件

步骤 6　打开素材文件导航按钮 1.jpg，使用【移动工具】将其移动到网页文档中，并调整导航按钮 1 至合适位置，如图 19-83 所示。

图 19-83　打开导航按钮文件

步骤 7　打开素材文件身体护肤 1.jpg，使用【移动工具】将其移动到网页文档中，并调整身体护肤 1 至合适位置，如图 19-84 所示。

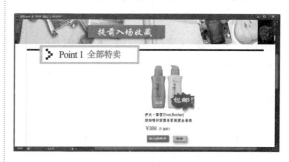

图 19-84　打开素材文件

步骤 8　选中身体护肤 1 图片所在的图层，按下键盘上的 Alt 键，再使用【移动工具】拖动并复制该图片，然后调整至合适的位置，如图 19-85 所示。

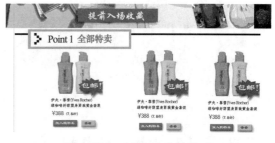

图 19-85　调整图片的位置

步骤 9　使用相同的方式，添加 Point2 区域中的产品信息，最终的效果如图 19-86 所示。

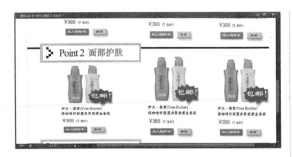

图 19-86　添加产品信息

步骤 10 打开素材页脚 .jpg 文件，使用【移动工具】将其移动到网页文档中，并调整页脚 .jpg 至合适位置，如图 19-87 所示。至此就

完成了在线购物网页的制作。

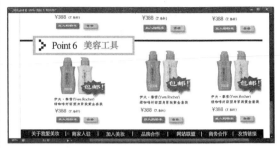

图 19-87　插入页脚文件

> **提示** 网页中的产品信息用户可以根据需要自行调整。

19.7　保存网页

网页制作完成后，就可以将其保存起来了，保存网页内容与保存其他格式的文件不同，保存网页的操作步骤如下。

步骤 1 在 Photoshop CC 工作界面中，选择【文件】→【导出】→【存储为 Web 所用格式】菜单命令，弹出【存储为 Web 所用格式】对话框，根据需要设置相关参数，如图 19-88 所示。

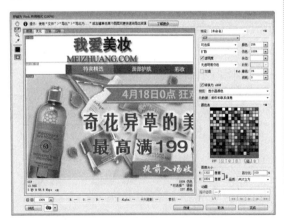

图 19-88　【存储为 Web 所用格式】对话框

步骤 2 单击【存储】按钮，弹出【将优化结果存储为】对话框，从中设置文件保存的位

置，单击【格式】右侧的下拉按钮，从弹出的下拉列表框中选择【HTML 和图像】选项，如图 19-89 所示。

图 19-89　【将优化结果存储为】对话框

步骤 3 单击【保存】按钮，即可将"网页"以 HTML 和图像的格式保存起来，如图 19-90所示。

图 19-90　选择保存文件的位置

步骤 4 双击其中的"网页 .html"文件，即可在 IE 浏览器中打开在线购物网页，如图 19-91 所示。

图 19-91　打开"在线购物网页"

19.8　对网页进行切片处理

在 Photoshop 中设计好的网页素材，一般还需要将其应用到 Dreamweaver 中才能发布，为了符合网站的结构，就需要将设计好的网页进行切片，然后存储为 Web 和设备所用格式。对设计好的网页进行切片的操作步骤如下。

步骤 1 选择【文件】→【打开】菜单命令，打开制作的在线购物网页，如图 19-92 所示。

图 19-92　打开在线购物网站的文件

步骤 2 在工具箱中单击【切片工具】按钮，根据需要在网页中选择需要切割的图片，如图 19-93 所示。

图 19-93　选择需要切割的图片

步骤 3 选择【文件】→【导出】→【存储为 Web 所用格式】菜单命令，打开【存储为 Web 所用格式】对话框，在其中选中切片 1 中图像，如图 19-94 所示。

步骤 4 单击【存储】按钮，即可打开【将优化结果存储为】对话框，单击【切片】后面的下三角按钮，从弹出的下拉列表中选择【选中的切片】选项，如图 19-95 所示。

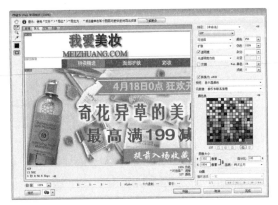 

图 19-94　【存储为 Web 所用格式】对话框　　图 19-95　【将优化结果存储为】对话框

步骤 5 单击【保存】按钮，即可将所有切片图像保存起来，如图 19-96 所示。

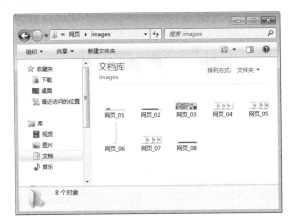

图 19-96　保存切片

第20章

综合案例实战2
——制作个人
Flash 网站

Flash 网站具有短小精悍、易于在网上传播的特性，吸引许多人使用 Flash 构建个人网站。本章主要讲解了个人 Flash 网站的设计制作，以使读者了解 Flash 网站的结构规划、主场景设计以及次场景设计等要点，还可以对前面所学的知识点进行综合运用。

● **本章学习目标（已掌握的在方框中打钩）**

☐ 熟悉 Flash 网站的背景
☐ 熟悉 Flash 广告的制作步骤
☐ 掌握 Flash 广告制作前的准备工作
☐ 掌握制作 Flash 广告的方法和技巧

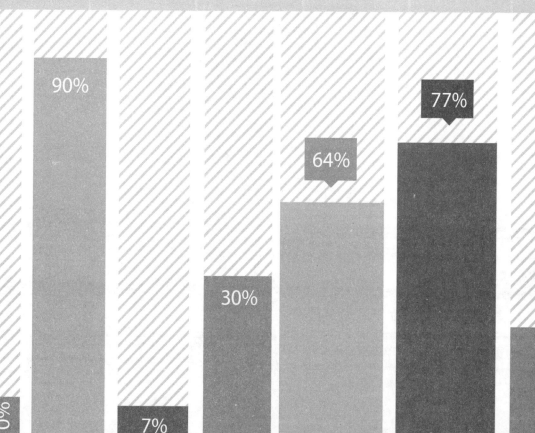

40%

0%

90%

7%

30%

64%

77%

40%

20.1 实例分析

初学者学习制作 Flash 个人网站，不仅可以培养自己的兴趣，还可以借此学习并提高制作水平。在本节中将为读者介绍个人网站的构建背景及实例简介。

20.1.1 背景概述

在 Flash 中制作网站时，一定要思路清晰，切不可在 Flash 中没有规划地进行创作，在创作过程中对于不对的地方随时进行修改，这样不但效率低下，往往做出的效果也不理想。因此，要做好一个网站，前期准备和规划是非常重要的。

网站制作方法分为两种：一种是把网站做成很多的 Flash 文件，再进行连接，这样做的好处是容易修改且思路清晰；另一种就是将各个连接都做在一个 Flash 文件中，这种做法就要求制作人员有很高的制作能力，并且对前期的准备工作要求也很高。

20.1.2 实例简介

本实例是一个动感的个人网站。在播放动画时，首先进入的是网站的首页，首页由背景图片、标题、各个链接按钮以及版权信息组成，当单击不同的按钮时，就会调用相应的子场景，并且播放子场景的动画。网站首页的界面如图 20-1 所示。

图 20-1　网站首页

20.2 主要知识点

一个完整的网站一般由一个主页和多个内页组合而成。在制作本实例时，所采用的方法是把网站做成很多的 Flash 文件再进行连接。

20.3　具体的设计步骤

本实例网站属于个人网站，主要内容应跟个人信息相关，所以网站的内容应该以图片展示为主，其子页面中还应该有个人的基本信息和留言板等。

20.3.1　网站结构规划

要使制作出来的网站吸引人，除在内容排版、色彩搭配、图片运用上达到和谐统一之外，网站的结构规划也起着至关重要的作用。本网站的结构如图 20-2 所示。

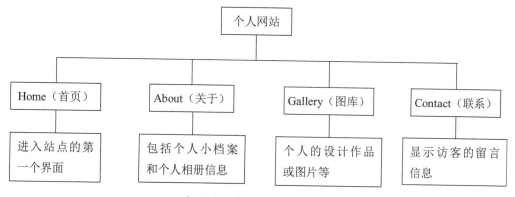

图 20-2　个人网站结构规划

在主页中的每个子栏目，包括"Home""About""Gallery"和"Contact"等仅以按钮形式显示其名称，即把每一个子栏目都做成可以单击的按钮形式。

20.3.2　主场景的设计

本实例主要由主场景和次场景构成，因此主要介绍主场景和次场景在主场景中的安排。通过相关介绍，读者可以举一反三，尝试设计并制作次场景在其子场景中的安排。本实例中的主场景命名为"index.swf"，其内容包括网站标题、舞台长宽比例、背景、导航按钮等信息。

1.　制作网站的主场景

在制作网站的主场景时，要准备好所需的

所有元件和背景图片，再在已经划分好的场景布置区域中，放置准备好的素材并进行相关操作，以实现预期的动画效果，具体的操作如下。

步骤 **1**　打开随书光盘中的"源代码 \ch20\index.fla"文件，该文件中包含了所用的元件、背景图片以及背景音乐等，如图 20-3 所示。

图 20-3　打开素材文件

步骤 **2** 选中"图层 1"，并将其重命名为"背景"，将【库】面板中的背景图片拖到舞台中，然后调整图片的位置以及舞台的大小，如图 20-4 所示。

图 20-4　设置背景图片

步骤 **3** 新建图层 2，并将其重命名为"标题"，然后使用【文本工具】在舞台上绘制文本框并输入文本内容，在【属性】面板中设置【文本类型】为"静态文本"，并设置其字体为"Broadway"、大小为"45"、颜色为"FF00FF"，如图 20-5 所示。

图 20-5　输入文本

步骤 **4** 新建图层 3，并将其重命名为"导航按钮 1"，然后将【库】面板中"主页"按钮元件拖到舞台中调整其大小，如图 20-6 所示。

图 20-6　将"主页"元件拖到舞台中

步骤 **5** 按照上述操作，新建图层"导航按钮 2""导航按钮 3"和"导航按钮 4"，然后分别将【库】面板中的"关于我""联系我"和"图片库"元件拖到相应的图层中，如图 20-7 所示。

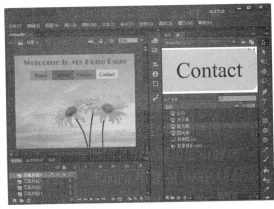

图 20-7　将其他的按钮元件拖到相应的图层中

步骤 **6** 新建一个图层并重命名为"版权信息"，然后使用【文本工具】在舞台的右下侧绘制静态文本框并输入网站的版权信息，如图 20-8 所示。

步骤 **7** 新建一个图层并重命名为"音乐"，将【库】面板中的音乐文件拖动到舞台中，然后将所有图层延长至 300 帧，如图 20-9 所示。

图 20-8　输入版权信息

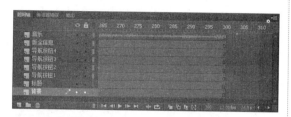

图 20-9　将音乐文件拖到舞台中

步骤 8 选中"音乐"图层中的任意一帧，然后在其【属性】面板中将【同步】设置为【数据流】，如图 20-10 所示。

图 20-10　设置同步类型

2. 调用次场景

在主页中设置导航按钮后，还应该在按钮上添加相应的 ActionScript 代码，使用户在单击不同的按钮时即可进入相应的次场景。这里进入所有次场景的操作都是通过导入 SWF 影片文件来实现的。

这里以单击"about"按钮调用"关于我 .swf"为例进行讲解，其他的按钮调用与之类似。

在场景内单击"about"按钮，按 F9 键调出【动作】面板，并添加如下代码，如图 20-11 所示。

```
import flash.display.Loader;
import flash.net.URLRequest;
import flash.net.URLRequest;
import flash.events.MouseEvent;
var loader:Loader;
function loadswf(url:String):void
{var req:URLRequest = new URLRequest(url);
    var loader:Loader=new Loader();
    loader.load(req);
    loader.contentLoaderInfo.addEventListener(Event.COMPLETE,onLoader);
    }
function onLoader(evt:Event):void{
        loader = evt.target.loader;
        addChild(loader);
    }
    btn2.addEventListener(MouseEvent.CLICK,onClickHand);
    function onClickHand(evt:MouseEvent):void{
        loadswf("关于我 .swf");

    }
```

图 20-11　添加动作代码

20.3.3　次场景的设计

在主场景中单击相应的导航按钮，即可进入相应的次场景，这些次场景中又可能包含多个或多级子次场景。其中"关于我"次场景中就包含两个子次场景，在单击"关于我"按钮时，需要载入影片"关于我 .swf"。下面来详细讲解一下"关于我 .fla"影片的制作过程。

1.　"关于我 .fla"影片的制作

具体的操作如下。

步骤 1　启动 Flash CC，然后依次选择【文件】→【新建】菜单命令，即可创建一个新的 Flash 空白文档，最后将该文档保存为"关于我 .fla"文档，如图 20-12 所示。

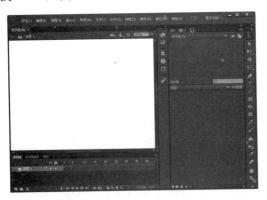

图 20-12　新建 Flash 文档

步骤 2　将"图层 1"重命名为"背景"，设置舞台大小为"480.95×360.95"像素，然后

使用矩形工具绘制一个与舞台一样大小的矩形，如图 20-13 所示。

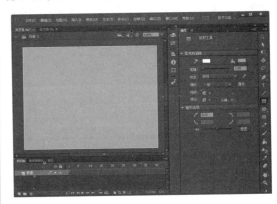

图 20-13　绘制矩形

步骤 3　按 Ctrl+F8 组合键打开【创建新元件】对话框，然后在其中设置新建元件的名称及类型，如图 20-14 所示。

图 20-14　【创建新元件】对话框

步骤 4　单击【确定】按钮，即可进入该元件的编辑模式中，将舞台颜色设置为黑色，然

后使用文本工具在舞台中绘制静态文本框并输入文本内容，如图 20-15 所示。

图 20-15　输入文本

步骤 5　单击【场景 1】按钮，返回到主窗口中，新建一个图层并重命名为"文本"，然后将【库】面板中的"文本"图形元件拖到舞台中的合适位置并调整其大小，如图 20-16 所示。

图 20-16　将"文本"图形元件拖到舞台中

步骤 6　在"文本"图层的第 30 帧处插入关键帧，然后使用任意变形工具将文本等比例放大，如图 20-17 所示。

步骤 7　在"文本"图层的第 1 ～ 30 帧之前创建传统补间动作，即可创建文本由小变大的动画效果，如图 20-18 所示。

步骤 8　按 Ctrl+F8 组合键打开【创建新元件】对话框，然后在其中新建一个名为"小档案"

的按钮元件，如图 20-19 所示。

图 20-17　插入关键帧并放大文本

图 20-18　创建传统补间动画

图 20-19　【创建新元件】对话框

步骤 9　在新建按钮元件的编辑模式中，使用矩形工具绘制一个"159×195"像素的矩形，在【属性】面板中，将笔触颜色设置为白色，笔触大小设置为"3"，填充颜色设置为"左 -6D91CD，右 -C69F75"的线性渐变，如图 20-20 所示。

步骤 10　新建一个图层，将所需的图片导入到舞台中的矩形内并调整其位置和大小，如图 20-21 所示。

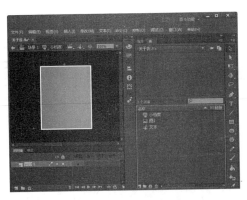

图 20-20　绘制矩形

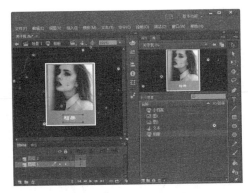

图 20-23　创建"相册"按钮元件

步骤 13 单击【场景 1】按钮，返回到主窗口中，新建一个图层并重命名为"按钮 1"，然后在该图层的第 30 帧处插入关键帧，将【库】面板中的"小档案"按钮元件拖到图 20-24 所示的位置。

图 20-21　导入图片

步骤 11 选中"图层 1"的第一帧，然后使用【文本工具】在舞台上绘制静态文本并输入文本内容"个人小档案"，将其放在图 20-22 所示的位置。

图 20-24　将"小档案"按钮元件拖到舞台左下方

步骤 14 在"按钮 1"图层的第 50 帧处插入关键帧，并将第 1 帧处的元件拖到图 20-25 所示的位置。

图 20-22　输入文本

步骤 12 按照上述操作，再新建一个"相册"按钮元件，如图 20-23 所示。

图 20-25　将"小档案"按钮元件移到舞台中

步骤 15 选中"按钮 1"图层第 30 帧的元件，然后在其【属性】面板中将【样式】设置为 Alpha，并将其值设置为"0%"，如图 20-26 所示。

图 20-26　设置透明度

步骤 16 按照相同的方法，将第 50 帧处的元件的 Alpha 设置为"100%"，然后在第 30 ～ 50 帧中间创建传统补间动画，即可创建元件由透明到清晰的显示效果，如图 20-27 所示。

图 20-27　创建传统补间动画

步骤 17 新建一个图层并重命名为"按钮 2"，然后按照上述方法，将【库】面板中的"相册"元件拖到舞台中并创建传统补间动画，如图 20-28 所示。

图 20-28　创建"相册"元件的传统补间动画

步骤 18 为了不让影片重复播放，可以在"图层 1"的第 50 帧处插入关键帧，然后按 F9 键打开【动作】对话框，在其中输入以下代码，如图 20-29 所示。

```
Stop();
```

图 20-29　输入代码

步骤 19 至此，就完成了影片"关于我 .swf"的制作，按 Ctrl+Enter 组合键进行测试，即可测试影片效果，如图 20-30 所示。

图 20-30　最终效果

> **提示**　该影片中包括两个子次场景，分别是"个人小档案"和"相册"，当单击不同按钮时即可调用"个人小档案 .fla"或"相册 .fla"影片文件，各次场景对子次场景的调用方法与主场景对次场景的调用方法相同，这里不再赘述。

2.　其他次场景的设计制作

"个人小档案""相册""图片库"和"联

系我"等次场景或子次场景的设计制作方法与影片"关于我 .fla"的制作方法相似，其中"相册"和"图片库"设计也类似，这里不再赘述，仅对各次场景的界面和实现的功能进行简单描述。

　　"About"栏目需要调用影片"关于我 .swf"，该影片中包括两个子次场景。单击"个人小档案"按钮元件时调用影片"个人小档案 .swf"，单击"相册"按钮元件时调用影片"相册 .swf"，其设计界面如图 20-31、图 20-32 所示。

　　"Contact"栏目需要调用影片"留言 .swf"，该影片是一个独立的文件，其中不再包含子文件。本实例设计"留言 .swf"影片的界面包含一个标题、用于输入留言主题和内容的输入文本框以及一个提交留言的【发送】按钮，如图 20-33 所示。

图 20-31　"个人小档案 .fla"影片界面

图 20-32　"相册 .fla"影片界面

图 20-33　"留言 .fla"影片界面

　　至此，个人 Flash 网站便设计制作完成了。保存所有的文件之后，在本地测试一下整个网站的效果，在测试无误之后，就可以将其所生成的 SWF 文件发布了。

20.4 高手解惑

　　小白： 如何正确使用遮罩层？

　　高手： 当需要使用遮罩层来创建特定的动画效果时，要将遮罩层放在时间轴的最顶层，才能起到遮罩的效果。

　　小白： 为什么使用影片加载函数在主场景中调用次场景时，会出现找不到所要调用文件的提示？

　　高手： 在使用影片加载函数加载 SWF 文件时，主场景文件与所要调用的次场景的 SWF 文件必须位于同一文件夹下。因此，只需将次场景的 SWF 文件移动到主场景所在文件夹下即可解决此问题。

第21章

综合案例3——
开发网站交互
留言板系统

随着互联网的发展，越来越多的用户已经可以使用互联网进行信息交互，而网站留言板的开发解决了信息交互复杂和交互困难的难题。留言板主要提供网上的一个信息发布的平台，大多作为网站的辅助功能存在。浏览网页的用户可以通过该留言板进行留言的查看。而管理员则可以对用户的留言进行更改和删除等操作。

● 学习目标（已掌握的在方框中打钩）

- ☐ 熟悉网站交互留言板系统的功能
- ☐ 掌握网站交互留言板系统的数据库设计和连接方法
- ☐ 掌握留言板管理系统页面的制作方法
- ☐ 掌握留言板系统后台管理页面的制作方法

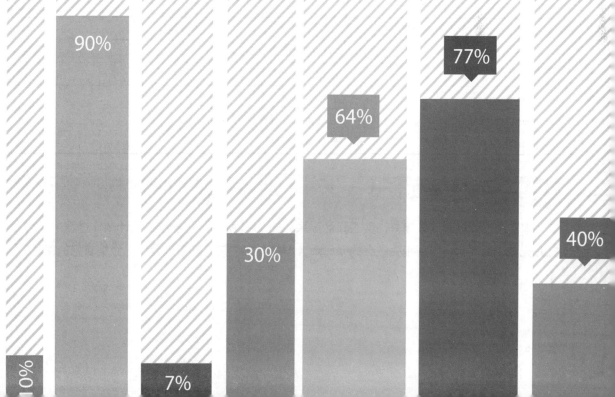

21.1 系统的功能分析

本章所制作的"网站交互留言板"，留言显示及管理留言的功能都十分完整，相信用户可以在以下的说明中，制作出一个设计出色，功能完整的留言板。

21.1.1 规划网页结构和功能

本章将要制作的网站交互留言板系统的网页及网页结构列表如图 21-1 所示。

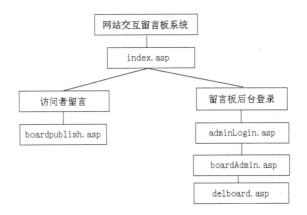

图 21-1   系统结构框图

本系统的主要结构分为留言者访问部分和留言板后台管理两个部分，整个系统中共有 5 个页面，各个页面的名称和对应的文件名、功能如表 21-1 所列。

表 21-1   用户管理系统网页设计表

页面名称	功　　能
index.asp	数字留言板的主页面
boardpublish.asp	添加留言板页面
adminLogin.asp	管理员登录页面
boardAdmin.asp	管理留言主界面
delboard.asp	删除留言页面

21.1.2 网页美工设计

本实例整体框架比较简单，美工设计效果如图 21-2 所示。初学者在设计制作过程中，可以打开光盘中的素材，找到相关站点的 images（图片）文件夹，其中放置了已经编辑好的图片。

图 21-2　首页的美工效果

 数据库设计与连接

本节主要讲述如何使用 Access 2010 建立网站投票系统的数据库，该数据库主要用来存储管理员信息和留言信息，同时进一步掌握留言板系统数据库的连接方法。

21.2.1　数据库的设计

通过对网站投票系统的功能分析发现，这个数据库应该包括两张表，分别为 admin 和 board 数据表。

1. admin 数据表

这个数据库表主要是储存登入管理界面的账号与密码，主键为 ID，该数据库的结构如表 21-2 所示。

表 21-2　admin 数据表的结构

意　　义	字段名称	数据类型	字段大小	必填字段	允许空字符串
账户编号	ID	自动类型	长整型		
用户账号	username	文本	20	是	否
用户密码	passwd	文本	20	是	否

2. board 数据表

这个数据表主要是储存保存所有留言板的数据，字段的命名都以"bd_"为前导符。本数据表以 bd_id(留言编号) 为主键。该数据库的结构如表 21-3 所列。

表 21-3　board 数据表的结构

意　义	字段名称	数据类型	字段大小	必填字段	允许空字符串
留言编号	bd_id	自动类型	长整型		
留言人姓名	bd_name	文本	20	是	否
留言人表情	bd_face	文本		是	否
留言主题	bd_subject	文本	20	是	否
留言时间	bd_time	日期 / 时间		是	否
留言人电子邮件	bd_email	文本	50	是	否
留言内容	bd_content	备注		是	否

在 Access 2010 中创建数据库的操作步骤如下。

步骤 1 运 行 Microsoft Access 2010 程 序。单击【空数据库】按钮，在主界面的右侧打开【空数据库】面板，单击【空数据库】面板上的【文件夹】按钮，如图 21-3 所示。

图 21-3　打开【空数据库】面板

步骤 2 打开【文件新建数据库】对话框。在【保存位置】后面的下拉列表框中选择保存路径，在【文件名】下拉列表框中输入文件名 boardsystem，为了让创建的数据库能被通用，在【保存类型】下拉列表框中选择【Microsoft Access 数据库（2002-2003 格式）】选项，单击【确定】按钮，如图 21-4 所示。

步骤 3 返回【空数据库】面板，单击【空数据库】面板上的【创建】按钮，即在

Microsoft Access 2010 中创建了一个 votesystem. mdb 数据库文件，同时 Microsoft Access 2010 自动默认生成了一个"表 1"数据表，如图 21-5 所示。

图 21-4　【文件新建数据库】对话框

图 21-5　创建的默认数据表

步骤 4 在"表 1"上右击，在弹出的快捷菜单中选择【设计视图】命令，打开【另存为】

对话框，在【表名称】文本框中输入数据表名称 admin，如图 21-6 所示。

图 21-6　【另存为】对话框

步骤　5　单击【确定】按钮，系统自动以设计视图方式打开创建好的 admin 数据表，如图 21-7 所示。

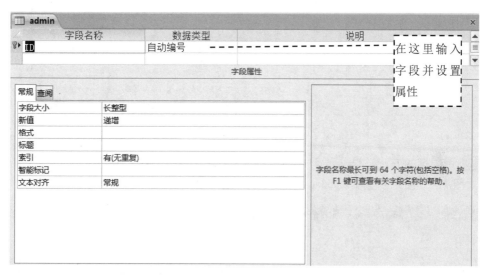

图 21-7　建立的 admin 数据表

步骤　6　按表 21-2 输入各字段的名称并设置其相应属性，完成后如图 21-8 所示。

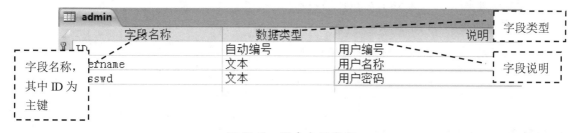

图 21-8　创建表的字段

提示　Access 为 admin 数据表自动创建了一个主键值 ID，主键是在建立的数据库中建立的一个唯一真实值，数据库通过建立主键值，方便后面搜索功能的调用，但要求所产生的数据没有重复。

步骤　7　双击 admin 选项，打开 admin 的数据表，为了方便用户访问，可以在数据库中预先编辑一些记录对象，其中 admin 为管理员账号，passwd 为管理员用户密码，如图 21-9 所示。编辑完成，单击【保存】按钮，然后关闭 Access 2010 软件。至此，数据库储存用户名和密码等资料的表建立完毕。

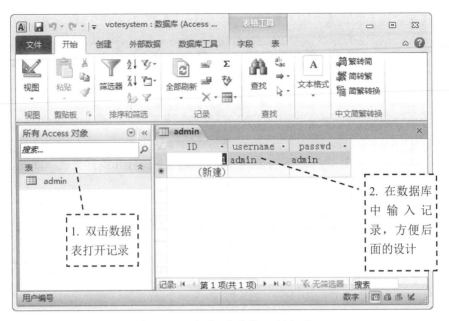

图 21-9　admin 表中输入的记录

步骤 8 用同样的方法，根据表 21-3 所列的内容建立图 21-10 所示的数据表 board。

图 21-10　建立的 board 数据表

步骤 9 为了演示效果，分别对 board 数据表添加记录，如图 21-11 所示。

图 21-11　board 表中输入的记录

21.2.2 创建数据库连接

在数据库创建完成后，需要在 Dreamweaver CC 中建立数据源连接对象，才能在动态网页中使用这个数据库文件。

创建数据库连接的具体操作步骤如下。

步骤 1 依次单击【控制面板】→【管理工具】→【数据源（ODBC）】→【系统 DSN】，

打开【ODBC 数据源管理器】对话框，如图 21-12 所示。

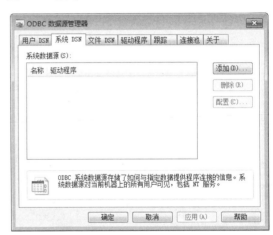

图 21-12　【系统 DSN】选项卡

步骤 2 单击【添加】按钮，打开【创建新数据源】对话框，在【创建新数据源】对话框中，选择 Driver do Microsoft Access（*.mdb）选项，如图 21-13 所示。

步骤 3 单击【完成】按钮，打开【ODBC Microsoft Access 安装】对话框，在【数据源名】文本框中输入 "boardsystem"，如图 21-14 所示。

图 21-13　【创建新数据源】对话框　　图 21-14　【ODBC Microsoft Access 安装】对话框

步骤 4 单击【选择】按钮，打开【选择数据库】对话框，单击【驱动器】文本框右边的三角按钮，从下拉列表中找到在创建数据库步骤中数据库所在的盘符，在【目录】列表框中找到在创建数据库步骤中保存数据库的文件夹，然后单击左上方【数据库名】选项组中的数据库文件 boardsystem.mdb，则数据库名称自动添加到【数据库名】下的列表框中，如图 21-15 所示。

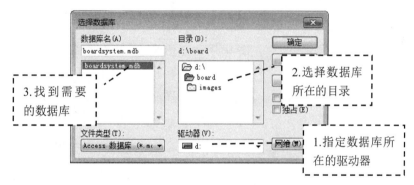

图 21-15　选择数据库

步骤 5 找到数据库后，单击【确定】按钮回到【ODBC Microsoft Access 安装】对话框中，再次单击【确定】按钮，将返回到【ODBC 数据源管理器】中的【系统 DSN】选项卡，可以看到【系统数据源】中已经添加了一个【名称】为 boardsystem，【驱动程序】为 Driver do Microsoft Access（*.mdb）的系统数据源，如图 21-16 所示。再次单击【确定】按钮，完成【ODBC 数据源管理器】中【系统 DSN】的设置。

图 21-16　【系统 DSN】选项卡

步骤 6 启动 Dreamweaver CC，打开随书光盘中的"源代码 \ch21\board\index.asp"文件，根据前面讲过的站点设置方法，设置好"站点""文档类型""测试服务器"，在 Dreamweaver CC 中选择菜单中的【窗口】→【数据库】命令，打开【数据库】面板，单击【数据库】面板中的 ⊞ 按钮，弹出图 21-17 所示的菜单，选择【数据源名称（DSN）】命令。

图 21-17 应用程序【数据库】面板

> **提示**
>
> 默认情况下，Dreamweaver CC 取消了【数据库】面板，读者可以从网上下载【数据库】插件，然后加载到 Dreamweaver CC 即可。

步骤 7 打开【数据源名称（DSN）】对话框，在【连接名称】文本框中输入 boardsystem，单击【数据源名称（DSN）】下拉列表框右边的三角按钮，从打开的数据源名称（DSN）下拉列表中选择 boardsystem，其他保持默认值，如图 21-18 所示。

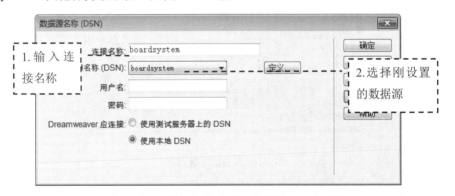

图 21-18 【数据源名称（DSN）】对话框

步骤 8 单击【确定】按钮，完成数据库的连接。

21.3 留言板管理系统页面的制作

网络投票系统的主要界面包括投票系统的主页面、投票页面、计算票数的页面和投票显示页面等。首先要制作的是网络投票系统的主界面，用户可以在这个页面中看到目前系统中所有的投票活动，用户可以挑选有兴趣的投票活动进入投票并查看结果。

21.3.1 留言板管理系统主页面的制作

完成数据库连接以后，即可制作留言板系统主页面，操作步骤如下。

步骤 1 首先在 index.asp 页面中设置记录集，切换到【绑定】面板，单击该面板的 ➕ 按钮，在弹出的菜单中选择【记录集（查询）】命令，打开【记录集】对话框，设置如图 21-19 所示。

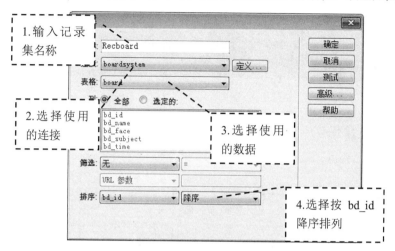

图 21-19　voteMain.asp 页面效果

步骤 2 单击【测试】按钮，打开【测试 SQL 指令】对话框，数据表中的记录果然依照 bd_id 字段降序排列，如图 21-20 所示。

步骤 3 单击【确定】按钮，返回【记录集】对话框，再次单击【确定】按钮，即可完成记录集的绑定。

图 21-20　【测试 SQL 指令】对话框

步骤 4 在【绑定】面板上出现上面设置的记录集名称，展开后将需要引用的数据字段——拖曳到网页中，如图 21-21 所示。

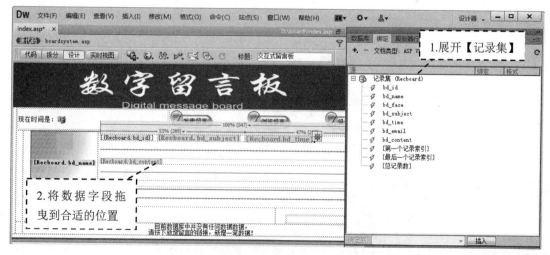

图 21-21　将字段拖曳在网页中

步骤 5 接着设置留言信息中的表情图片的显示，选择图像占位符，单击【浏览文件】按钮，如图 21-22 所示。

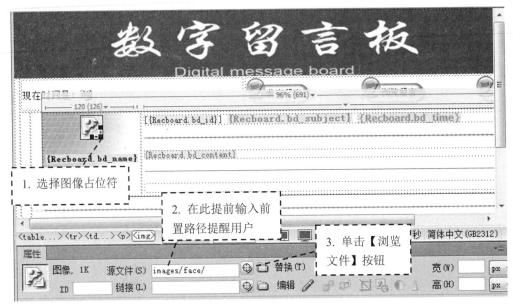

图 21-22 设置图片占位符的链接

> **提示** 在留言板中，每则留言都可以选择一个留言表情。而表情图片并不是直接保存在数据库中，而是只保存表情图片的文件名。在显示时只要使用数据库中保存的文件名替换图片的显示路径，即可正确显示表情图片了。在本例中，将所有的表情图片放置在<board\images\face> 中，所以所有要显示的图片名称要加上这个前置路径才能正确显示。

步骤 6 打开【选择图像源文件】对话框，在该对话框中选中【数据源】单选按钮，然后在【域】列表框中选择【记录集（Recboard）】选项下的 bd_face 字段，如图 21-23 所示。

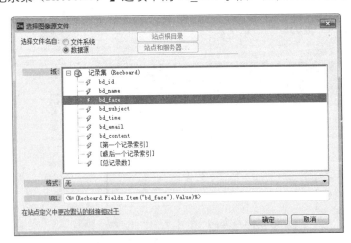

图 21-23 【选择图像源文件】对话框

步骤 7 单击【确定】按钮，完成记录集绑定。然后设置页面中的重复区域效果，如图 21-24 所示。

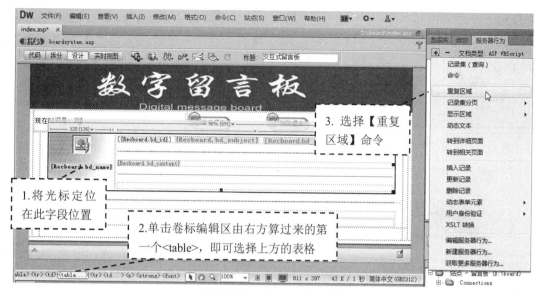

图 21-24 设置重复区域

步骤 8 打开【重复区域】对话框，选择记录集为"Recboard"，设置一次显示 10 条记录，如图 21-25 所示，单击【确定】按钮完成设置。

图 21-25 【重复区域】对话框

步骤 9 将光标定位在需要插入记录集导航状态的位置，在【插入】面板中单击【数据】选项卡中的【记录集导航状态】图标按钮，如图 21-26 所示。

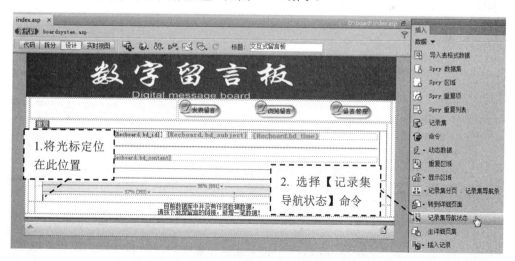

图 21-26 单击【记录集导航状态】图标按钮

步骤 10 打开【记录集导航条】对话框，选择【记录集】为"Recboard"选项，设置【显示方式】为"文本"，如图 21-27 所示。

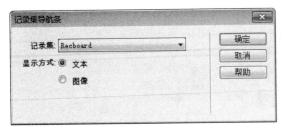

图 21-27 　【记录集导航条】对话框

步骤 11 单击【确定】按钮，成功插入记录集导航状态。继续在本页中插入记录集导航条，在【插入】面板中单击【数据】选项卡中的【记录集分页】→【记录集导航条】按钮，如图 21-28 所示。

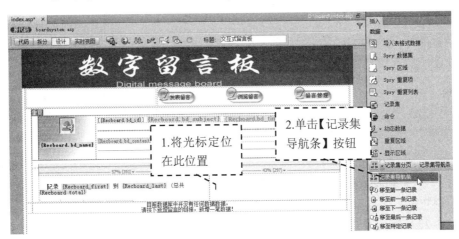

图 21-28　单击【记录集导航条】按钮

步骤 12 打开【记录集导航条】对话框，选择【记录集】为"Recboard"选项，设置【显示方式】为"图像"，如图 21-29 所示。

步骤 13 插入后的导航条效果如图 21-30 所示，然后按照图中设置表格的宽度属性。

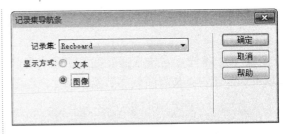

图 21-29　【记录集导航条】对话框

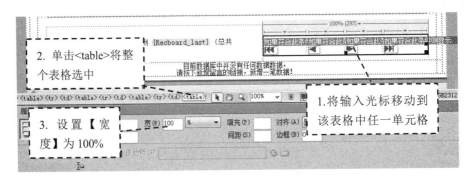

图 21-30　设置表格的属性

步骤 14 继续按图 21-31 所示，合并选择的表格中的一行。

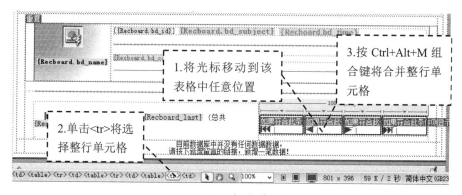

图 21-31 合并单元格

步骤 15 选择上方的表格，设置记录集不为空时显示的区域，设置方法如图 21-32 所示。

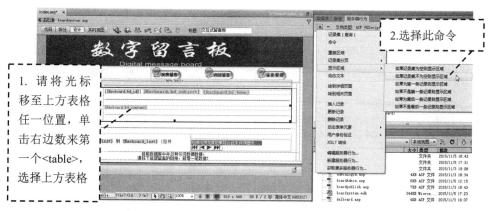

图 21-32 选择记录集不为空时的显示区域

步骤 16 打开【如果记录集不为空则显示区域】对话框，选择判断的记录集为"Recboard"，单击【确定】按钮完成设置，如图 21-33 所示。

步骤 17 选择下方的表格，设置记录集为空则显示的区域，设置方法如图 21-34 所示。

图 21-33 【如果记录集不为空则显示区域】对话框

图 21-34 选择记录集为空时的显示区域

步骤 18 打开【如果记录集为空则显示区域】对话框，选择判断的记录集为"Recboard"，单击【确定】按钮完成设置，如图 21-35 所示。

图 21-35 【如果记录集为空则显示区域】
对话框

步骤 19 至此，留言板系统的主页面制作完成。

21.3.2 访问者留言页面的制作

通过留言板系统主界面，可以跳转到访问者留言页面，用户可以在此页面中添加留言信息。访问者留言页面的制作步骤如下。

步骤 1 打开随书光盘中的"源代码\ch21\board\boardpublish.asp"文件，将光标定位到"现在时间是"文本后，切换到【拆分】视图下，输入代码"<%=now()%>"，此步骤的目的是显示当前时间，如图 21-36 所示。

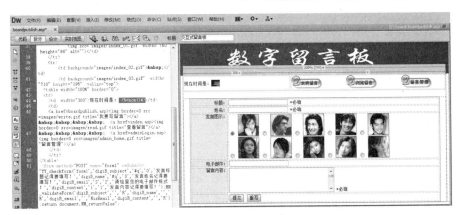

图 21-36 添加当前时间代码

步骤 2 切换到【设计】视图中，该页面主要是使用一个表单把输入数据添加到数据库中。所以用户首先要检查表单的名称，特别是【发言图示】中的 10 个单选按钮的名称都为"bd_face"，不同的是每个按钮的值为该代表图片的文件名，如第 3 个按钮的属性如图 21-37 所示。

图 21-37 单选按钮属性

在【提交】按钮左侧添加隐藏区域，名称为"bd_time"，值为"<%=now()%>"，如图 21-38 所示。

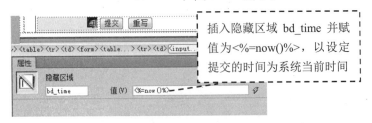

插入隐藏区域 bd_time 并赋值为<%=now()%>，以设定提交的时间为系统当前时间

图 21-38 添加当前时间代码

步骤 3 如果访问者没有输入任何信息就提交表单，此时数据库中会多出一条空白的记录，

为了防止这种情况出现，需要添加检查表单行为。选择整个表单后，选择【窗口】→【行为】菜单命令，打开【行为】面板，单击 + 按钮，在弹出的菜单中选择【检查表单】命令，如图 21-39 所示。

图 21-39　选择【检查表单】命令

步骤 4 打开【检查表单】对话框，设置 bd_subject、bd_name 和 bd_content 为必需的，如图 21-40 所示。

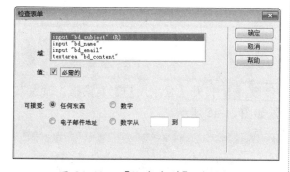

图 21-40　【检查表单】对话框

步骤 5 字段 bd_email 不是必填的字段，但是如果留言人输入的不是电子邮件的格式仍然是不符合规格，所以用户可以在选择该字段后，选中【电子邮件地址】单选按钮，即可执行表单检查，如图 21-41 所示。

图 21-41　选中【电子邮件地址】单选按钮

步骤 6 完成检查表单的行为后，需要检查【事件】是否为 OnSubmit，也就是在表单送出时才会触发这个检查操作，若不是请使用一旁的下拉式列表按钮来修改。完成了表单的布置并加上表单检查后，用户就可以将数据插入数据库中了。接着按照图 21-42 所示，添加【插入记录】服务器行为。

步骤 7 打开【插入记录】对话框，具体设置如图 21-43 所示。

图 21-42　添加【插入记录】服务器行为

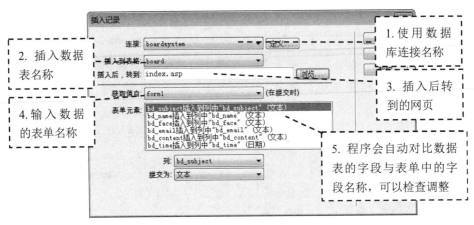

图 21-43 【插入记录】对话框

步骤 8 单击【确定】按钮，即可完成访问者留言页面的制作。

21.4 留言板系统后台管理的制作

在留言板管理系统中，管理员可以修改留言信息，也可以删除过期的留言信息，对于留言板系统的维护十分重要。

21.4.1 管理员登录页面的制作

留言板后台管理系统需要通过adminLogin. asp 进行登录管理。制作管理员登录页面的操作步骤如下。

步骤 1 打开随书光盘中的"源代码 \ch21\ board\adminLogin.asp"文件，切换到【服务器行为】面板，单击该面板的 ⊞ 按钮，在弹出的菜单中选择【用户身份验证】→【登录用户】命令，如图 21-44 所示。

图 21-44 选择【登录用户】命令

步骤 2 打开【登录用户】对话框，设置方法如图 21-45 所示。

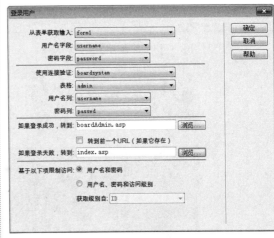

图 21-45 【登录用户】对话框

步骤 3 单击【确定】按钮，完成管理员登录页面 adminLogin.php 的制作。

21.4.2　留言板后台管理主页面的制作

用户登录成功后，将进入系统管理员主界面 boardAdmin.asp。制作该网页的操作步骤如下。

步骤 1 打开随书光盘中的 "源代码 \ch21\board\boardAdmin.asp" 文件，切换到【绑定】面板，单击该面板的田按钮，在弹出的菜单中选择【记录集（查询）】命令，打开【记录集】对话框，设置如图 21-46 所示。

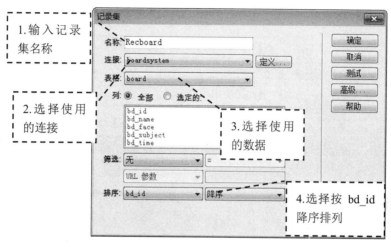

图 21-46　voteMain.asp 页面效果

步骤 2 单击【确定】按钮，即可完成记录集的绑定。在【绑定】面板上出现上面设置的记录集名称，展开后将需要引用的数据字段一一拖曳到网页中，其中要特别注意的是需要把 bd_id 字段拖曳到隐藏符上，如图 21-47 所示。

图 21-47　将字段拖曳在网页中

步骤 3 接着设置留言信息中的表情图片的显示，选择图像占位符，单击【浏览文件】按钮，如图 21-48 所示。

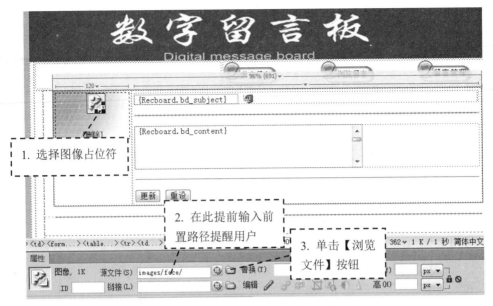

图 21-48　设置图片占位符的链接

步骤 4 打开【选择图像源文件】对话框，在该对话框中选中【数据源】单选按钮，然后在【域】列表框中选择【记录集（Recboard）】选项中的 bd_face 字段，如图 21-49 所示。

步骤 5 单击【确定】按钮，完成记录集绑定。然后设置页面中的重复区域效果，选择需要重复区域的上方表格，切换到【服务器行为】面板，单击该面板的 ⊞ 按钮，在弹出的菜单中选择【重复区域】命令，如图 21-50 所示。

图 21-49　【选择图像源文件】对话框

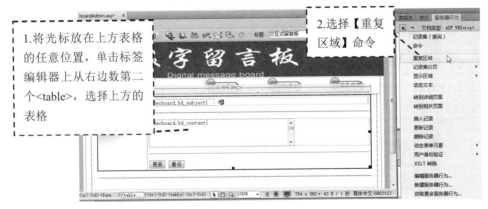

图 21-50　选择【重复区域】命令

步骤 6 打开【重复区域】对话框，选择【记录集】为"Recboard"，选择【显示】为"10 条记录"，单击【确定】按钮，如图 21-51 所示。

图 21-51　【重复区域】对话框

步骤 7 参考 21.3.1 小节相关内容，插入数据导航条状态及数据集导航栏，如图 21-52 所示。

图 21-52　数据导航条状态及数据集导航栏

> **注意**　在这里提醒用户保持一个好习惯，那就是插入数据集导航状态与数据集导航栏前一定要先设置重复区；否则在加入这两个功能时会出现错误信息。

步骤 8 将光标定位在刚刚插入的数据导航条状态中，单击标签编辑器上从右边数第二个 <table> 标签，选择记录集不为空时需要显示的表格，设置方法如图 21-53 所示。

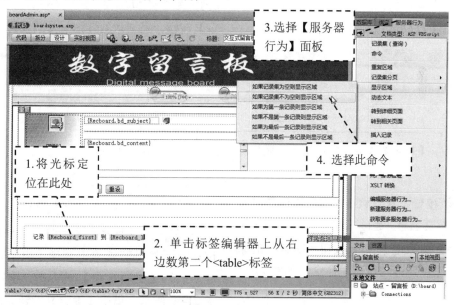

图 21-53　选择记录集不为空时的显示区域

步骤 9 打开【如果记录集不为空则显示区域】对话框，选择判断的【记录集】为 "Recboard"，单击【确定】按钮完成显示区域的设置，如图 21-54 所示。

步骤 10 选择下方的表格，设置记录集为空则显示的区域，设置方法如图 21-55 所示。

图 21-54　【如果记录集不为空则显示区域】
对话框

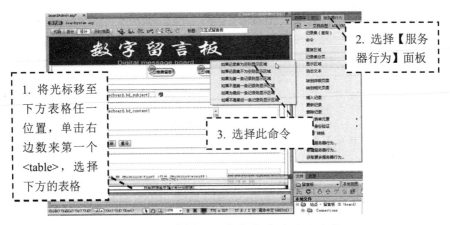

图 21-55　选择记录集为空时的显示区域

步骤 11 打开【如果记录集为空则显示区域】对话框，选择判断的【记录集】为"Recboard"，单击【确定】按钮完成设置，如图 21-56 所示。

图 21-56　【如果记录集为空则显示区域】
对话框

步骤 12 接着设置删除链接，让管理员可以删除某个留言信息。选择"删除"文本，在【服务器行为】面板中单击 按钮，在弹出的菜单中选择【转到详细页面】命令，如图 21-57所示。

图 21-57　选择【转到详细页面】命令

步骤 13 打开【转到详细页面】对话框，设置【详细信息页】为"delboard.asp"、【传递

URL 参数】为"bd_id"、【记录集】为"Recboard"、【列】为"bd_id"，如图 21-58 所示，单击【确定】按钮，完成转到详细页面的设置。

图 21-58　【转到详细页面】对话框

步骤 14 在【服务器行为】面板中单击 按钮，在弹出的菜单中选择【更新记录】命令，打开【更新记录】对话框，参数设置如图 21-59 所示，单击【确定】按钮完成更新记录设置。

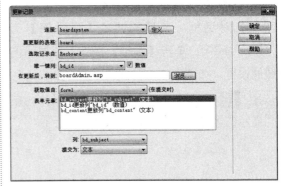

图 21-59　【更新记录】对话框

步骤 15 由于 boardAdmin.asp 页面是管理界面，为了避免浏览者跳过登录画面来读取这个页面，可以加上服务器行为来防止这个漏洞。在【服务器行为】面板中单击 ➕ 按钮，在弹出的菜单中选择【用户身份验证】→【限制对页的访问】命令，如图 21-60 所示。

图 21-60　选择【限制对页的访问】命令

步骤 16 打开【限制对页的访问】对话框，选择【基于以下内容进行限制】为"用户名和密码"，设置【如果访问被拒绝，则转到】为

"adminLogin.asp"，单击【确定】按钮，如图 21-61 所示。至此，完成投票系统管理主页面 boardAdmin.asp 的制作。

图 21-61　【限制对页的访问】对话框

21.4.3 删除留言页面

删除留言页面为 delboard.asp，主要作用是把表单中的记录从相应的数据表中删除。具体操作步骤如下。

步骤 1 打开随书光盘中的"源代码 \ch21\board\delboard.asp"文件，切换到【绑定】面板，单击该面板的 ➕ 按钮，在弹出的菜单中选择【记录集（查询）】命令，打开【记录集】对话框，设置如图 21-62 所示。

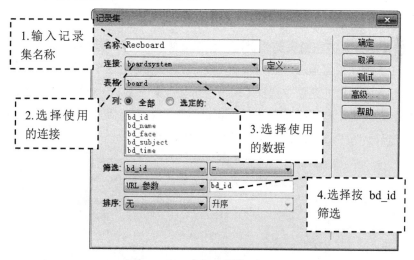

图 21-62　【记录集】对话框

步骤 2 单击【确定】按钮，即可完成记录集的绑定。在【绑定】面板上出现上面设置的记录集名称，展开后将需要引用的数据字段——拖曳到网页中，其中要特别注意的是需要把 bd_face 字段拖曳到图像占位符上，如图 21-63 所示。

图 21-63　将字段拖曳到网页中

图 21-64　选择【删除记录】命令

步骤 3 切换到【服务器行为】面板，单击该面板的 + 按钮，在弹出的菜单中选择【删除记录】命令，如图 21-64 所示。

步骤 4 打开【删除记录】对话框，根据表 21-4 的参数来设置，如图 21-65 所示。

表 21-4　【删除记录】设置

属　　性	设　置　值	属　　性	设　置　值
连接	boardsystem	唯一键列	bd_id
从表格中删除	board	提交此表以删除	form1
选取记录自	Recboard	删除后，转到	boardAdmin.asp

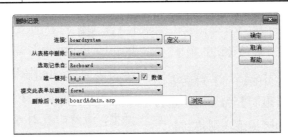

图 21-65　【删除记录】对话框

步骤 5 单击【确定】按钮回到编辑页面。由于 delboard.asp 页面是管理界面，为了避免浏览者跳过登录画面来删除留言信息，可以加上服务器行为来防止这个漏洞。在【服务器行为】面板中单击 + 按钮，在弹出的菜单中选择【用户身份验证】→【限制对页的访问】命令，打开【限制对页的访问】对话框，选择【基于以下内容进行限制】为"用户名和密码"，设置【如果访问被拒绝，则转到】为"adminLogin.asp"，如图 21-66 所示。

图 21-66　【限制对页的访问】对话框

步骤 6 单击【确定】按钮，然后保存 delboard.asp 页面。这样就完成删除留言页面的制作了。

第22章

综合案例 4
——制作移动
设备类型网页

随着移动电子的发展，网站开发也进入了一个新的阶段。常见的移动设备有智能手机、平板电脑等，平板电脑与手机的差异在于设置网页的分辨率不同。下面就以制作一个适合智能手机浏览的网站为例，来介绍开发网站的方式。

● **本章学习目标（已掌握的在方框中打钩）**

☐ 掌握移动设备类型网页分析的方法
☐ 掌握移动设备类型网站结果分析的方法
☐ 掌握移动设备类型网站的制作步骤

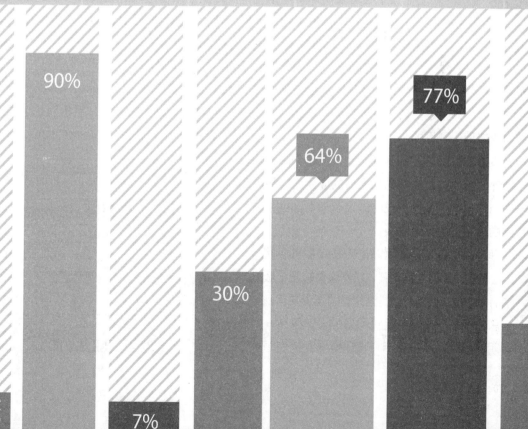

22.1　网站设计分析

由于手机和电脑相比，屏幕小很多，所有手机网站制作在版式上相对比较固定，通常都是"1+（n）+1"版式布局。最终效果如图22-1所示。

图 22-1　网站首页

22.2　网站结构分析

手机网站制作由于版面限制，不能把传统网站上的所有应用、链接都移植过来，这不是简单的技术问题，而是用户浏览习惯的问题，所以手机网站设计的时候首要考虑的问题是怎么精简传统网站上的应用，保留最主要的信息功能。

确定你的服务中最重要的部分。如果是新闻或博客等信息，那就让你的访问者最快地接触到信息，如果是更新信息等行为，那么就让它们快速地达到目的。

如果功能繁多，要尽可能地删减。剔除一些额外的应用，让其集中在重要的应用。如果一个用户需要改变设置或者做大改动，那他们可以由选项去使用电脑版。

可以提供转至全版网站的方式。手机版网站不会具备全部的功能设置，虽然重新转至全版网站的用户成本要高，但是这个选项至少要有。

总体说来，成功的手机网站的设计秉持一个简明的原则：能够让用户快速地得到他们想知道的，最有效率地完成他们的行为，所有设置都能让他们满意。

与传统网站比较起来，手机网站架构可选择性比较少，本例的排版架构如图22-2所示。

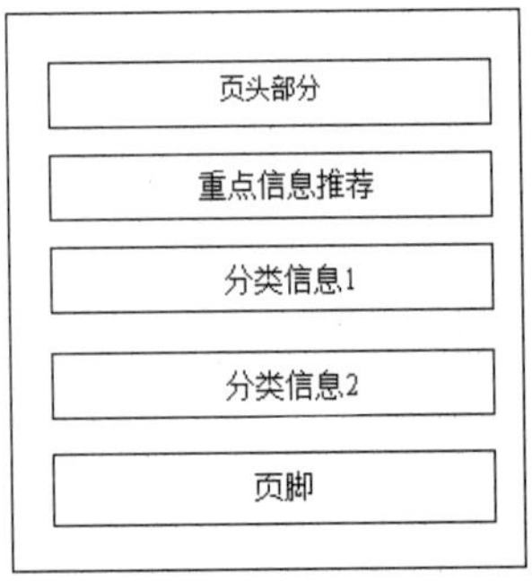

| 页头部分 |
| 重点信息推荐 |
| 分类信息1 |
| 分类信息2 |
| 页脚 |

图 22-2　网页结构图

22.3　网站主页面的制作

由于手机浏览器支持的原因，手机的导航菜单也受到一定程度的限制，没有太多复杂的、生动的效果展现，一般都以水平菜单为主。代码如下。

```
<DIV class="w1 N1">
<P><A
href="#">导航</A>
<A href="#">天气</A>
   <A href="#">微博</A>
   <A href="#">笑话</A>
   <A href="#">星座</A></P>
<P><A href="#">游戏</A>
   <A href="#">阅读</A> <A
href="#">音乐</A> <A
href="#">动漫</A>
   <A
href="#">视频</A>
</P>
</DIV>
```

网页中菜单制作完毕后，下面还需要为菜单添加 CSS 样式，具体的代码如下。

```
.w1 {
PADDING-BOTTOM: 3px; PADDING-LEFT: 10px; PADDING-RIGHT: 10px; PADDING-TOP: 3px
}
.N1 A {
MARGIN-RIGHT: 4px
}
```

运行结果如下所示。

导航　天气　微博　笑话　星座
游戏　阅读　音乐　动漫　视频

下面设置手机网页的模块内容，手机网页各个模块布局内容区别不大，基本上以 div、p、a 这 3 个标签为主，代码如下。

```
<DIV class=w1>
<P><A href="#"><SPAN
style="COLOR: rgb(51,51,51)"><STRONG>淘宝砍价,血拼到底</STRONG></SPAN></A> </P>
<P><A href="#"><SPAN
style="COLOR: rgb(51,51,51)">不是 1 折</SPAN></A><I class=s>|</I><A
href="#"><SPAN
style="COLOR: rgb(51,51,51)">不要钱</SPAN></A> </P></DIV>
<DIV class="w a3">
<P class="hn hn1"><A
href="#"><IMG
```

```
alt=" 淘宝砍价，血拼到底 " src="images/1.jpg"></A> </P></DIV>
<DIV class="ls pb1">
<P><I class=s>.</I><A
href="#"><SPAN
style="COLOR: rgb(51,51,51)"> 信息内容标题信息内容标题 </SPAN></A></P>
<P><I class=s>.</I><A
href="#"><SPAN
style="COLOR: rgb(51,51,51)"> 信息内容标题信息内容标题 </SPAN></A></P>
<P><I class=s>.</I><A
href="#"><SPAN
style="COLOR: rgb(51,51,51)"> 信息内容标题信息内容标题 </SPAN></A></P>
<P><I class=s>.</I><A
href="#"><SPAN
style="COLOR: rgb(51,51,51)"> 信息内容标题信息内容标题 </SPAN></A></P></DIV>
```

下面为模块添加 CSS 样式，具体的代码如下。

```
.ls {
MARGIN: 5px 5px 0px; PADDING-TOP: 5px
}
.ls A:visited {
COLOR: #551a8b
}
.ls .s {
COLOR: #3a88c0
}
.a3 {
TEXT-ALIGN: center
}
.w {
PADDING-BOTTOM: 0px; PADDING-LEFT: 10px; PADDING-RIGHT: 10px; PADDING-TOP: 0px
}
.pb1 {
PADDING-BOTTOM: 10px
}
```

实现效果如图 22-3 所示。

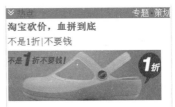

图 22-3　网页预览效果

22.4　网站成品预览

下面给出网站成品后的源代码，具体的代码如下。

```
<!DOCTYPE HTML PUBLIC "-//W3C//DTD HTML 4.0 Transitional//EN">
<!-- saved from url=(0018)http://m.sohu.com/ -->
<HTML xmlns="http://www.w3.org/1999/xhtml"><HEAD><TITLE>手机网页</TITLE>
<META content="text/html; charset=utf-8" http-equiv=Content-Type>
<META content=no-cache http-equiv=Cache-Control>
<META name=MobileOptimized content=240>
<META name=viewport
content=width=device-width,initial-scale=1.33,minimum-scale=1.0,maximum-
scale=1.0>
<LINK rel=stylesheet
type=text/css href="images/css.css" media=all><!-- 开发过程中用外链样式，开发完成后可直
接写入页面的 style 块内 --><!-- 股票碎片 1 -->
<STYLE type=text/css>.stock_green {
      COLOR: #008000
}
.stock_red {
      COLOR: #f00
}
.stock_black {
      COLOR: #333
}
.stock_wrap {
      WIDTH: 240px
}
.stock_mod01 {
      PADDING-BOTTOM: 2px; LINE-HEIGHT: 18px; PADDING-LEFT: 10px; PADDING-RIGHT:
0px; FONT-SIZE: 12px; PADDING-TOP: 10px
}
.stock_mod01 .stock_s1 {
      PADDING-RIGHT: 3px
}
.stock_mod01 .stock_name {
      COLOR: #039; FONT-SIZE: 14px
}
.stock_seabox {
      PADDING-BOTTOM: 6px; PADDING-LEFT: 10px; PADDING-RIGHT: 0px; FONT-SIZE:
14px; PADDING-TOP: 0px
}
.stock_seabox .stock_kw {
      BORDER-BOTTOM: #3a88c0 1px solid; BORDER-LEFT: #3a88c0 1px solid; PADDING-
BOTTOM: 2px; PADDING-LEFT: 0px; WIDTH: 130px; PADDING-RIGHT: 0px; HEIGHT: 16px;
COLOR: #999; FONT-SIZE: 14px; VERTICAL-ALIGN: -1px; BORDER-TOP: #3a88c0 1px solid;
BORDER-RIGHT: #3a88c0 1px solid; PADDING-TOP: 2px
}
.stock_seabox .stock_btn {
      BORDER-BOTTOM: medium none; TEXT-ALIGN: center; BORDER-LEFT: medium none;
PADDING-BOTTOM: 0px; PADDING-LEFT: 4px; PADDING-RIGHT: 4px; BACKGROUND: #3a88c0;
HEIGHT: 22px; COLOR: #fff; FONT-SIZE: 14px; BORDER-TOP: medium none; CURSOR:
pointer; BORDER-RIGHT: medium none; PADDING-TOP: 0px
}
.stock_seabox SPAN {
```

```
            PADDING-BOTTOM: 0px; PADDING-LEFT: 4px; PADDING-RIGHT: 0px; PADDING-TOP:
4px
}
.stock_seabox A {
      COLOR: #039; TEXT-DECORATION: none
}
</STYLE>
<!-- 股票碎片1 -->
<META name=GENERATOR content="MSHTML 8.00.6001.19328"></HEAD>
<BODY>
<DIV class="w h Header">
<TABLE>
  <TBODY>
  <TR>
    <TD>
      <H1><IMG class=Logo alt=手机搜狐 src="images/logo.png"
      height=32></H1></TD>
    <TD>
      <DIV class="as a2">
      <DIV id=weather_tip class=weather_min><A
      href="#" name=top><IMG style="HEIGHT: 32px"
      id=weather_icon src="images/1-s.jpg"></IMG> 北京 <BR>6℃~19℃
      </A></DIV></DIV></TD></TR></TBODY></TABLE></DIV>
<DIV class="w1 N1">
<P><A
href="#"> 导航 </A>
<A href="#"> 天气 </A>
  <A href="#"> 微博 </A>
  <A href="#"> 笑话 </A>
  <A href="#"> 星座 </A></P>
<P><A href="#"> 游戏 </A>
  <A href="#"> 阅读 </A> <A
href="#"> 音乐 </A> <A
href="#"> 动漫 </A>
  <A
href="#"> 视频 </A>
</P></DIV>
<DIV class="w1 c1"></DIV>
<DIV class="w h">
<TABLE>
  <TBODY>
  <TR>
    <TD width="54%">
      <H3><IMG alt="" src="images/caibanlanmu.jpg" height=16><I
      class=s></I> 热点 </H3></TD>
    <TD width="46%">
      <DIV class="as a2"><A
      href="#"> 专题 </A><I
      class=s>•</I><A
      href="#"> 策划 </A></DIV></TD></TR></TBODY></TABLE></DIV>
<DIV class=w1>
```

```
<P><A href="#"><SPAN
style="COLOR: rgb(51,51,51)"><STRONG>淘宝砍价，血拼到底</STRONG></SPAN></A> </P>
<P><A href="#"><SPAN
style="COLOR: rgb(51,51,51)">不是 1 折</SPAN></A><I class=s>|</I><A
href="#"><SPAN
style="COLOR: rgb(51,51,51)">不要钱</SPAN></A> </P></DIV>
<DIV class="w a3">
<P class="hn hn1"><A
href="#"><IMG
alt=" 淘宝砍价，血拼到底 " src="images/1.jpg"></A> </P></DIV>
<DIV class="ls pb1">
<P><I class=s>.</I><A
href="#"><SPAN
style="COLOR: rgb(51,51,51)">信息内容标题信息内容标题</SPAN></A></P>
<P><I class=s>.</I><A
href="#"><SPAN
style="COLOR: rgb(51,51,51)">信息内容标题信息内容标题</SPAN></A></P>
<P><I class=s>.</I><A
href="#"><SPAN
style="COLOR: rgb(51,51,51)">信息内容标题信息内容标题</SPAN></A></P>
<P><I class=s>.</I><A
href="#"><SPAN
style="COLOR: rgb(51,51,51)">信息内容标题信息内容标题</SPAN></A></P></DIV>
<DIV class="w h">
<TABLE>
  <TBODY>
  <TR>
    <TD width="55%">
      <H3><IMG alt="" src="images/caibanlanmu.jpg" height=16><I
      class=s></I><A
      href="#">新闻</A></H3></TD>
    <TD width="45%">
      <DIV class="as a2"><A
      href="#">分类</A><I
      class=s>•</I><A
      href="#">分类</A></DIV></TD></TR></TBODY></TABLE></DIV>
<DIV class=ls>
<P><I class=s>.</I><A
href="#">信息内容标题信息内容标题</A></P>
<P><I class=s>.</I><A
href="#">信息内容标题信息内容标题</A></P>
<P><I class=s>.</I><A
href="#"><SPAN
style="COLOR: rgb(194,0,0)">微博</SPAN></A><I class=v>|</I><A
href="#"><SPAN
style="COLOR: rgb(194,0,0)">信息内容</SPAN></A></P>
<P><I class=s>.</I><A
href="#">信息内容标题信息内容标题</A></P>
<P><I class=s>.</I><A
href="#">信息内容标题信息内容标题</A></P>
<P><I class=s>.</I><A
```

```
href="#"> 信息内容标题信息内容标题 </A></P>
<P><I class=s>.</I><A
href="#"> 信息内容标题信息内容标题 </A></P>
<P><I class=s>.</I><A
href="#"> 信息内容标题信息内容标题 </A></P>
<P><I class=s>.</I><A
href="#"> 信息内容标题信息内容标题 </A></P>
<P><I class=s>.</I><A
href="#"> 信息内容标题信息内容标题 </A></P>
<P><I class=s>.</I><A
href="#"> 信息内容标题信息内容标题 </A></P>
<P><I class=s>.</I><A
href="#"> 信息内容标题信息内容标题 </A></P></DIV>
<P class="w f a2 pb1"><A href="#"> 更多 &gt;&gt;</A></P>
<DIV class="w h">
<TABLE>
  <TBODY>
  <TR>
    <TD width="55%">
      <H3><IMG alt="" src="images/caibanlanmu.jpg" height=16><I
      class=s></I><A
      href="#"> 分类 </A></H3></TD>
    <TD width="45%">
      <DIV class="as a2"><A
      href="#"> 分类 </A><I
      class=s>•</I><A
      href="#"> 分类 </A></DIV></TD></TR></TBODY></TABLE></DIV>
<DIV class="ls ls2">
  <P><I class=s>.</I><A
href="#"> 信息内容标题信息内容标题 </A></P>
<P><I class=s>.</I><A
href="#"> 信息内容标题信息内容标题 </A></P>
<P><I class=s>.</I><A
href="#"> 信息内容标题信息内容标题 </A></P>
<P><I class=s>.</I><A
href="#"> 信息内容标题信息内容标题 </A></P>
<P><I class=s>.</I><A
href="#"> 信息内容标题信息内容标题 </A></P>
<P><I class=s>.</I><A
href="#"> 信息内容标题信息内容标题 </A></P></DIV>
<P class="w f a2 pb1"><A href="#"> 更多 &gt;&gt;</A></P>
<DIV class="ls c1 pb1">•<A class=h6
href="#"> 信息内容标题信息内容标题 !</A><BR>•<A
class=h6
href="#"> 信息内容标题信息内容标题 </A><BR></DIV>

<DIV class=c1><!--UCAD[v=1;ad=1112]--></DIV>
<DIV class="w h">
<H3> 站内直通车 </H3></DIV>
<DIV class="w1 N1">
<P><A
```

```
href="#"> 导航 </A>
<A
href="#"> 新闻 </A>
<A href="#"> 娱乐 </A> <A
href="#"> 体育 </A> <A
href="#"> 女人 </A> </P>
<P><A href="#"> 财经 </A> <A
href="#"> 科技 </A> <A
href="#"> 军事 </A> <A
href="#"> 星座 </A> <A
href="#"> 图库 </A> </P></DIV>
<P class="w a3"><A class=Top href="#">↑回顶部 </A></P>
<DIV class="w a3 Ftr">
<P><A href="#"> 普版 </A><I
class=s>|</I><B class=c2> 彩版 </B><I class=s>|</I><A
href="#"> 触版 </A><I
class=s>|</I><A href="#">PC</A></P>
<P class=f12><A href="#"> 合作 </A><I class=s>-</I><A
href="#"> 留言 </A></P>
<P class=f12>Copyright © 2012 xfytabao.com</P></DIV></BODY></HTML>
```

最终成品后的网页预览效果如图 22-4 所示。

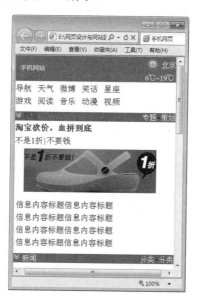

图 22-4　网页预览效果

第23章

让别人浏览我的成果——网站的发布

将本地站点中的网站建设好后，接下来需要将站点上传到远端服务器上，以供 Internet 上的用户浏览。本章重点学习网站的发布方法。

- **本章学习目标（已掌握的在方框中打钩）**
  - ☐ 熟悉上传网站前的准备工作
  - ☐ 掌握测试网站的方法
  - ☐ 掌握上传网站的方法

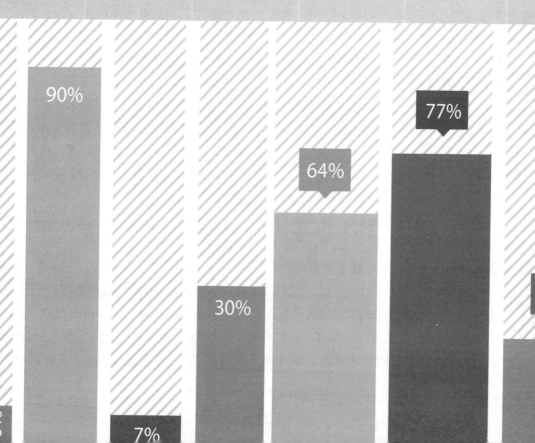

23.1 上传网站前的准备工作

在将网站上传到网络服务器之前，首先要在网络服务器上注册域名和申请网络空间，同时，还要对本地计算机进行相应的配置，以完成网站的上传。

23.1.1 注册域名

域名可以说是企业的"网上商标"，所以在域名的选择上要与注册商标相符合，以便于记忆。

在申请域名时，应该选择短且容易记忆的域名，最好还要和客户的商业有直接的关系，尽可能地使用客户的商标或企业名称。

那么怎么才能选到一个好的域名呢？一般衡量原则如下。

1. 易于记忆

好域名的基本原则应该是易于记忆。

这一点理解起来很简单：因为只有让访问者记住你，才能产生后续不断回头访问、才能产生可能的销售行为。

从域名的两部分结构上可以得知，易于记忆也必定分为两部分，一部分是域名的主题词够短，另一部分是域名的后缀符合网民使用习惯，这就派生了易于记忆域名的两个特性。

2. 短域名优先

在短域名方面，典型的案例就是 www. g.cn，这是 Google 在中国的域名。这个域名只选 Google 的第一个字符 "G"，让用户很容易就把 Google 和它联系起来，是个非常优秀的域名。

但是，从网民使用网络的实际情况来看，并不是说短的域名就能让用户快速记忆，因为短的域名先天就拥有比较缺乏的语义表达功

能，所以如果不是像 Google 这样突出的品牌，短的域名或许并不一定适合所有人。另外，在域名注册增速暴涨的今天，并不是所有人都有机会注册到简短的域名。

虽然简短的域名是大家追捧的对象，但是当网站建设者无法注册到简短域名时，就需要有一个"备用方案"，即转而追求优秀域名的其他特征。

3. 符合网民习惯的后缀

具体来说，好的域名应该尽量使用常见的后缀，比如，以下的后缀就是比较适合网站优化的域名后缀。

.com——通用域名后缀，任何个人、团体均可使用。.com 原本用于企业、公司，现在已经被各行业广泛使用。从最初的互联网雏形开始，.com 的域名就是首选，因为几乎所有的初级网民都习惯 .com，而很少注意其他后缀的域名。

.net——最初用于网络机构的域名后缀，如 ISP 就可能使用这样的后缀。相对于 .com 而言，.net 域名后缀对低级用户的"亲和力"稍差。

.com.cn——中国的企业域名后缀，适合记忆效果略差于前两者。

.cn——中国特有域名，比较适合国人使用，也拥有比较好的方便记忆率，但是总体来说效果差于前两者，与 .com.cn 域名后缀类似。

.edu——教育机构域名后缀。如果网站建设者能使用这样的域名是最好不过了，但是在

实际情况下，很少有针对教育机构域名所做的优化项目。

.gov——政府机构域名后缀。与教育机构域名一样，采用政府机构的域名后缀，难点也是普通人无法申请。

既然有适合记忆的后缀，自然也有不适合网民记忆的后缀，做网站时，不建议用户为了节省域名费用而选择这些域名后缀。

.org——用于各类组织机构的域名后缀，包括非营利团体。这个域名在不被人喜爱的域名后缀中排名靠前，在被人喜爱的域名后缀中排名靠后，意思就是中等偏下。

.cc——最新的全球性国际顶级域名，具有和 .com、.net 及 .org 完全一样的性质、功能和注册原则（适合个人和单位申请）。CC 的英文原义是 "Commercial Company"（商业公司）的缩写，含义明确、简单易记。但是此域名拥有的习惯性记忆率还非常低，有待提高。

.biz——.biz 与 .com 分属于不同的管理机构，是同等级的域名后缀。在现在的网络中，这样的域名后缀对普通访问者来说还不是很常用。

除上述一些域名后缀以外，还有其他一些域名后缀，但是往往都比较少见，不建议用户使用。

4. 易于输入

易于输入是提高用户体验的一个重要流程。虽然现在大家都习惯使用搜索引擎来查询想要得到的信息，但是在搜索引擎优化和网络品牌的创造中，好的域名也同时需要考虑自身的输入方便性，以便老客户或者"忠实粉丝"通过域名光顾你的网站。

一个方便输入的域名应该尽量使用通俗易懂的语义结构和词组结构，如现在很多域名采用的是数字和拼音的组合：

```
www.1ting.com
www.55tuan.com
```

这样的域名是比较符合输入习惯的，也让人在第一时间能理解网站主题：第一个域名可能是做下载的，第二个域名可能是做图书的。

与上面的例子相对应，有些域名是不适合输入的，比如：

```
www.ai-tingba.com
www.rong_shuxia.com
```

这两个域名从方便记忆的角度上说都没有问题，而且属于比较优秀的域名。但是第一个域名需要输入一个连接符 "-"，这就不太受用户喜欢，而第二个域名需要输入一个下划线 "_"，更是容易被人忽视——如果正好你的竞争对手选择和你类似的域名，而没有中间的连接符和下划线的话，原本是你的客户都极可能因为输入错误域名而跑到别人的网站上。

23.1.2 申请空间

域名注册成功，接下来需要为自己的网站在网上安个"家"，即申请网站空间。网站空间是指用于存放网页的置于服务器中的可通过国际互联网访问的硬盘空间（就是用于存放网站的服务器中的硬盘空间）。

自己注册了域名之后，还需要进行域名解析。

域名是为了方便记忆而专门建立的一套地址转换系统。要访问一台互联网上的服务器，最终还必须通过 IP 地址来实现，域名解析就是将域名重新转换为 IP 地址的过程。

一个域名只能对应一个 IP 地址，而多个域名则可同时被解析到一个 IP 地址。域名解析需要由专门的域名解析服务器 (DNS) 来完成。

23.2 测试网站

网站上传到服务器后，工作并没有结束，下面要做的工作就是在线测试网站，这是一项十分重要又非常烦琐的工作。在线测试工作包括测试网页外观、测试链接、测试网页程序、检测数据库以及测试下载时间是否过长等。

23.2.1 案例1——测试站点范围的链接

测试网站超链接，也是上传网站之前必不可少的工作之一。对网站的超链接逐一进行测试，不仅能够确保访问者能够打开链接目标，并且还可以使超链接目标与超链接源保持高度的统一。

在 Dreamweaver CC 中进行站点各页面超链接测试的步骤如下。

步骤 1 打开网站的首页，在窗口中选择【站点】→【改变站点范围的链接】菜单命令，如图 23-1 所示。

图 23-1　选择【改变站点范围的链接】命令

步骤 2 在 Dreamweaver CC 设计器的下端弹出【链接检查器】面板，并给出本页页面的检测结果，如图 23-2 所示。

步骤 3 如果需要检测整个站点的超链接时，单击左侧的 ▶ 按钮，在弹出的下拉菜单中选择【检查整个当前本地站点的链接】命令，如图 23-3 所示。

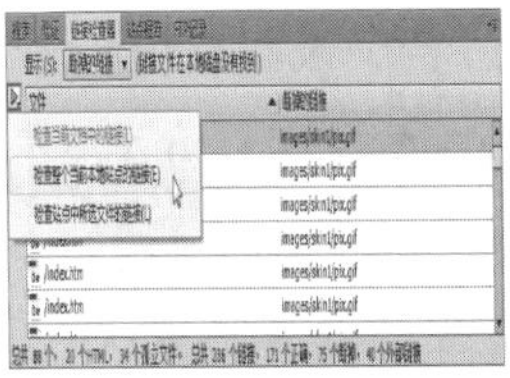

图 23-2　【链接检查器】面板

图 23-3　检查整个当前网站

步骤 4 在【链接检查器】底部弹出整个站点的检测结果，如图 23-4 所示。

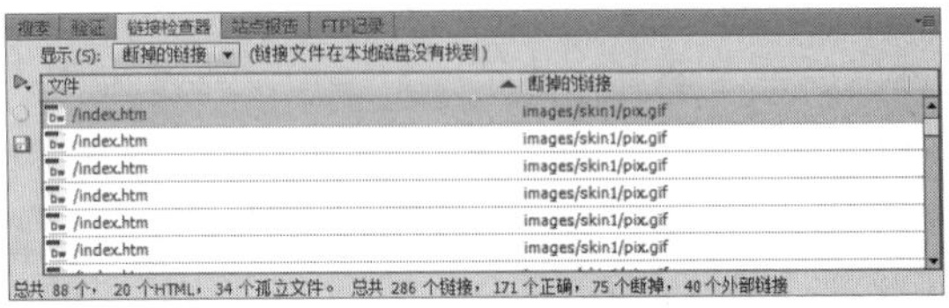

图 23-4　站点测试结果

23.2.2 案例2——改变站点范围的链接

更改站点内某个文件的所有链接的具体步骤如下。

步骤 1 在窗口中选择【站点】→【改变站点范围的链接】菜单命令，打开【更改整个站点链接】对话框，如图 23-5 所示。

图 23-5 【更改整个站点链接】对话框

步骤 2 在【更改所有的链接】文本框中输入要更改链接的文件，或者单击右边的【浏览文件】按钮，在打开的【选择要修改的链接】对话框中选中要更改链接的文件，然后单击【确定】按钮，如图 23-6 所示。

图 23-6 【选择要修改的链接】对话框

步骤 3 在【变成新链接】文本框中输入新的链接文件，或者单击右边的【浏览文件】按钮，在打开的【选择新链接】对话框中选中新的链接文件，如图 23-7 所示。

图 23-7 【选择新链接】对话框

步骤 4 单击【确定】按钮，即可改变站点内的某一个文件的链接情况，如图 23-8 所示。

图 23-8 更改整个站点链接

23.2.3 案例 3——查找和替换

在 Dreamweaver CC 中，不但可以像 Word 等应用软件一样对页面中的文本进行查找和替换，而且可以对整个站点中的所有文档进行源代码或标签等内容的查找和替换。

步骤 1 选择【编辑】→【查找和替换】菜单命令，如图 23-9 所示。

图 23-9 选择【查找和替换】命令

步骤 2 打开【查找和替换】对话框，在【查找范围】下拉列表框中，可以选择【当前文档】、【所选文字】、【打开的文档】和【整个当前本地站点】等选项；在【搜索】下拉列表框中，可以选择对【文本】、【源代码】和【指定标签】等内容进行搜索，如图 23-10 所示。

图 23-10 【查找和替换】对话框

步骤 3 在【查找】列表框中输入要查找的具体内容；在【替换】列表框中输入要替换的内容；在【选项】选项组中，可以设置【区分大小写】、【全字匹配】等选项。单击【查找下一个】或者【替换】按钮，就可以完成对页面内的指定内容的查找和替换操作。

 23.2.4 案例 4——清理文档

测试完超链接之后，还需要对网站中每个页面的文档进行清理，在 Dreamweaver CC 中，可以清理一些不必要的 HTML，也可以清理 Word 生成的 HTML，以此增加网页打开的速度。具体的操作步骤如下。

1. 清理不必要的 HTML

步骤 1 选择【命令】→【清理 XHTM】菜单命令，弹出【清理 HTML/XHTML】对话框。

步骤 2 在【清理 HTML/XHTML】对话框中，可以设置对【空标签区块】、【多余的嵌套标签】和【Dreamweaver 特殊标记】等内容的清理，具体设置如图 23-11 所示。

图 23-11 清理不必要的 HTML

步骤 3 单击【确定】按钮，即可完成对页面指定内容的清理。

 2. 清理 Word 生成的 HTML

步骤 1 选择【命令】→【清理 Word 生成的 HTML】菜单命令，打开【清理 Word 生成的 HTML】对话框，如图 23-12 所示。

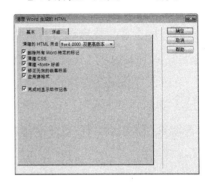

图 23-12 【基本】选项卡

步骤 2 在【基本】选项卡中，可以设置要清理的来自 Word 文档的特定标记、背景颜色等选项；在【详细】选项卡中，可以进一步设置要清理的 Word 文档中的特定标记以及 CSS 样式表的内容，如图 23-13 所示。

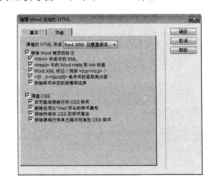

图 23-13 【详细】选项卡

步骤 3 单击【确定】按钮，即可完成对页面中由 Word 生成的 HTML 的内容清理。

23.3 上传网站

网站测试好以后，接下来最重要的就是上传网站。只有将网站上传到远程服务器上，才能让浏览者浏览。设计者可以利用 Dreamweaver 软件自带的上传功能上传，也可以利用专门的 FTP 软件上传。

23.3.1 案例 5——使用 Dreamweaver 上传网站

在 Dreamweaver CC 中，使用站点窗口工具栏中的↓和↑按钮，可以将本地文件夹中的文件上传到远程站点，也可以将远程站点的文件下载到本地文件夹中。将文件的上传／下载操作和存回／取出操作相结合，就可以实现全功能的站点维护。

使用 Dreamweaver CC，可以将本地网站文件上传到互联网的网站空间中。具体的操作步骤如下。

步骤　1　选择【站点】→【管理站点】菜单命令，打开【管理站点】对话框，如图 23-14 所示。

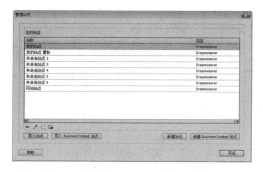

图 23-14　【管理站点】对话框

步骤　2　在【管理站点】对话框中单击【编辑】按钮，打开【站点设置对象……】对话框，选择【服务器】选项，如图 23-15 所示。

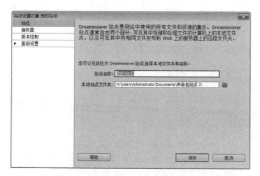

图 23-15　【站点设置对象……】对话框

步骤　3　单击右侧面板中的➕按钮。如图 23-16 所示。

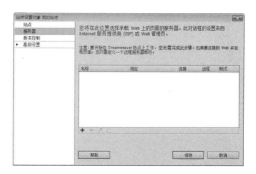

图 23-16　【服务器】选项卡

步骤　4　在【服务器】文本框中输入服务器的名称，在【连接方法】下拉列表框中选择 FTP 选项，在【FTP 地址】文本框中输入服务器的地址，在【用户名】和【密码】文本框中输入相关信息，单击【测试】按钮，可以测试网络是否连接成功，单击【保存】按钮，完成设置，如图 23-17 所示。

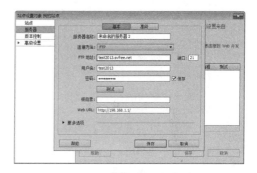

图 23-17　输入服务器信息

步骤　5　返回【站点设置对象……】对话框，如图 23-18 所示。

图 23-18　【站点设置对象……】对话框

步骤 6 单击【保存】按钮，完成设置。返回到【管理站点】对话框，如图 23-19 所示。

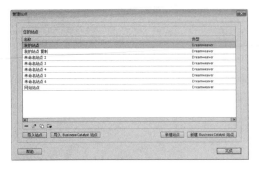

图 23-19 【管理站点】对话框

步骤 7 单击【完成】按钮，返回站点文件窗口。在【文件】面板中，单击工具栏上的 按钮，如图 23-20 所示。

图 23-20 【文件】面板

步骤 8 打开上传文件窗口，在该窗口中单击 按钮，如图 23-21 所示。

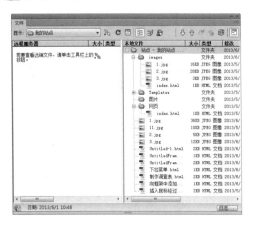

图 23-21 上传文件窗口

步骤 9 开始连接到我的站点之上。单击工具栏中的 按钮，弹出一个信息提示框，如图 23-22 所示。

图 23-22 信息提示框

步骤 10 单击【确定】按钮，系统开始上传网站内容，如图 23-23 所示。

图 23-23 开始上传文件

23.3.2 案例6——使用 FTP 工具上传网站

还可以利用专门的 FTP 软件上传网页，具体操作步骤如下（本小节以 Cute FTP 8.0 进行讲解）。

步骤 1 在 FTP 软件的操作界面中，选择【新建】菜单中的【FTP 站点】命令，如图 23-24 所示。

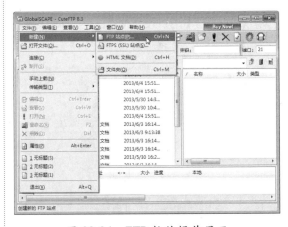

图 23-24 FTP 软件操作界面

步骤 2 弹出【此对象的站点属性：无标题（4）】对话框，如图 23-25 所示。

图 23-25　【站点属性：无标题（1）】对话框

步骤 3 在【站点属性：无标题（1）】对话框中根据提示输入相关信息，单击【连接】按钮，连接到相应的地址，如图 23-26 所示。

图 23-26　输入信息

步骤 4 返回主界面后，选择要上传文件的位置，如图 23-27 所示。

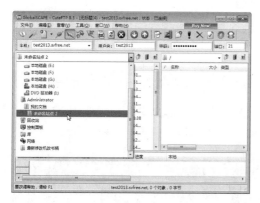

图 23-27　选择要上传的文件

步骤 5 在左侧窗口中选中需要上传的文件并右击，在弹出的快捷菜单中选择【上载】命令，如图 23-28 所示。

步骤 6 这时，在窗口的下方窗口中将显示

文件上传的进度以及上传的状态，如图 23-29 所示。

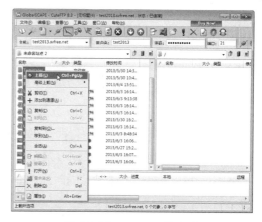

图 23-28　开始上传文件

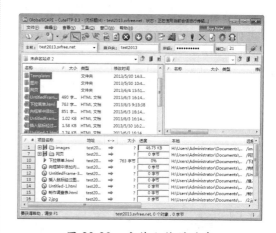

图 23-29　文件上传的进度

步骤 7 上传完成后，用户即可在外部进行查看，如图 23-30 所示。

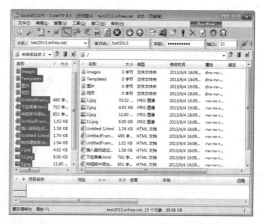

图 23-30　查看文件上传结果

23.4 高手解惑

小白： 如何正确上传文件到服务器？

高手： 上传网站的文件需要遵循两个原则：一是要确定上传的文件一定会被网站使用，不要上传无关紧要的文件，并尽量缩小上传文件的体积；二是上传的图片要尽量采用压缩格式，这样不仅可以节省服务器的资源，而且可以提高网站的访问速度。

小白： 如何设置网页自动关闭效果？

高手： 如果希望网页在指定的时间内能自动关闭，可以在网页源代码的标签后面加入以下代码。

```
<script LANGUAGE="JavaScript">
setTimeout("self.close()",5000)
</script>
```

代码中的"5000"表示 5 秒钟，它是以毫秒为单位的。

小白： 如何避免选择域名的误区？

高手： 对于不熟悉域名选择原则或者刚接触不久的人员来说，选择域名也会存在一些常见的问题和误区，以下两个最为突出。

1. 选择含义太宽泛的域名

很多人在优化网站时，习惯性会选择目标关键词的上一级、甚至上两级关键词作为域名，这样的域名选择方式并不是一无是处，但却是不够精准的。

举例来说，如果你要从头开始优化一个出售鞋子的网站，有经验的优化者选择域名的组成应该是精准而直接的，比如：

```
www.taoxie.com
```

上述域名考虑到用户习惯，选择"tao"作为域名组成部分，加上"鞋 xie"构成域名。此类比较直接的域名是完全可以选择的，但是不应该选择直接的 xie 作为域名，比如：

```
www.xie.com
```

更不应该选择"鞋帽"这样的大类词作为域名主题，至少从访问者心理暗示角度讲是没有用处的。

2. 选择可能产生纠纷的域名

域名注册时，作为搜索引擎优化人员，一定要注意不要注册其他公司拥有的独特商标名和国际知名企业的商标名。如果选取其他公司独特的商标名作为自己的域名，很可能会惹上一身官司，特别是当注册的域名是一家国际或国内著名企业的驰名商标时。换言之，在挑选域名时，需要留心挑选的域名是不是其他企业的注册商标名。

如果选择其他企业的商标或名称，一般情况下优化的结果都不会很好，因为你不但无法将寻找别人企业的客户吸引进来，更有可能给人造成"假货""假网站"的印象。

23.5 跟我练练手

练习 1：测试网站的链接。

练习 2：改变站点范围的链接。

练习 3：统一查找和替换站点中图片文件。

练习 4：清理文档。

练习 5：使用 Dreamweaver CC 上传网站。

练习 6：使用 FTP 工具上传网站。